Duden

Das große G8-Testbuch

Deutsch
Englisch
Mathematik

7./8. Klasse

Dudenverlag
Mannheim · Leipzig · Wien · Zürich

Bildnachweis:
Bibliographisches Institut & F. A. Brockhaus, Mannheim: S. 117
© CORBIS/Royalty-Free: S. 114, 137
Denver Metro Convention & Visitors Bureau/Grant: S. 114
Kessler-Medien, Saarbrücken: S. 114, 137
MEV Verlag, Augsburg: S. 115, 130, 137
picture-alliance/dpa, Frankfurt am Main: S. 130
picture-alliance/Bildarchiv Okapia, Frankfurt am Main: S. 117, 130

Bibliografische Information der Deutschen Nationalbibliothek
Die Deutsche Nationalbibliothek verzeichnet diese Publikation in der Deutschen Nationalbibliografie; detaillierte bibliografische Daten sind im Internet über http://dnb.ddb.de abrufbar.

Nach den seit 1. 8. 2006 gültigen Rechtschreibregeln.

D C B A

Redaktionelle Leitung Annika Renker
Redaktion Dr. Anja Steinhauer (Deutsch), Linda Strehl (Englisch), Dr. Wiebke Salzmann (Mathematik)
Autoren Birgit Kölmel (Deutsch), Pauline Ashworth (Englisch), Jana Micelli und Timo Witschaß (Mathematik)

Herstellung Tobias Kaase, Andreas Preising
Layout Horst Bachmann
Umschlaggestaltung Atelier Frank Wohlgemuth, Bremen

Satz FROMM MediaDesign, Selters im Taunus
Druck und Bindung Heenemann GmbH & Co., Berlin
Printed in Germany

ISBN 978-3-411-73531-0

Inhaltsverzeichnis

Englisch

Mathematik

So trainierst du mit diesem Buch

Im achtjährigen Gymnasium (G8) erwartet dich eine Vielzahl von Arbeiten und Tests: nicht nur die üblichen Klassenarbeiten, sondern auch zentral gestellte Vergleichsarbeiten, Parallelarbeiten und Jahrgangsstufentests (je nachdem, in welchem Bundesland du zur Schule gehst). Du musst dir aber keine Sorgen machen, denn für alle diese Prüfungen kannst du üben und dich gut vorbereiten. Zum Beispiel mit diesem Buch!

Alle wichtigen Tests und Arbeiten, die du in den drei Hauptfächern schreiben musst, werden mit diesem Trainingsbuch zum Kinderspiel. Im **Inhaltsverzeichnis** findest du alle für das jeweilige Fach Deutsch, Englisch und Mathematik wichtigen Themengebiete.
Du hast zwei Möglichkeiten:
1. Suche die für die nächste Arbeit/den nächsten Test relevanten Themen heraus und trainiere diese gezielt.
2. Arbeite die Kapitel von vorne Schritt für Schritt durch.
Vorsicht: Mach nicht zu viel auf einmal und lege immer wieder Pausen ein.
Es reicht, wenn du täglich eine halbe Stunde mit diesem Buch übst.

Die Inhalte sind in **Hauptkapitel** und **Unterkapitel** gegliedert. Die Hauptkapitel beschäftigen sich mit einem Oberthema, die Unterkapitel greifen Einzelthemen auf, die du anhand verschiedener Aufgaben trainieren kannst.

Thementest Hier hast du Gelegenheit, alle Einzelthemen eines Hauptkapitels anhand von vermischten Aufgaben zusammenfassend zu trainieren.

G8 PRAXISTIPP

Die **G8-Praxistipps,** die du immer wieder zwischen den Übungen findest, geben dir wichtige Lösungshinweise, praktische Tipps, Beispiele, Formulierungshilfen oder Merksätze zu besonders schwierigen Regeln.

Abschlusstests: Jedes Fach wird mit zwei großen Tests abgeschlossen, die sich an Originalvergleichsarbeiten orientieren. Wenn du diese Tests gut lösen kannst, bist du bestens für den Ernstfall in der Schule vorbereitet.

Am Ende des Buches findest du die **Lösungen** zu den Übungsaufgaben, Thementests und Abschlusstests. Hier kannst du kontrollieren, wie gut du den Stoff beherrschst.

Deutsch

1 Grammatik

1.1 Die Satzglieder

1 Stelle jeden Satz zweimal um und kennzeichne die Satzglieder mit einem Schrägstrich. Markiere dann das Subjekt mit roter Farbe, das Prädikat mit blauer Farbe, das Dativobjekt mit gelber Farbe und das Akkusativobjekt mit grüner Farbe.

a) Stefan gibt Bernd eine eben gezeichnete Karikatur.

Eine eben ______________________________

____

b) Das Bild soll den Fußballtrainer darstellen.

____

____

c) Beim Training sieht sich der Fußballtrainer die Karikatur lachend an.

____

____

d) Er dankt Stefan.

____

____

2 Markiere das Genitivobjekt im Satz.

a) Wir nehmen uns heute Abend des Essens an.

b) Die Frau wird vom Staatsanwalt der schweren Körperverletzung angeklagt.

c) Er wurde wegen der Umstände seiner Kindheit beraubt.

3 Schreibe auf, wie du das Präpositionalobjekt erfragst. Markiere es dann im Satz.

a) Ich hoffe auf ein schönes Geschenk.

Frage: ______________________________

b) Ich fürchte mich vor großen Hunden.

Frage: ______________________________

c) Er zweifelt an ihrer Ehrlichkeit.

Frage: ______________________________

4 Markiere alle adverbialen Bestimmungen. Nummeriere sie dann durch und schreibe in dein Heft, um welche adverbialen Bestimmungen es sich jeweils handelt.

a) Am Sonntag wollen wir einen Ausflug in einen Vergnügungspark machen.

b) Ich schaue ständig im Internet wegen des Wetters nach.

c) Trotz der Kälte schneit es nicht.

d) Jeden Abend um 19 Uhr gibt es bei meinen Großeltern Vesper.

G8 PRAXISTIPP

Adverbiale Bestimmung oder **Präpositionalobjekt?**
Diese beiden Satzglieder werden häufig verwechselt. Entscheidend ist die Fragestellung:

- Bei einer *adverbialen Bestimmung* ist die Präposition in der Fragestellung vermeidbar. (Die Schüler stehen auf dem Schulhof. – Wo stehen sie?)
- Bei einem *Präpositionalobjekt* braucht man immer ein Fragepronomen und eine Präposition. Diese können miteinander verschmolzen sein. (Die Schüler warten auf das Pausenzeichen. – Worauf warten sie?)

Vorsicht: Auch wenn adverbiale Bestimmungen und Präpositionalobjekte in einem bestimmten Kasus (Genitiv, Dativ, Akkusativ) stehen, darf man sie nicht mit den entsprechenden Satzgliedern (Genitivobjekt, Dativobjekt, Akkusativobjekt) verwechseln.

1.2 Komplexe Satzgefüge, Haupt- und Nebensätze

5 Markiere jeweils den Hauptsatz und den Nebensatz in unterschiedlichen Farben. Stelle dann jeden Satz zweimal um, sodass der Nebensatz immer an einer anderen Stelle steht. Schreibe in dein Heft.

a) Als ich heute Nachmittag nach Hause kam, herrschte in meinem Zimmer ein einziges Chaos.

b) Während ich sofort meinen Bruder verdächtigte, versuchte meine Mutter mich zu beruhigen.

6 Setze jeweils zwei Nebensätze aus dem Wortspeicher ein.

weil es mir zu klein war – als wir in der Stadt waren – da meine Mutter leider keine Zeit hatte – sodass ich nun wieder ein schönes besitze – weil ich mir noch nie alleine etwas zum Anziehen gekauft habe – obwohl sie es etwas teuer fand – das ich zu Weihnachten bekommen habe – weil sie mit meinem Bruder zum Arzt musste

a) Das Hemd, ______________________________, habe ich meinem Bruder gegeben, ______________________________.

b) ______________________________, habe ich mir ein neues gekauft, ______________________________.

c) Ich habe mir das neue Hemd übrigens alleine ausgesucht, ______________________________ ______________________________, ______________________________.

d) ______________________________, hat sie mich gelobt, ______________________________.

7 Markiere den Hauptsatz sowie den Nebensatz 1. und 2. Grades jeweils mit einer anderen Farbe.

a) Gestern Nacht, als ich nicht einschlafen konnte, weil ich viel zu aufgedreht war, klingelte mein Wecker.

b) Ich erschrak so, dass ich mit meinem Kopf an die Decke, die über meinem Bett sehr niedrig hängt, anstieß.

c) Das war mal wieder ein blöder Scherz meiner Schwester, die momentan nicht gut auf mich zu sprechen ist, da ich ihr neues Fahrrad kaputt gemacht habe.

d) Sie sollte endlich einmal begreifen, dass ich ihr Fahrrad, das mir eh nicht gefällt, nicht absichtlich gegen die Wand gefahren habe.

e) Ich werde es morgen, wenn ich ausgeschlafen habe, falls mir das Einschlafen noch gelingen sollte, versuchen zu reparieren.

8 Erweitere die Sätze durch passende Appositionen aus dem Wortspeicher.

der Epoche zwischen Antike und Neuzeit – die drittwichtigste Moschee des Islams – einem Hügel – Israels Hauptstadt – das sind „Viertel“ – das bekannteste Wahrzeichen Jerusalems – dem Judentum, dem Christentum und dem Islam

Jerusalem, ______________________________, ist einer der bedeutendsten Wallfahrtsorte der Welt. Jerusalem wird von drei Weltreligionen, ______________________________, als „Heilige Stadt“ gesehen. Die Altstadt von Jerusalem ist seit dem Mittelalter, ______________________________, ______________________________ in vier Quartiere, ______________________________, aufgeteilt: in das christliche, das muslimische, das jüdische und das armenische Viertel. Fast der gesamte Ostteil der Altstadt wird vom Tempelberg, ______________________________, eingenommen. Hier befinden sich der Felsendom, ______________________________, und die Al-Aksa-Moschee, ______________________________.

1.3 Adverbialsätze

9 Markiere jeweils den Adverbialsatz und schreibe in die Klammer, um welche Art von Adverbialsatz es sich dabei handelt. *Tipp:* Jeder der Adverbialsätze aus dem Praxistipp unten ist einmal enthalten.

a) Ich habe genügend Essen eingekauft, falls doch mehr Gäste kommen.

(______________________________)

b) Ich war den ganzen Tag auf den Beinen, sodass ich nun sehr müde bin.

(______________________________)

c) Ich wohne dort, wo die gelbe Laterne vor dem Haus steht.

(______________________________)

d) Bevor sie aus dem Haus geht, macht sie sich noch perfekt zurecht.

(______________________________)

e) Ich gehe am Wochenende zum Wandern, weil mir körperliche Betätigung guttut.

(______________________________)

f) Indem ich viel lese, kann ich meine Deutschnote in der Schule verbessern.

(______________________________)

G8 PRAXISTIPP

Bei einem **Adverbialsatz** nimmt der gesamte Nebensatz die Stelle einer adverbialen Bestimmung ein. Er wird auch mit den jeweiligen Fragewörtern erfragt:

- warum?, aus welchem Grund? → *Kausalsatz*
- unter welcher Bedingung?, unter welcher Voraussetzung? → *Konditionalsatz*
- mit welcher Folge?, mit welcher Wirkung? → *Konsekutivsatz*
- wann?, bis wann?, seit wann?, wie lange? → *Temporalsatz*
- wie?, wodurch? → *Modalsatz*
- wo?, wohin?, woher? → *Lokalsatz*

10 Überlege dir jeweils passende Adverbialsätze und setze diese ein.

a) *Lokalsatz:* Die Schule findest du dort,

wo ______________________________

b) *Konsekutivsatz:* Ich habe heute Morgen den Wecker überhört,

sodass ______________________________

c) *Modalsatz:* Er schaute ihr nach,

wobei ______________________________

d) *Kausalsatz:* Ich kann heute nichts mehr essen,

da ______________________________

e) *Konditionalsatz:* Ich werde mich später noch mit Martin treffen,

wenn ______________________________

f) *Temporalsatz:* Sie aß das Eis genüsslich,

nachdem ______________________________

11 Forme jeweils das unterstrichene Satzglied in einen Adverbialsatz mit gleicher Bedeutung um. Schreibe dann die Art des jeweiligen Adverbialsatzes dahinter.

a) Nach dem Essen tranken wir Kaffee.

Als das Essen beendet war, tranken wir Kaffee. *(Temporalsatz)*

b) Wegen des reichhaltigen Frühstücks habe ich keinen Hunger.

____

c) Sich tief in die Augen blickend, verabschiedeten sie sich voneinander.

____

d) An der engen Stelle der Straße steht unser Haus.

____

1.4 Attributsätze

12 Den bekannten Persönlichkeiten fehlt der Attributsatz. Finde den richtigen Satz aus dem Wortspeicher und setze ihn richtig ein, indem du den ganzen Satz nochmals abschreibst. Achte hierbei auf die Zeichensetzung.

dessen „Salzmarsch" zum Arabischen Meer als seine spektakulärste Protestaktion gilt – der Frau des argentinischen Präsidenten Juan Peron – der sich im Jahre 1804 selbst zum Kaiser von Frankreich gekrönt hatte

a) Napoleon Bonaparte wurde 1821 auf die Insel St. Helena im Südatlantik verbannt.

____

____

b) Mahatma Gandhi rief zum gewaltlosen Widerstand gegen die Kolonialherrschaft auf.

____

____

c) Eva Peron gelang es, das Mitspracherecht von Frauen in der Politik Argentiniens zu stärken.

____

____

G8 PRAXISTIPP

Attributsätze sind Nebensätze, die die Funktion eines Attributs im übergeordneten Satz einnehmen.
Man erfragt sie mit den Fragepronomen *welcher?*, *welche?* oder *welches?*
Die meisten Attributsätze sind Relativsätze und werden eingeleitet durch ein Relativpronomen.

13 Attributsatz oder Apposition? Kreuze alle Sätze mit Attributsätzen an und markiere jeweils den Attributsatz.

- ☐ Karl Marx, dessen Theorien bis heute kontrovers diskutiert werden, war ein deutscher Philosoph und politischer Journalist.
- ☐ Michail Gorbatschow, im Ausland populärer als in der Sowjetunion, liberalisierte die UdSSR.
- ☐ Der deutsche Philosoph Kant, eine der markantesten Persönlichkeiten in der Geschichte der Philosophie, war der bedeutendste Denker der Aufklärung.
- ☐ Jean-Paul Sartre, der als der bedeutendste französische Intellektuelle des 20. Jahrhunderts gilt, bekam 1964 den Nobelpreis für Literatur.

14 Wandle die unterstrichenen Attribute in Attributsätze um.

a) Der <u>auf Lebenszeit gewählte</u> Papst wird als Nachfolger des Apostels Petrus angesehen.

____

____

b) Der <u>österreichische</u> Arzt Sigmund Freud gilt als Begründer der Psychoanalyse.

____

____

c) Eine der größten <u>von Hollywood hervorgebrachten</u> Filmlegenden ist Greta Garbo.

____

____

d) John F. Kennedy wurde <u>mit 43 Jahren</u> zum Präsidenten der Vereinigten Staaten ernannt.

____

____

1.5 Direkte und indirekte Rede

15 Setze die Satzzeichen der wörtlichen Rede.

Sebastian kommt schlecht gelaunt aus der Schule. Was ist denn mit dir los? fragt die Mutter besorgt. Ach, Mist, wir mussten heute in Mathe den gemeinsamen Nenner suchen, schimpft er, und das war so schwer. Ich kann das einfach nicht. Na, so was, wundert sich die Mutter. Den haben wir doch damals auch schon gesucht. Haben sie den denn immer noch nicht gefunden?

16 Setze den Text aus Aufgabe 15 in die indirekte Rede, indem du die Lücken richtig ausfüllst.

Sebastian kommt schlecht gelaunt aus der Schule. Die Mutter fragt ihn besorgt, was denn mit ihm los ____________. Sebastian schimpft, sie ____________ heute in Mathe den gemeinsamen Nenner suchen ____________ und das ____________ so schwer ____________. Er ____________ das einfach nicht. Die Mutter wundert sich und meint, sie ____________ den gemeinsamen Nenner doch damals auch schon ____________. Sie fragt, ob sie ihn denn immer noch nicht ____________ ____________.

17 Setze den Text in die indirekte Rede. Schreibe in dein Heft.

Der Physiklehrer fragt bei der Besprechung der Elektrizität: „Woher kommt der Strom?“

„Ich weiß es!“, ruft Stefan. „Der Strom kommt aus dem Urwald.“

„Wie kommst du denn darauf?“, fragt ihn der Lehrer verwundert.

„Gestern haben wir zu Hause keinen Strom mehr gehabt. Da meinte mein Vater: ‚Haben uns die Affen mal wieder den Strom abgestellt?‘“

1.6 Konjunktiv II

18 Fülle die Tabelle aus.

Indikativ Präsens	Konjunktiv I	Ind. Präteritum	Konjunktiv II
ich bin			
	er spiele		
		sie saß	
			es liefe
du gehst			
	sie schreibe		

G8 PRAXISTIPP

Der **Konjunktiv II** drückt meistens die **Nichtwicklichkeit** aus, er wird also verwendet:

- wenn etwas nicht wirklich der Fall ist: *Er tat, als **wäre** er glücklich.*
- wenn etwas möglich ist: *Ich **könnte** mit dem Auto fahren.*
- wenn man sich etwas wünscht: *Ich **würde** gerne verreisen.*
- in höflichen Aufforderungen: ***Hätten** Sie einen Moment Zeit?*

Der Konjunktiv II wird gebildet aus dem Präteritum*stamm* des Verbs und der Endung *-e*, *-est*, *-en* oder *-et* und bei unregelmäßigen Verben durch den *Umlaut:*
ich lernte, du kamst, ihr fuhrt → ich lernte, du kämest, ihr führet
Die Konjunktiv-II-Form ist in der 1. Person Singular sowie in der 1. und 3. Person Plural bei den regelmäßigen Verben mit der Indikativ-Präteritum-Form identisch, daher wählt man als Ersatz oft die Umschreibung mit *würde:*
Bei gutem Wetter spielte ich draußen. → Bei gutem Wetter würde ich draußen spielen.

1.7 Die Zeitformen des Verbs

19 Verbinde jeweils die beiden zusammengehörenden Kästchen.

Präsens	bezeichnet ein Geschehen, das zwar in der Vergangenheit abgeschlossen ist, dessen Folgen aber noch bis in die Gegenwart reichen.
Präteritum	bezeichnet ein Geschehen, das in der Zukunft als bereits abgeschlossen angesehen wird.
Perfekt	bezeichnet ein Geschehen, das in der Zukunft liegt.
Plusquamperfekt	bezeichnet ein Geschehen, das sich gerade ereignet.
Futur I	wird fast nur in Verbindung mit dem Präteritum zur Vorzeitigkeit gebraucht.
Futur II	bezeichnet ein Geschehen, das vergangen und abgeschlossen ist.

20 Bestimme jeweils die Zeitform.

a) Sie haben schon gegessen. (____________________)

b) Er schläft seit Stunden. (____________________)

c) Wir werden ihn dann gesehen haben. (____________________)

d) Es lief gut. (____________________)

e) Ich werde schwimmen. (____________________)

f) Ihr redet zu viel. (____________________)

g) Du hattest ihn zuerst gesehen. (____________________)

21 Setze die Verben in die jeweilige Zeitform.

Infinitiv	Perfekt	Plusquamperfekt	Futur I	Futur II
ziehen	du	du	du	du
	wir haben gewogen			
			sie wird waschen	
				ihr werdet getreten haben
		ich hatte gestrichen		
	er ist geritten			
				ihr werdet gepfiffen haben

22 Setze ins Präteritum.

a) Ich werde den Garten umgegraben haben.

____

b) Wirst du ihn empfangen?

____

c) Meine Mutter hat das Fleisch angebraten.

____

1.8 Aktiv und Passiv

23 Aktiv oder Passiv? Kreuze an.

Aktiv	Passiv	
☐	☐	a) Das Haus wurde abgerissen.
☐	☐	b) Meine Mutter wird morgen ihren Geburtstag feiern.
☐	☐	c) Der Baum wird vom Gärtner eingepflanzt werden.
☐	☐	d) Der Löwe wurde wieder eingefangen.

G8 PRAXISTIPP

Die **Passivform** wird aus der konjugierten Form des Hilfsverbs *werden* und dem *Partizip II* gebildet *(Ich werde gelobt)*. Das Hilfsverb *werden* bestimmt dabei die Zeitform.

24 Setze ins Passiv.

a) Ein Brandstifter hat das Feuer gelegt.

____

b) Der Nachbar ruft die Feuerwehr.

____

c) Die Feuerwehrmänner schalten die Sirenen ein.

____

d) Fünf tapfere Männer löschen das Feuer.

____

e) Die Polizei wird den Brandstifter suchen.

____

25 Markiere alle Passivformen.

Gestern half Gina ihrer Mutter beim Kochen. Zuerst wurden die Kartoffeln geschält. Dann wurden sie in einen Topf mit kochendem Salzwasser geworfen. Während die Kartoffeln kochten, wurde der Salat geputzt. Die Salatsoße wurde von Gina ganz alleine hergestellt. Nachdem die Kartoffeln gar waren, wurden sie von ihrer Mutter in ein Sieb geschüttet. Der Salat wurde mit der Salatsoße vermengt. Nun waren die Kartoffeln etwas abgekühlt und wurden von Ginas Mutter in Scheiben geschnitten. Öl wurde in einer Pfanne erhitzt. In ihr wurden die Kartoffelscheiben einige Minuten angebraten und von Gina mit Salz bestreut. Zum Schluss wurde ein Becher Buttermilch geöffnet. Fertig war das Mittagessen!

26 Wandle alle Passivsätze aus Aufgabe 25 in Aktivsätze um. Schreibe in dein Heft.

27 Forme die Passivsätze in Aktivsätze um. Achte auf die richtige Zeitform.

a) Der Rasen war von meinem Vater gemäht worden.

____

b) Die Blumen sind von meiner Mutter gegossen worden.

____

c) Das Unkraut wird von meinem Bruder gejätet.

____

d) Die Kräuter sind von meiner Tante gepflanzt worden.

____

e) Die Terrasse wird von mir gefegt werden.

____

Thementest Grammatik

1 Markiere in jedem Satz das Subjekt mit roter Farbe, das Prädikat mit blauer Farbe, das Dativobjekt mit gelber Farbe, das Akkusativobjekt mit grüner Farbe und das Genitivobjekt mit schwarzer Farbe.

a) Meine Oma erzählte uns jeden Abend eine Geschichte.

b) Am liebsten hörte ich die Geschichte vom verlorenen Schuh.

c) In dieser Geschichte findet ein kleines Mädchen Aschenputtels Schuh.

d) Mein Bruder findet die Geschichte doof.

2 Unterstreiche in den Sätzen aus Aufgabe 28 alle adverbialen Bestimmungen mit Bleistift und nummeriere sie durch. Schreibe dann in dein Heft, um welche adverbiale Bestimmung es sich jeweils handelt.

3 Markiere den Hauptsatz sowie den Nebensatz 1. und 2. Grades jeweils mit einer anderen Farbe.

a) Meine Tante, die die Frau meines Onkels ist, der der Bruder meiner Mutter ist, ist eine lustige Frau.

b) Ich bin gern bei ihnen zu Besuch, weil immer etwas passiert, womit niemand gerechnet hat.

c) So hat sie eines Tages einen kleinen Hund aus dem Wald, in dem sie täglich joggen geht, um sich fit zu halten, mitgebracht.

d) Sie meinte, dass er bestimmt ausgesetzt wurde, weil er so jämmerlich ausgesehen hat.

e) Es stellte sich dann heraus, dass der Hund kein Hund war, obwohl er aussah wie ein kleiner Dackel.

f) Es war ein Dachs, den wir dann schnellstens wieder zurück in den Wald brachten, aus dem sie ihn mitgebracht hatte.

4 Markiere jeweils den Adverbialsatz und schreibe in die Klammer, um welche Art von Adverbialsatz es sich handelt.

a) Dadurch, dass er nickte, zeigte der Lehrer seine Zustimmung. (______________)

b) Wir fahren in den Urlaub, wohin wir wollen. (______________________________)

c) Wenn du willst, backe ich dir gerne einen Kuchen. (_________________________)

5 Attributsatz oder Apposition? Kreuze alle Sätze mit Attributsätzen an und markiere jeweils den Attributsatz.

- ☐ Mein Hund, ein Mischling, ist mein treuester Begleiter.
- ☐ Jede freie Minute, die ich habe, verbringe ich mit ihm.
- ☐ Natürlich schlafen wir, mein Hund und ich, jeden Abend zusammen ein.

6 Setze die direkte Rede in die indirekte Rede. Schreibe in dein Heft.

a) Peter sagt: „Ich esse kein Gemüse."

b) Daraufhin fragt Sabine: „Wieso magst du kein Gemüse?"

c) Peter antwortet: „Das ist mir zu gesund."

7 Bestimme jeweils die Zeitform. Setze die Sätze dann ins Passiv.

a) Die Mutter füttert ihr Baby. (Zeitform: ______________________________)

Passiv: ____

b) Morgen wird der Maler das Bild zu Ende malen. (Zeitform: _______________)

Passiv: ____

c) Timo vergaß seinen Geldbeutel. (Zeitform: _________________________)

Passiv: ____

2 Rechtschreibung und Zeichensetzung

2.1 Substantivierungen

1 An welchen Merkmalen erkennst du die Substantivierung jeweils? Markiere.

a) Der Schnellste wird gewinnen.

b) Du bist mein Liebster!

c) Durch lautes Geschrei machte sie auf sich aufmerksam.

d) Es kam Neues dabei heraus.

e) Es gab viel Bekanntes und wenig Neues zu sehen.

f) Das Laufen hat mir nichts ausgemacht.

g) Ich werde etwas Gebackenes mitbringen.

2 Ordne die Sätze aus Aufgabe 1 den Regelsätzen zu, indem du die Aufgabennummer auf die Zeile schreibst. Zu manchen Regelsätzen gehören zwei Nummern.

Substantivierungen kann man an folgenden Merkmalen erkennen:

- Die Substantivierung wird als Subjekt oder Objekt im Satz verwendet: d) ______
- Es geht ein Pronomen voraus: ______
- Es ist ein Attribut vorangestellt: ______
- Es geht eine unbestimmte Mengenangabe voraus: ______
- Es geht ein Artikel voraus: ______

3 Formuliere die Sätze um, indem du die unterstrichenen Wörter substantivierst. Die Satzanfänge helfen dir dabei.

a) Derjenige, der am <u>langsamsten</u> ist, muss uns allen ein Eis bezahlen.

Der ______________________________

____

b) Ich habe hier viele <u>nette</u> Erfahrungen gemacht.

Ich habe hier viel ______________________________

c) Sie erzählte, dass sie <u>traurig</u> sei, dass sie ihn <u>verloren</u> hatte.

Sie erzählte von ______________________________

d) Es ist Jugendlichen unter 18 Jahren nicht gestattet zu <u>rauchen</u>.

Das ______________________________

____

e) Er hat sich sehr über das gefreut, was du soeben gesagt hast.

Er hat sich sehr über das ______________________________

____

4 Groß oder klein? Streiche das Falsche durch.

a) Es sind viele S/schöne Frauen hier, aber nur die A/allerschönste wird gewinnen.

b) Etwas K/kreatives zu gestalten macht mir besonders große F/freude.

c) Ich mag den R/roten Gartenzaun.

d) Das R/rot gefällt mir gut.

e) Wir machen das nun so, ohne W/wenn und A/ber!

f) Sie hat das G/gewisse E/etwas.

g) Er denkt, er ist ein J/jemand, doch in W/wirklichkeit ist er ein N/niemand.

h) Ich bin gespannt, wie dir mein N/neuer Freund gefällt.

2.2 Getrennt- und Zusammenschreibung

5 Handelt es sich bei den Verben und Adjektiven jeweils um eine Wortgruppe oder um eine Wortzusammensetzung? Schreibe richtig in die Tabelle.

EISIGKALT – WOLKENLOS – HEIMKEHREN – BADENGEHEN – SICHSCHWARZÄRGERN – LAUWARM – BITTERBÖSE – BLAUÄUGIG – SCHWARZFAHREN – RECHTHABEN – GETRENNTSCHREIBEN – KLEINERSCHNEIDEN

Wortgruppe	Wortzusammensetzung

G8 PRAXISTIPP

Grundsätzlich gilt: **Wortgruppen** werden *getrennt*, **Wortzusammensetzungen** werden *zusammengeschrieben*.

6 Das Verb ist jeweils falsch. Finde das richtige Verb und schreibe die Wortgruppe auf.

a) Kuchen fahren – ______________________

b) Klavier gehen – ______________________

c) Rad backen – ______________________

d) spazieren spielen – ______________________

7 Knifflig! Getrennt oder zusammen? Setze richtig ein.

a) *leicht fallen/leichtfallen:*

Diese Aufgabe wird dir sicher ______________________________.

Diese Vase steht wacklig, sie kann ______________________________.

b) *schön reden/schönreden:*

Ob man das Schlamassel jetzt noch ______________________________ kann?

Findest du nicht auch, dass er ______________________________ kann?

c) *gut tun/guttun:*

Das wird er sicher ______________________________.

Der Urlaub wird ihr sicher ______________________________.

d) *fest binden/festbinden:*

Du solltest den Hund besser ______________________________.

Ich kann mich in meinem Alter noch nicht ______________________________.

8 Bilde Adjektive, indem du jeweils zwei Wörter zusammensetzt. Schreibe diese richtig auf die Linie.

rot – lieb – blau – groß – schwarz – Meter – Wolken – weiß – scharf – süß – rein – Zucker – weich – Feuer – Handteller – hoch – los – Himmel – Pech – Schnee – Messer – Blüten – Butter – Kinder

______________________________ ______________________________

______________________________ ______________________________

______________________________ ______________________________

______________________________ ______________________________

______________________________ ______________________________

______________________________ ______________________________

2.3 Schwierige Konsonanten(verbindungen)

9 *F/f* oder *V/v?* Setze richtig ein.

a) die ___ase
b) der Del___in
c) der Wasser___all
d) der ___erstand
e) das ___itnesscenter
f) ___iolett
g) ___ierfarbig
h) der ___arn
i) einsei___en

10 Löse das Rätsel. Gesucht sind Substantive mit *ai* und mit *ei*.

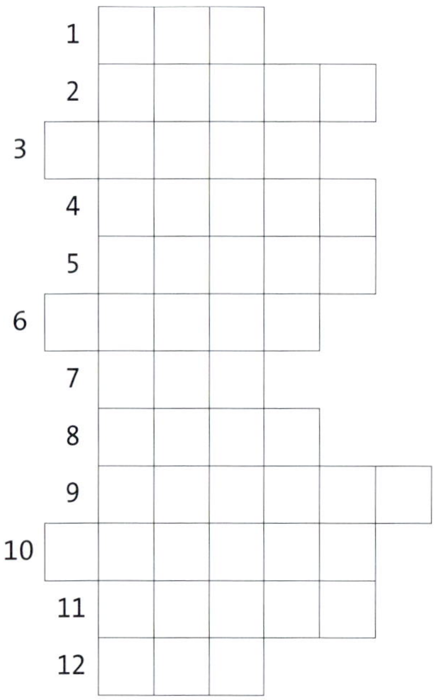

1. Ein künstlich befestigtes Ufer im Hafen.
2. Bei uns beheimatete Vögel. Sie leben gerne in der Nähe von Menschen.
3. Etwas zum Anziehen (nur für Frauen).
4. Art und ...
5. Eier von Tieren, die im Wasser abgelegt werden.
6. Sagt uns, was man für einen Gegenstand bezahlen muss.
7. Ein Monatsname.
8. Jemand, der auf einem bestimmten Gebiet keine Fachkenntnisse hat.
9. Steht noch über dem König.
10. Nicht Länge, sondern ...
11. Ein altes Längenmaß.
12. Ein Raubfisch.

G8 PRAXISTIPP

Im Auslaut kann man die Laute b – d – g und p – t – k nicht unterscheiden *(Rad – Rat)*. Durch die Verlängerung des Wortes wird der Unterschied zwischen den stimmhaften Lauten b – d – g und den stimmlosen Lauten p – t – k hörbar. Man kann ein Wort verlängern, indem man z. B. den Plural bildet oder ein verwandtes Wort sucht, bei dem der Laut nicht am Ende steht *(Rad – Räder, Rat – raten)*.

11 *end-/End-* oder *ent-/Ent-*? Setze richtig ein.

a) der ________spurt **b)** ________lich **c)** ________locken

d) die ________hauptung **e)** ________fachen **f)** ________en

g) die ________haltung **h)** die ________ursache **i)** ________los

G8 PRAXISTIPP

Der Wortstamm **end**- drückt aus, dass etwas den endgültigen Schlusspunkt darstellt *(Ende)*. In allen anderen Fällen steht die Vorsilbe **ent**- *(entladen, entdecken)*.

12 Welche Vorsilben und Wörter kannst du mit *Stadt/stadt* zusammensetzen und welche mit *Statt/statt?* Schreibe alle Wortzusammensetzungen auf.

-rat – -dessen – -finden – -lich – Groß- – an- – -plan – -fahrt – -rand – -haft – -auswärts – -archiv – -geben – -streicher – Werk- – -halter

Stadt/stadt: ______________________________

____

Statt/statt: ______________________________

____

13 *x, chs* oder *ks?* Setze ein.

a) der Ke___ **b)** der Fu___ **c)** die A___t **d)** der O___e

e) die Bo___ **f)** schla___ig **g)** die Bü___e **h)** die Eide___e

i) die He___e **j)** das ___ylofon **k)** das Ko___ **l)** dre___eln

2.4 Fremdwörter

14 Gleiche Zahlen – gleiche Buchstaben. Gesucht sind Fremdwörter mit *-ion*.

a) ärztlicher Eingriff:

___ ___ ___ ___ ___ ___ ___ ___ ___
(1) (2) (3) (4) (5) (6) (7) (1) (8)

b) Staat, Staatswesen:

___ ___ ___ ___ ___ ___
(8) (5) (6) (7) (1) (8)

c) eingeteilte Menge:

___ ___ ___ ___ ___ ___
(4) (5) (6) (7) (1) (8)

d) Nachricht:

___ ___ ___ ___ ___ ___ ___ ___ ___ ___ ___
(7) (8) (10) (1) (4) (9) (5) (6) (7) (1) (8)

e) Gästehaus:

___ ___ ___ ___ ___ ___ ___
(2) (3) (8) (11) (7) (1) (8)

f) Aufmerksamkeit, geistige Sammlung:

___ ___ ___ ___ ___ ___ ___ ___ ___ ___ ___ ___ ___
(12) (1) (8) (13) (3) (8) (6) (4) (5) (6) (7) (1) (8)

15 Bilde zu jedem Fremdwort das Verb.

a) das Exerzitium: ____________________

b) der Informant: ____________________

c) das Manöver: ____________________

d) das Parfüm: ____________________

e) die Explosion: ____________________

f) die Kategorie: ____________________

g) die Philosophie: ____________________

h) die Motivation: ____________________

16 Ordne jedem Fremdwort mit *ph* die richtige Bedeutung zu.

Zeit – Luft – lag – mit – be – hül – le – Arz – schnitt – tel – ßen – Den – nei – ab – Stra – ker

a) Atmosphäre: ____________________

b) Pharmazeutikum: ____________________

c) Asphalt: ____________________

d) Phase: ____________________

e) Philosoph: ____________________

17 Welche Schreibweise ist richtig? Kreuze an.

a)	☐ Jeens	☐ Tscheans	☐ Jeans
b)	☐ Masseur	☐ Maseur	☐ Massör
c)	☐ Portmonnä	☐ Portmonee	☐ Portemonnee
d)	☐ Fairnes	☐ Färness	☐ Fairness
e)	☐ Tost	☐ Toast	☐ Tohst

18 Finde das richtige Fremdwort mit *-in*/*-ine*.

a) Ein Meerestier: D __ __ f __ __

b) Eine Frucht: __ a n __ a __ __ __ __

c) Ein Möbelstück: V __ t r __ __ __

d) Ein Nahrungsmittel: M a __ g __ __ __ __ __

e) Ein Arbeitsgerät: __ __ s c h __ __ __

f) Noch eine Frucht: __ p f __ __ s i __ __

g) Eine Kraftmaschine: T u __ b __ __ __

2.5 Zeichensetzung

19 *Muss* ein Komma gesetzt werden oder *kann* ein Komma gesetzt werden? Kreuze an und setze dann das Komma an die Stelle des Unterstrichs. Kann-Kommas kannst du einklammern.

muss	kann	
☐	☐	**a)** Dafür hat sie gearbeitet __ ihm ein gutes Leben zu finanzieren.
☐	☐	**b)** Um sich zu beschweren __ kam er nochmal vorbei.
☐	☐	**c)** Sie meinte __ ihn gesehen zu haben.
☐	☐	**d)** Er versuchte __ sie zu beeindrucken.
☐	☐	**e)** So __ von der Angst gepackt __ lief er auf die Straße.

G8 PRAXISTIPP

Bei **Partizip- und Infinitivgruppen** muss ein Komma gesetzt werden, wenn sie durch ein *hinweisendes Wort* angekündigt oder durch einen *Rückverweis* wieder aufgenommen werden. (Genau so, mit Schinken und Käse belegt, mochte er sein Brot am liebsten./Sie noch einmal sehen zu dürfen, das war sein größter Wunsch.) Bei Partizip- und Infinitivgruppen, die mit *als*, *(an)statt*, *außer*, *ohne* oder *um* eingeleitet werden oder die *von einem Substantiv abhängen*, wird ebenfalls ein Komma gesetzt.
In allen anderen Fällen *kann* ein Komma gesetzt werden, muss aber nicht.

20 Setze alle Satzzeichen richtig.

a) Gestern Abend ich hatte großen Hunger aß ich vier Hamburger mit Fritten.

b) Mein Freund wir waren in einem Schnellrestaurant holte gleich mehrmals Nachschub.

c) Er der kleiner und dünner ist als ich brachte es sogar auf fünf Burger.

21 Schreibe den Text ab und setze in jedem Satz Gedankenstriche an die passenden Stellen. Manchmal steht auch ein doppelter Gedankenstrich.

Schnell laufe ich aus der Schule, da steht plötzlich jemand vor mir mein Klassenlehrer! In meiner Eile renne ich ihn er ist fast zwei Meter groß! beinahe um. Herr Seifert so heißt er schaut mich an. Er ist eigentlich ein sehr netter Mann, aber er hat einen Blick das kann man gar nicht beschreiben. Wenn er einen ansieht durchdringend und fest, dann fängt man an zu zittern. Ich habe oft das Gefühl, dass er in mich hineinschauen kann und das können noch nicht einmal meine Eltern! Also versuche ich ihn möglichst ohne mir mein Unbehagen anmerken zu lassen anzuschauen. „Woher die Eile?“, fragte er und lächelt dabei! Mit einem Mal fühle ich mich besser was so ein Lächeln ausmachen kann und antworte ihm: „Ich habe mein Deutschheft zu Hause liegen lassen. Und heute gibt es doch Noten für den Aufsatz bei Ihnen!“ Herr Seifert nickt, dreht mich bei der Schulter was ist denn nun los? und meint: „Jetzt geh mal langsam zurück zur Schule. Du kannst mir deinen Aufsatz auch morgen noch abgeben bevor du dir in deiner Eile noch sämtliche Knochen brichst!“

22 Bilde Gesamtbegriffe, indem du einen Bindestrich benutzt.

a) der Hasenzüchterverein und der Kaninchenzüchterverein:

der Hasen- und ______________________

b) die Großschreibung und die Kleinschreibung:

____

c) die Wursttheke und die Käsetheke:

____

d) die Frauenbekleidung und die Kinderbekleidung:

____

23 Ersetze die unterstrichenen Buchstaben durch einen Apostroph. Schreibe in dein Heft.

a) Holst du <u>e</u>s? – Holst du` s?
b) So <u>ei</u>n Schwachsinn !
c) Er hat <u>e</u>s hier.
d) Das ist auch <u>ei</u>ne Idee.

Thementest Rechtschreibung und Zeichensetzung

1 Groß oder klein? Streiche das Falsche durch.

a) Das W/wenige, das ihm noch bleibt, ist seine G/geliebte Kaffeekanne.

b) Würdest du mir etwas M/mitbringen?

c) In eurem Teich gibt es viele S/schöne Fische, aber auch einige U/unscheinbare sind dabei.

d) Über etwas G/gekauftes freue ich mich nicht so sehr wie über etwas G/gebasteltes.

e) Wir haben fast nur S/schönes gefunden.

2 Getrennt oder zusammen? Schreibe richtig auf.

a) RUHIGBLEIBEN: ____________________

b) KAFFEETRINKEN: ____________________

c) DAS KAFFEETRINKEN: ____________________

d) FREISPRECHEN (betrifft ein Gerichtsurteil): ____________________

e) WOLKENLOS: ____________________

f) LUPENREIN: ____________________

3 *ai* oder *ei?* Setze richtig ein.

a) der Samur___

b) der Brotl___b

c) ___frig

d) die Mahlz___t

e) das Det___l

f) der T___fun

g) abgel___tet

h) die R___se

i) verw___st

j) das R___mpaar

k) der H___n

l) der R___s

4 *end-/End-* oder *ent-/Ent-?* Setze richtig ein.

a) das _______spiel b) _______sorgen c) die _______sagung

d) be_______en e) der _______wurf f) _______gültig

5 Welche Fremdwörter mit *Ph* am Wortanfang sind gesucht? Achte auf die richtige Schreibweise.

a) ungewöhnliche Erscheinung: ____________________

b) nach Zeugenaussagen gezeichnetes Bild eines Täters: ____________________

c) Masseur, Krankengymnast: ____________________

d) altägyptischer König: ____________________

6 Welche Schreibweise ist richtig? Kreuze an.

a) ☐ Sandwich ☐ Sandwitch ☐ Sandwitsch

b) ☐ Mahjestät ☐ Majestäht ☐ Majestät

c) ☐ Elegantz ☐ Eleganz ☐ Elegans

7 Setze die Kommas richtig (Kann-Kommas bitte in Klammern).

a) Sie bemühte sich ihn zu beeindrucken.

b) Er war hier um nach dem Rechten zu schauen.

c) In diesem Zustand dreckverschmiert rappelte sie sich wieder auf.

d) Ich ein kleiner Junge von acht Jahren weiß wirklich alles.

e) Er versuchte einen Brief zu schreiben

f) Gestern es war ein schöner Tag waren wir in einem Freizeitpark.

g) Sie rannte weg ohne sich dabei umzusehen.

3 Ausdrucksvermögen

3.1 Wortbedeutungen

1 Lies den Text aufmerksam. Schlage Wörter, die du nicht kennst, nach.

Schwarzer Tod

Als *Schwarzen Tod* bezeichnet man die im Mittelalter ausgebrochene Pest, eine akute, fieberhafte Infektionskrankheit. Die Pest wurde ausgelöst durch den Pestbazillus, der von Ratten oder durch das Einatmen übertragen wurde. Europa wurde in den Jahren von 1347 bis 1352 von der schwersten Epidemie der Geschichte heimgesucht. Der „Schwarze Tod" wurde durch Handelsschiffe eingeschleppt und verbreitete sich über ganz Europa. Es wird geschätzt, dass jeder zehnte Einwohner Deutschlands durch die Pest sein Leben verlor. Oft wurden Juden und als Hexen diskriminierte Frauen als vermeintliche Urheber verfolgt. So kam es in dieser Zeit auch zu schweren Judenpogromen. Die Bezeichnung „Schwarzer Tod" wurde im Mittelalter noch nicht für die Pest verwendet; damals sprach man eher vom „großen Sterben". In den Jahrhunderten danach fand sich der Begriff „Schwarzer Tod", um damit das Schreckliche, Düstere auszudrücken.

2 Kreuze jeweils die richtige Bedeutung des unterstrichenen Ausdrucks aus dem Text aus Aufgabe 1 an. Der Sinn des Satzes soll erhalten bleiben.

a) „..., eine akute, fieberhafte Infektionskrankheit." (Zeilen 1–2)

- ☐ zeitgenössische
- ☐ schmerzhafte
- ☐ plötzlich auftretende
- ☐ schnell erkennbare

b) „... von der schwersten Epidemie der Geschichte heimgesucht." (Zeilen 4–5)

- ☐ Krankheit
- ☐ Seuche
- ☐ Zeit
- ☐ Prüfung

3 Was bedeutet der Satz „Oft wurden Juden und als Hexen diskriminierte Frauen als vermeintliche Urheber verfolgt.“ (Zeilen 8–9)? Kreuze an.

- ☐ Juden und manche Frauen waren dafür verantwortlich, dass die Pest nach Europa gebracht wurde.
- ☐ Man bezeichnete die Besatzung der Handelsschiffe, die die Pest nach Europa brachten, als Juden und Hexen.
- ☐ Man machte Juden und manche Frauen für die Pest verantwortlich und bestrafte sie dafür.

4 Ersetze die unterstrichenen Ausdrücke durch bedeutungsgleiche Formulierungen und schreibe den ganzen Satz nochmals darunter. Der Sinn des Satzes soll erhalten bleiben.

a) „Die Pest wurde <u>ausgelöst</u> durch den Pestbazillus, ...“ (Zeilen 2–3)

____

b) „So kam es in dieser Zeit auch zu schweren <u>Judenpogromen</u>.“ (Zeile 9)

____

c) „... um damit das Schreckliche, Düstere <u>auszudrücken</u>.“ (Zeilen 12–13)

____

d) „Oft wurden Juden und als Hexen <u>diskriminierte</u> Frauen ...“ (Zeile 8)

____

5 Erkläre den unterstrichenen Ausdruck. Schreibe in dein Heft.

a) „Als *Schwarzen Tod* <u>bezeichnet</u> man die im Mittelalter ausgebrochene Pest, ...“ (Zeile 1)
b) „..., der von Ratten oder durch das Einatmen <u>übertragen</u> wurde.“ (Zeile 3)
c) „... und <u>verbreitete</u> sich über ganz Europa.“ (Zeile 6)
d) „..., eine akute, fieberhafte <u>Infektionskrankheit</u>.“ (Zeilen 1–2)

3.2 Ausdrucksfehler erkennen und verbessern

6 Jeweils ein Ausdruck ist richtig. Streiche die beiden falschen Ausdrücke durch.

Im Volksglauben versteht man unter *Hexen* männliche/weibliche/neutrale Wesen, die mit magischen, schädigenden Kräften verwendet/gebildet/ausgestattet sind. In Märchen und Sagen erscheinen sie meistens als körperlich missgebildete Gestalten mit bösem/erbostem/erzornten Blick oder mit einem entstellenden/entstellten/bestellten Muttermal. Man sagte den Hexen Kinderraub, Tierverwandlung, Giftmischerei und Wetterfluss/Wettereinfluss/Wetterbeeinflussung nach. Der Glaube an diese Vorstellung streikte/steigerte/stieg sich im 15. und 16. Jahrhundert zum Hexenwahn, der zur groß angelegten/angesagten/angemachten und systematischen Hexenverfolgung führte.

7 Die unterstrichenen Fremdwörter wurden falsch geschrieben oder verwendet. Schreibe jeden Satz nochmals mit dem richtigen Fremdwort auf.

a) Der ungewisse Zustand führt zu <u>Irritirationen</u> bei den Kunden.

____

b) Unter <u>Rassisten</u> versteht man die Rechtfertigung von Unterdrückung und Diskriminierung.

____

____

c) Ich habe den Brief auf heute <u>datumiert</u>.

____

d) Ich glaube so langsam, dass deine Krankheit nicht körperlich, sondern <u>psychedelisch</u> ist.

____

8 Entscheide, ob besser das Fremdwort oder das deutsche Wort benutzt werden sollte. Streiche das unpassende Wort durch.

a) In unserer Stadt wird das Recycling/die Aufbereitung und Wiederverwendung bereits benutzter Rohstoffe großgeschrieben.

b) Die Band ist richtig cool/sehr gut.

c) Das Theaterstück war schockant/anstößig!

d) Ich finde den Gedanken essenziell/wesentlich!

G8 PRAXISTIPP

Achtung: Nicht immer sind Fremdwörter besser als die deutsche Alternative. Manchmal klingt die Verwendung von Fremdwörtern unnatürlich – dann ist es sinnvoller und stilistisch schöner, die deutsche Entsprechung einzusetzen.

9 Der folgende Text enthält in jeder Zeile einen Ausdrucksfehler. Streiche ihn durch und verbessere ihn in den Zeilen darunter.

Unter einer *Infektion* („Ansteckung") versteht man das Einbringen von
Krankheitserregern in einen lebendigen Organismus, in dem sie sich vermehren.
Krankheitserreger können auf unterschiedlichen Wegen ertragen werden, zum
Beispiel durch Berührung, über den Kontext mit Körperflüssigkeiten, durch
Nahrungsmittel, Verletzungen sowie über die Beatmung. Je nach Erreger und
Abwehrlage des Organismus kommt es nach einer Infektion zu einer viel oder
weniger schweren Erkranktheit oder auch zu einem stummen Infekt ohne
Krankheitsverzeichnis.

3.3 Redewendungen

10 Was bedeuten die jeweiligen Redewendungen? Ordne die Erklärungen aus dem Wortspeicher richtig zu.

einen vorhandenen Konflikt zum Ausbruch bringen – verschiedene Möglichkeiten haben – unvereinbar, grundverschieden sein – für jmdn. alles tun – volles Vertrauen zu jemandem haben – an jedem Gerücht ist etwas Wahres

a) wie Feuer und Wasser sein: ______

b) für jemanden die Hand ins Feuer legen: ______

c) Öl ins Feuer gießen: ______

d) Wo Rauch ist, ist auch Feuer: ______

e) für jemanden durchs Feuer gehen: ______

f) mehrere Eisen im Feuer haben: ______

11 Was bedeuten die jeweiligen Redensarten?

a) Liebe macht blind: ______

b) Liebe geht durch den Magen: ______

c) jemandem das Herz zerreißen: ______

12 Streiche jeweils das falsche Wort durch. Verbessere den Fehler, indem du die Redensarten nochmals richtig auf die Zeile schreibst.

a) nahe am Strand gebaut haben – ______

b) endlich ist Sonne in Sicht – ______

c) einen Knödel im Hals haben – ______

d) wie Sand am Bach – ______

e) mit jemandem ist nicht gut Äpfel essen – ______

f) ein grünes Wunder erleben – ______

g) Es ist noch kein Vogel vom Himmel gefallen – ______

______

13 Setze jeweils in die Lücken eine passende Redewendung ein. In jeder Redewendung soll das Wort *Leben/leben* vorkommen.

a) Wenn ich doch nur reich wäre! Dann könnte ich in ______

______

b) Ich sehe schon, in diesem Chaos findest du mal wieder nichts! Dabei kannst du dir sicher sein: Ordnung ______

c) Unsere Nachbarn haben sich erst einen riesengroßen Swimmingpool gekauft. Und nun haben sie ein neues Auto. Wenn die nicht auf ______

______

d) Bist du schon wieder pleite! Du kannst doch nicht immer von der ______

______

e) Wann sind wir endlich wieder zu Hause? Ich habe es satt, ständig aus ______

______

f) Da kommt Klaus, der Stimmungsmacher! Jetzt kommt endlich ______

______

Thementest Ausdrucksvermögen

1 Lies den Text aufmerksam. Schlage Wörter, die du nicht kennst, nach.

Die beiden Ziegen (nach Albert Ludwig Grimm)
Zwei Ziegen begegneten einander auf einem schmalen Stege, der über einen reißenden, tiefen Waldstrom führte. Die eine wollte hinüber, die andere herüber. „Geh mir aus dem Wege!“, sagte die eine. „Das wär mir schön!“, rief die andere. „Geh du zurück und lass mich hinüber. Ich war zuerst auf der Brücke!“ „Was fällt dir ein?“, versetzte die erste. „Ich bin so viel älter als du und sollte dir weichen? Nimmermehr!“
Keine wollte nachgeben. Jede wollte zuerst hinüber, und so kam es vom Zank zum Streit und zu Tätlichkeiten. Sie hielten ihre Hörner vorwärts und rannten zornig gegeneinander. Von dem heftigen Stoßen verloren beide das Gleichgewicht und sie stürzten miteinander von dem schmalen Steg hinab in den reißenden Waldstrom, aus dem sie sich nur mit großer Anstrengung ans Land retteten.

2 Kreuze jeweils die richtige Bedeutung des unterstrichenen Ausdrucks aus dem Text aus Aufgabe 1 an. Der Sinn des Satzes soll erhalten bleiben.

a) „..., versetzte die erste.“ (Zeile 5)
- ☐ brüllte
- ☐ fragte
- ☐ entgegnete
- ☐ schrie

b) „... hinab in den reißenden Waldstrom, ...“ (Zeilen 10–11)
- ☐ schmutzigen
- ☐ strudelnden
- ☐ fließenden
- ☐ eiskalten

3 Ersetze die unterstrichenen Ausdrücke durch bedeutungsgleiche Formulierungen und schreibe den ganzen Satz nochmals in dein Heft. Der Sinn des Satzes soll erhalten bleiben.

a) „... aus dem sie sich nur mit großer Anstrengung ans Land retteten.“ (Zeile 11)
b) „Zwei Ziegen begegneten einander auf einem schmalen Stege, ...“ (Zeile 1)

4 Was besagt der Satz „Ich bin so viel älter als du und sollte dir weichen?" (Zeilen 5–6)? Kreuze an.

- ☐ Der Ältere sollte zuerst nachgeben, weil er der Klügere ist.
- ☐ Der Ältere sollte zuerst durchgehen dürfen, weil man vor dem Alter Respekt haben soll.
- ☐ Der Ältere sollte zuerst durchgehen dürfen, weil er der Gebrechlichere ist.

5 In jedem Satz hat sich ein Ausdrucksfehler eingeschlichen. Streiche ihn durch und schreibe das richtige Wort in die Klammer.

a) Ziegen sind robust geplante Tiere mit kräftigen Gliedmaßen. (____________)

b) Beide Geschlechter tragen Gehörner. (____________)

c) Die der Weiber sind kurz, dünn und nur leicht gebogen. (____________)

d) Die der Männchen sind im Gegenteil dazu stark nach hinten gebogen und sehr lang. (____________)

6 Setze jeweils in die Lücken eine passende Redewendung ein. In jeder Redewendung soll das Wort *Wasser* vorkommen.

a) Geht es dir nicht gut? Du hängst auf deinem Stuhl wie ein Schluck ____________

____

b) Das wird eine neue Situation für dich. Du wirst ins ____________

____

c) Er ist in einer echten Notlage. Wirklich schlimm, wenn einem so das ____________

____

d) Als mein Kaninchen gestorben ist, habe ich ____________

____

4 Umgang mit Texten

4.1 Informationen im Text finden

1 Lies den Text aufmerksam. Schlage Wörter, die du nicht kennst, nach.

Studentenleben (nach Mark Twain, Teil 1)
Das Sommersemester war in vollem Gang – folglich war der Student die häufigste Figur in und um Heidelberg. Die meisten waren natürlich Deutsche, aber es gab auch zahlreiche Vertreter fremder Länder. Sie kamen aus allen Ecken des Erdballs, denn das Studium und auch das Leben sind billig in Heidelberg. Der *Anglo-American-Club*, dem britische und amerikanische Studenten angehören, zählte fünfundzwanzig Mitglieder, und das Reservoir war noch längst nicht ausgeschöpft. Neun Zehntel der Heidelberger Studenten trugen weder Abzeichen noch Uniformen, das übrige Zehntel trug jedoch Mützen in verschiedenen Farben und gehörte geselligen Vereinigungen an, die „Korps“ heißen. Es gab insgesamt fünf Korps in Heidelberg, von denen jedes seine eigene Farbe hatte; man sah weiße Mützen, blaue Mützen, rote, gelbe und grüne. Das berühmte Duellfechten ist übrigens auf die Mitglieder dieser Vereinigungen, die Korpsstudenten, beschränkt.

G8 PRAXISTIPP

Um Aufgaben anhand eines Textes zu lösen, ist es wichtig, den Inhalt des Textes und die Textaussage *wirklich* verstanden zu haben. Lies den Text hierfür mehrmals, fasse den Inhalt für dich zusammen und entwickle deine eigenen Gedanken zum Text. Stelle dir Fragen, die du mithilfe des Textes für dich selbst beantwortest. Hilfreich ist auch, **wichtige Textstellen zu markieren** und **Schlüsselbegriffe** an den Rand zu schreiben.

2 Markiere die Informationen im Text.

a) Alle Textstellen, die Informationen über die Heidelberger Studenten liefern.
b) Alle Textstellen, die Informationen über die Korps liefern.

3 **Kreuze an.**

Der Text aus Aufgabe 1 liefert Informationen über

a) den Autor des Textes ☐ ja ☐ nein

b) die Stadt Heidelberg ☐ ja ☐ nein

c) die einzelnen Studentenvereinigungen ☐ ja ☐ nein

d) die Staatsangehörigkeit der Studenten ☐ ja ☐ nein

e) die Universitäten ☐ ja ☐ nein

f) die Anzahl der Erkennungsfarben der Korps ☐ ja ☐ nein

4 **Beantworte die Fragen zum Text aus Aufgabe 1.**

a) Welche Menschen traf der Autor hauptsächlich in Heidelberg?

____

b) Wieso gab es in Heidelberg eine große Zahl ausländischer Studenten?

____

c) Wie viele Mitglieder zählte der Klub britischer und amerikanischer Studenten?

____

d) Kann man davon ausgehen, dass der *Anglo-American-Club* Mitglieder verliert oder gewinnt? Begründe deine Meinung anhand des Textes.

____

e) Wie viele Studenten trugen keine Abzeichen oder Uniformen?

____

f) Wo war etwa ein Zehntel der Heidelberger Studenten Mitglied?

____

g) Was erfährst du im Text über das Duellfechten?

____

4.2 Texte verstehen

5 Lies den Text aufmerksam. Schlage Wörter, die du nicht kennst, nach.

Studentenleben (nach Mark Twain, Teil 2)
Zu jeder Tageszeit sieht man unzählig viele Studenten, sodass man sich schließlich zu fragen beginnt, ob sie überhaupt eine feste Arbeitszeit haben. Manche haben sie, andere nicht. Jeder kann selbst wählen, ob er arbeiten oder sich vergnügen will. Das Leben an den deutschen Universitäten ist ein sehr freies Leben – es scheint keinerlei Beschränkungen zu geben. Der Student wohnt nicht in den Universitätsgebäuden, sondern mietet sich seine eigene Unterkunft, wo immer er will, und er nimmt seine Mahlzeiten ein, wann und wo es ihm gefällt. Er geht zu Bett, wann es ihm passt, und steht nur auf, wenn er mag. Er wird auch nicht für eine bestimmte Zeit an der Universität eingeschrieben; daher wechselt er nicht gerade selten. Für den Eintritt in die Universität braucht er keine Prüfung zu bestehen. Er bezahlt lediglich eine geringe Gebühr von ungefähr fünf oder zehn Dollar und erhält daraufhin eine Karte, die ihm Anspruch auf die Vorrechte der Universität verleiht, und damit basta.

6 Welche Redewendung gibt den Inhalt des Textes am ehesten wieder? Kreuze an.

- ☐ arbeiten wie ein Brunnenputzer
- ☐ einen faulen Lenz haben/schieben
- ☐ etwas macht Schule

7 Gib den Inhalt der folgenden Textstelle in eigenen Worten wieder.

„Er wird auch nicht für eine bestimmte Zeit an der Universität eingeschrieben; …“

(Zeilen 9–10): ______________________________

____

____

____

8 Welches Adjektiv beschreibt am ehesten die jeweiligen Zustände? Kreuze an.

a) Wie denkt der Autor über das Studentenleben?

☐ erbost ☐ verwundert ☐ belustigt

b) Wie scheint das Leben an den deutschen Universitäten zu sein?

☐ einengend ☐ frei ☐ anstrengend

9 Was bedeutet die Textstelle „...erhält daraufhin eine Karte, die ihm Anspruch auf die Vorrechte der Universität verleiht, ...“ (Zeilen 12–13)? Kreuze an.

☐ Der Student kann mit dieser Karte an jeder Universität in Heidelberg studieren.

☐ Der Student ist mit der Karte an diese Universität gebunden.

☐ Der Student ist mit dieser Karte an seiner Universität eingetragen und darf dort die Lehrveranstaltungen besuchen.

10 Schreibe die Textstelle heraus, die zu der jeweiligen Aussage passt.

a) Die Studenten können sich ihre Arbeitszeit frei einteilen.

Zeile ___ – ___: ____

____

b) Die Studenten wechseln häufig die Universitäten.

Zeile ___ – ___: ____

____

c) Die Studenten mussten bereits zu der damaligen Zeit schon Studiengebühren bezahlen.

Zeile ___ – ___: ____

____

4.3 Informationen entnehmen und in eigenen Worten wiedergeben

11 Lies den Text aufmerksam. Schlage Wörter, die du nicht kennst, nach.

Studentenleben (nach Mark Twain, Teil 3)

Nein, faulenzende Studenten sind ganz bestimmt nicht die Regel. Von den achthundert in der Stadt kannte ich nur etwa fünfzig von diesem ganz speziellen Schlag – aber diese sah ich dafür ständig. Sie spazierten auf den Straßen und in den bewaldeten Bergen umher, sie fuhren Kutsche, sie ruderten auf dem Fluss, sie schlürften am Nachmittag Bier und Kaffee im Garten des Schlosses. Ein großer Teil trug die bunten Mützen der Korps. Sie waren elegant und modisch gekleidet, ihre Umgangsformen waren absolut erstklassig, und sie führten ein ungezwungenes, sorgloses, behagliches Leben. Saß ein Dutzend von ihnen zusammen und ein Herr oder eine Dame kamen vorbei, die einer von ihnen kannte und grüßte, standen alle auf und nahmen ihre Mützen ab. Die Mitglieder eines Korps empfingen einen Korpsbruder ebenfalls stets auf diese Weise; Angehörige eines anderen Korps schienen sie hingegen nicht zu sehen und schenkten ihnen keine Beachtung. Das war nicht Unhöflichkeit, es gehörte lediglich zu der kunstvollen und strengen Etikette der Korps. Zwischen den deutschen Studenten und ihren Professoren scheint kein frostiger Abstand zu herrschen, sondern vielmehr ein sehr umgängliches Verhältnis, ganz das Gegenteil von Kühle und Reserviertheit. Wenn der Professor am Abend ein Lokal betritt, in dem Studenten versammelt sind, erheben sich diese sofort von ihren Plätzen, nehmen die Mütze ab und laden den alten Herrn ein, sich zu ihnen zu setzen und mitzuhalten. Er nimmt die Einladung an, und die muntere Unterhaltung und das Bier fließen eine oder zwei Stunden lang, und nach einem Weilchen entbietet der Professor, gehörig gefüllt und angeheitert, den Studenten eine gute Nacht, während sich die Studenten mit entblößtem Haupt stehend von ihrem Platz aus verbeugen; und nun, da die ganze gewaltige Fracht der Gelehrsamkeit in seinem Laderaum schwimmt, macht er sich glücklich und zufrieden auf den Heimweg. Niemand nimmt Anstoß, niemand ist empört; es hat schlichtweg nichts zu sagen.

12 Gliedere den Text aus Aufgabe 11 in 2 Abschnitte. Gib jedem Abschnitt eine Überschrift, die das Wesentliche wiedergibt. Schreibe in dein Heft.

13 Markiere alle Textstellen, die Aussehen und Charaktereigenschaften der „faulenzenden Studenten" beschreiben.

G8 PRAXISTIPP

Bei der **Charakterisierung** einer Figur geht es darum, möglichst viele Einzelheiten zum Charakter, dem äußeren Erscheinungsbild sowie zu den besonderen Eigenschaften und Verhaltensweisen herauszuarbeiten.

14 Fertige mithilfe der markierten Textstellen aus Aufgabe 13 eine Charakterisierung der „faulenzenden Studenten" an. Die Gliederung hilft dir dabei. Schreibe in ganzen Sätzen.

Äußeres Erscheinungsbild: Die Studenten ______________________________

____

____

Freizeitbeschäftigungen: ______________________________

____

____

Verhalten gegenüber Korpsbrüdern: ______________________________

____

____

Verhalten gegenüber Angehörigen eines anderen Korps: ____________________

____

____

15 Was würde der Satz „... sie führten ein ungezwungenes, sorgloses, behagliches Leben" (Zeilen 7–8) in deinem Alltag bedeuten? Schreibe in dein Heft.

16 Aus welchem Grund beachten sich die Mitglieder der verschiedenen Korps gegenseitig nicht? Beantworte die Frage in eigenen Worten.

____

____

17 Wie war das Verhältnis zwischen den deutschen Studenten und ihren Professoren am Abend? Vervollständige die Sätze und schreibe einen fiktiven Dialog.

Der Professor betritt das Wirtshaus. Einige Studenten sind bereits an Tischen versammelt. Es herrscht eine lustige Stimmung.

Die Studenten bemerken ihren Professor und ____________________.

Dabei ______________________________________.

Ein Student ruft : „______________________________________

______________________________________?“

Der Professor antwortet: „______________________________“

und ______________________________________.

Die Studenten und der Professor ____________________ und

______________________________________.

Nach ein bis zwei Stunden ____________________ der Professor den

Studenten eine ______________________________.

Währenddessen ____________________ die Studenten

______________________________________. Der

Professor ______________________________________.

18 Wie fühlt sich der Professor nach einem Abend mit seinen Studenten? Beschreibe und erkläre in eigenen Worten. Schreibe in dein Heft.

4.4 Ein vorgegebenes Schema vervollständigen

19 Lies den Text aufmerksam. Schlage Wörter, die du nicht kennst, nach.

Abwasserreinigung

Abwasser umfasst das aus Haushaltungen und Gewerbebetrieben ablaufende verunreinigte Wasser sowie das Niederschlagswasser, das von Dächern und Straßen Schmutz in die Kanalisation einbringt.
Das *häusliche Abwasser* besteht meist aus Spül- und Waschwasser, ferner aus Abflüssen sanitärer Anlagen. Im *gewerblichen Abwasser* finden sich darüber hinaus zum Teil auch giftige Chemikalien.
Deshalb ist vor der Rückführung der Wassermengen in die Flüsse eine künstliche Reinigung in meist dreistufigen Kläranlagen notwendig.
Die dreistufige Kläranlage besitzt eine mechanische und eine biologische Reinigung sowie eine chemische Fällung.
Bei der *mechanischen Reinigung* hält ein Rechen zunächst grobe Verunreinigungen zurück. Im Sandfang können sich mineralische Bestandteile absetzen. Von dort gelangt das Abwasser über den Öl- und Fettfang in das Vorklärbecken (Vorklärung). Hier werden die sonstigen absetzbaren Stoffe ausgefällt und mit einer Abschöpfeinrichtung Schwimmstoffe entnommen.
Bei der anschließenden *biologischen Reinigung* werden die offenen Belebungsbecken zusätzlich stark belüftet und von den verschiedensten Mikroorganismen besiedelt. Durch diese werden die abbaubaren Verunreinigungen in Schlammstoffe umgewandelt, die mit dem gereinigten Abwasser das Belebungsbecken der biologischen Reinigung verlassen und im anschließenden Nachklärbecken (Nachklärung) entfernt werden.
Mit Chemikalien belastete Abwasser durchlaufen noch die „Phosphatausfällung“, bevor das Wasser in den Fluss geleitet wird. Der Schlamm aus Vor- und Nachklärbecken wird in Faulbehältern („Schlammfäulung“) durch anaerobe Bakterien ausgefault. Der ausgefaulte Schlamm wird durch Pressen entwässert („Schlammtrocknung“) und dann weiterverarbeitet („Schlammverwertung“).

G8 PRAXISTIPP

Unbekannte Fremdwörter – Wörter, die aus anderen Sprachen übernommen wurden – schlägst du am besten in einem Fremdwörterbuch nach. Für Sachbegriffe eignet sich ein allgemeines Lexikon.

20 Hier findest du eine schematische Darstellung zum Text aus Aufgabe 19. Trage die passenden Begriffe aus dem alphabetisch geordneten Wortspeicher so in das Schema ein, dass der Vorgang der Abwasserreinigung ersichtlich wird.

biologische Reinigung – Nachklärung – Öl- und Fettfang – Phosphatausfällung – Rechen – Sandfang – Schlammfäulung – Schlammtrocknung – Schlammverwertung – Vorklärung

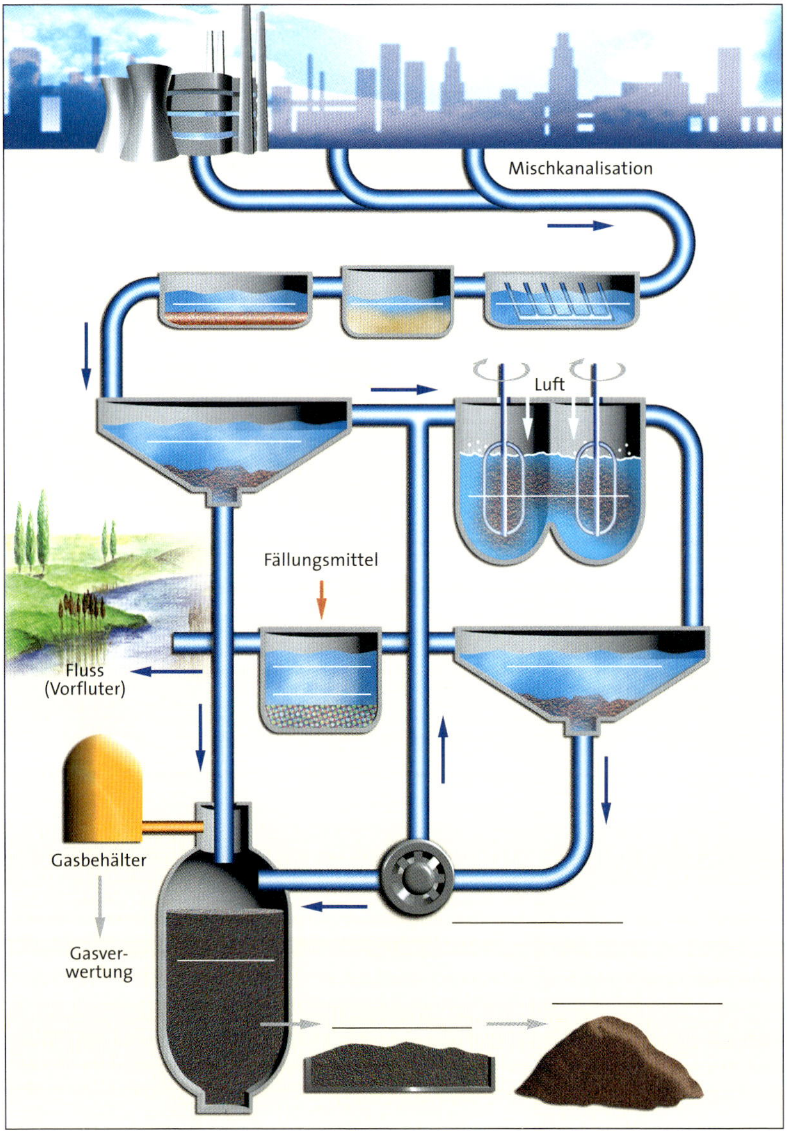

4.5 Eine eigene Meinung entwickeln und begründen

21 Vielleicht kennst du die folgende Fabel. Lies sie dennoch aufmerksam und schlage Wörter, die du nicht kennst, im Wörterbuch nach.

Drei Stiere und der Löwe (nach Äsop)
Drei Stiere auf einer Weide schlossen ein Bündnis. Sie wollten jede Gefahr auf der Weide mit vereinten Kräften abwehren.
So vereinigt, trotzten sie sogar dem Löwen, sodass dieser sich nicht an sie heranwagte.
Als den Löwen eines Tages der Hunger sehr plagte, griff er zu einer List: Er stiftete Uneinigkeit unter ihnen.
Die Stiere trennten sich und nach nicht acht Tagen hatte er alle drei, jeden einzeln von ihnen, angegriffen und verzehrt.

22 Wie hat es der Löwe wohl geschafft, unter den Stieren Uneinigkeit zu stiften? Entwickle einen fiktiven Dialog.

Löwe sagt zu Stier Nr. 1: „Hör mal, ______________________________

______________________________."

Stier Nr. 1 antwortet dem Löwen: „______________________________

______________________________."

Löwe geht zu Stier Nr. 2 und flüstert ihm ins Ohr: „______________________________

______________________________."

Stier Nr. 2 rennt zu Stier Nr. 1 und schreit: „______________________________

______________________________."

Löwe läuft zu Stier Nr. 3 und meint: „______________________________

______________________________."

Die drei Stiere sind wütend und beschließen: „______________________________

______________________________."

23 Jede Fabel enthält eine Moral. Gib die Moral dieser Fabel in einem Satz wieder.

____

____

24 Übertrage diese Fabel auf deinen Alltag.

a) Überlege dir eine Situation, in der jemand wie der Löwe durch solch eine List leicht an seine Beute kommt: ______________________

____

____

____

____

b) Die Hauptperson aus deiner Geschichte aus Teil a) schreibt abends in ihr Tagebuch. Sie bereut bitter, sich von dem „Löwen“ beeinflusst haben zu lassen. Schreibe du den Tagebucheintrag für sie: ______________________

____

____

____

____

____

25 Wie hätten die Stiere reagieren sollen, um dieses große Unglück zu vermeiden?

____

____

Thementest Umgang mit Texten

1 Lies den Text aufmerksam. Schlage Wörter, die du nicht kennst, nach.

Die Fabel

Die Fabel ist eine meist kurze, lehrhafte Erzählung, in der Tiere (seltener Pflanzen) menschliche Eigenschaften und Verhaltensweisen verkörpern. Die Fabel zielt auf eine religiöse, moralische oder praktische Belehrung oder Kritik. Die besonderen Merkmale sind zum Beispiel die gegensätzlichen Einstellungen oder Verhaltensweisen zweier oder mehrerer Tiere, die dramatische Handlungsumkehr und die Ausrichtung auf eine wirkungsvolle Schlusspointe. Am Anfang der europäischen Fabeldichtung steht Äsop, ein Sklave aus Thrakien (= östliche Balkanhalbinsel). Seine Fabeln enthielten für die Menschen der damaligen Zeit eine einleuchtende Aussage. Sie werten, urteilen und demaskieren, aber sie sind nie vernichtend. Im Mittelalter waren die Fabeln wegen ihrer lehrhaften Tendenz eine in ganz Europa verbreitete Schullektüre. In Deutschland verschwand dann ihre Beliebtheit, jedoch wurde die Fabel in der Zeit der Aufklärung (18. Jahrhundert) als bevorzugte Gattung empfohlen und erreichte hier eine letzte Blüte. Die literarische Gattung der Fabel wurde, abgesehen von einigen wenigen Autoren, im 20. Jahrhundert bedeutungslos.

2 Markiere die folgenden Informationen im Text.

a) Alle Textstellen, die Informationen über die Merkmale einer Fabel geben.
b) Alle Textstellen, die Informationen über die Fabel in der jeweiligen Epoche geben.

3 Beantworte die Fragen zum Text.

a) Was kennzeichnet Äsops Fabeln?

____

b) Wieso benutzte man die Fabeln im Mittelalter als Schullektüre?

____

____

4 Welcher Satz trifft das Wesen einer Fabel am ehesten?

☐ Die Fabel will auf Missstände in der Gesellschaft aufmerksam machen.
☐ Die Fabel will die Leser unterhalten.
☐ Die Fabel will vernichtende Kritik an den Menschen üben.

5 Was bedeutet die Textstelle „... die gegensätzlichen Einstellungen oder Verhaltensweisen zweier oder mehrerer Tiere, ...“ (Zeilen 4–5)? Kreuze an.

☐ Zwei oder mehrere Tiere tun sich zusammen und verteidigen ihre Einstellungen.
☐ Zwei oder mehrere Tiere sind sich uneins.
☐ Zwei oder mehrere Tiere finden sich zusammen, um gemeinsam zu einer Einigung ihrer gegensätzlichen Einstellungen zu gelangen.

6 Gib den Inhalt der Textstelle „Die Fabel zielt auf eine religiöse, moralische oder praktische Belehrung oder Kritik“ (Zeilen 3–4) in eigenen Worten wieder und erkläre ihre Bedeutung.

____

____

____

____

____

7 Die Zeit der Aufklärung lässt sich u. a. sehr gut in dem berühmten Satz „Habe Mut, dich deines eigenen Verstandes zu bedienen“ von Immanuel Kant zusammenfassen. Kannst du dir erklären, wieso die Textsorte der Fabel in dieser Zeit eine Blüte erreichte? Schreibe in dein Heft.

5 Abschlusstests

Test 1

1 Lies den Text aufmerksam. Schlage Wörter, die du nicht kennst, nach.

Der Barbierjunge von Segringen (Johann Peter Hebel)

Man muss Gott nicht versuchen, aber auch die Menschen nicht.

Denn im vorigen Spätjahr kam in dem Wirtshause zu Segringen ein Fremder von der Armee an, der einen starken Bart hatte und fast wunderlich aussah, also, dass ihm nicht recht zu trauen war. Der sagt zum Wirt, eh er etwas zu essen oder zu trinken fordert: „Habt ihr keinen Barbier im Ort, der mich rasieren kann?" Der Wirt sagt Ja und holt den Barbier. Zu dem sagt der Fremde: „Ihr sollt mir den Bart abnehmen, aber ich habe eine kitzlige Haut. Wenn ihr mich nicht ins Gesicht schneidet, so bezahl ich Euch vier Kronentaler. Wenn ihr mich aber schneidet, so stech ich Euch tot. Ihr wäret nicht der Erste." Wie der erschrockene Mann das hörte – denn der fremde Herr machte ein Gesicht, als wenn es nicht vexiert (= *Spaß machen, necken*) wäre, und das spitzige, kalte Eisen lag auf dem Tisch –, so springt er fort und schickt den Gesellen. Zu dem sagt der Herr das Nämliche. Wie der Gesell das Nämliche hört, springt er ebenfalls fort und schickt den Lehrjungen. Der Lehrjunge lässt sich blenden von dem Geld und denkt: „Ich wag`s. Geratet es, und ich schneide ihn nicht, so kann ich mir für vier Kronentaler einen neuen Rock auf die Kirchweihe kaufen und einen Schnepper. Geratet`s nicht, so weiß ich, was ich tue", und rasiert den Herrn. Der Herr hält ruhig still, weiß nicht, in welcher entsetzlichen Todesgefahr er ist, und der verwegene Lehrjunge spaziert ihm auch ganz kaltblütig mit dem Messer im Gesicht und um die Nase herum, als wenn`s nur um einen Sechser oder im Fall eines Schnittes um ein Stücklein Zunder oder Fließpapier darauf zu tun wäre, und nicht um vier Kronentaler und um ein Leben, und bringt ihm glücklich den Bart aus dem Gesicht ohne Schnitt und ohne Blut, und dachte doch, als er fertig war: Gottlob! Als aber der Herr aufgestanden war und sich im Spiegel beschaut und abgetrocknet hatte und gibt dem Jungen die vier Kronentaler, sagt er zu ihm: „Aber junger Mensch, wer hat dir den Mut gegeben, mich zu rasieren, so doch dein Herr und der Gesell sind fortgesprungen? Denn wenn du mich geschnitten hättest, so hätt ich dich erstochen." Der Lehrjung aber bedankte sich lächelnd für das schöne Stück Geld und sagte: „Gnädiger Herr, Ihr hättet mich nicht erstochen, sondern, wenn Ihr gezuckt hättet, und ich hätt Euch ins Gesicht geschnitten, so wär ich Euch zuvorgekommen, hätt Euch augenblicklich die Gurgel abgehauen und wäre auf- und davongesprungen." Als der fremde Herr das hörte und an die Gefahr dachte, in der er gesessen war, ward er erst blass vor Schrecken und Todesangst, schenkte dem Burschen noch einen Kronentaler extra und hat seitdem zu keinem Barbier mehr gesagt: „Ich stech dich tot, wenn du mich schneidest."

2 Die Kalendergeschichte enthält einen Satz, der die Kernaussage der Geschichte gut zusammenfasst. Welcher Satz ist gemeint? Kreuze an.

- ☐ „Man muss Gott nicht versuchen, aber auch die Menschen nicht.“ (Zeile 1)
- ☐ „Der Herr hält ruhig, still, weiß nicht, in welcher entsetzlichen Todesgefahr er ist, ...“ (Zeilen 18–19)
- ☐ „... und hat seitdem zu keinem Barbier mehr gesagt: „Ich stech dich tot, wenn du mich schneidest.““ (Zeilen 35–36)

3 Erkläre die Bedeutung des angekreuzten Satzes aus Aufgabe 2 in eigenen Worten.

____

____

____

____

4 Ordne den Wörtern aus dem Text die passenden Fremdwörter zu. Sechs Fremdwörter bleiben übrig.

barbieren – Courage – Couture – Exil – Existenz – perplex – perspektiv – respektabel – respektlos – Restauration – Restaurant – Terrorist – Tourist

a) Wirtshaus – ______________________________

b) Fremder – ______________________________

c) erschrocken – ______________________________

d) rasieren – ______________________________

e) Mut – ______________________________

f) verwegen – ______________________________

g) Leben – ______________________________

5 Kreuze jeweils die richtige Bedeutung des unterstrichenen Ausdrucks an. Der Sinn des Satzes soll erhalten bleiben.

a) „..., hätt Euch augenblicklich die Gurgel abgehauen ..." (Zeile 32)

- ☐ später
- ☐ sofort
- ☐ dann
- ☐ bald

b) „..., der einen starken Bart hatte und fast wunderlich aussah, ..." (Zeile 3)

- ☐ verwundbar
- ☐ wunderbar
- ☐ seltsam
- ☐ furchteinflößend

6 Ersetze die unterstrichenen Ausdrücke durch bedeutungsgleiche Formulierungen und schreibe den ganzen Satz nochmals darunter. Der Sinn des Satzes soll erhalten bleiben.

a) „... und der verwegene Lehrling spaziert ihm auch ganz kaltblütig mit dem Messer im Gesicht und um die Nase herum, ..." (Zeilen 19–20)

____

____

b) „Zu dem sagt der Herr das Nämliche." (Zeilen 12–13)

____

7 Wieso schenkte der Fremde dem Lehrjungen noch einen Kronentaler extra (Zeile 35)? Erkläre.

____

____

____

____

____

8 Der Lehrjunge schreibt am Ende des ereignisreichen Tages die Erlebnisse in sein Tagebuch. Wie könnte dieser Eintrag wohl aussehen? Versetze dich in die Lage des Jungen und schreibe den Tagebucheintrag für ihn. Schreibe in dein Heft.

9 Der folgende Text enthält in jedem Satz einen Ausdrucksfehler. Streiche den Fehler durch und schreibe die richtigen Ausdrücke auf die Schreiblinien.

Was hat sich der Fremde nur bei dieser Aktion gemeint? Wie wir aus dem Text erfahren, war es nicht das zweite Mal, dass er die Barbiere bedrohte. Wollte er seine Macht auswerfen? Oder ist er tatsächlich so kitzlig, dass er einen noch so großen Schnitt nicht ertragen kann? Wir werden es wohl nie erlesen. Auf jeden Fall kam er nun an einen wirksam schlauen und pfiffigen Lehrjungen. Das wird ihm sicher eine Moral gewesen sein!

____

____

10 Setze jeweils in die Lücken eine passende Redewendung ein. In jeder Redewendung soll das Wort *Gott* vorkommen.

a) Das viele Essen! Der Wein, der schön gedeckte Tisch! Heute essen wir mal wie ________________

b) Wenn das herauskommt, dann gnade ________________

c) Ständig grüßt er jemanden! Er kennt ________________

d) Er hat solch eine schöne Stimme. Ich sage dir, er singt wie ________________

e) Jetzt mach dir nicht so viele Gedanken! Lass doch einfach mal ________________

11 Markiere alle adverbialen Bestimmungen. Nummeriere sie dann durch und schreibe in dein Heft, um welche adverbiale Bestimmung es sich jeweils handelt.

a) Im vorigen Spätjahr kam ein Fremder in das Wirtshaus zu Segringen.

b) Er sah aus, als wäre er soeben aus der Armee entlassen worden.

c) Da der Fremde einen starken Bartwuchs hatte, rief er lautstark nach dem Barbier.

d) Der Wirt besorgte ihm schnell einen.

12 Erweitere die Sätze durch passende Appositionen.

a) Der Fremde, ______________________________, bedrohte zwei Barbiere, ______________________________.

b) Beide, ______________________________, liefen schnell weg.

c) Letztlich wagte es der Lehrjunge, ______________________________, den Fremden zu rasieren.

13 Forme jeweils das unterstrichene Satzglied in einen Adverbialsatz mit gleicher Bedeutung um. Schreibe dann die Art des jeweiligen Adverbialsatzes dahinter.

a) <u>Wegen der Bedrohung des Fremden</u> rannten zwei Barbiere schnell davon.

____

____

b) <u>Nach dem Rasieren</u> bezahlte der Fremde den Lehrjungen.

____

____

14 Wandle die wörtliche Rede in die indirekte Rede um.

a) Der Fremde sagte zum Wirt: „Habt ihr keinen Barbier im Ort, der mich rasieren kann?“

Der Fremde fragte den Wirt, ob ______________________________

____

b) Der Fremde sagte zum Barbier: „Ihr sollt mir den Bart abnehmen, aber ich habe eine kitzlige Haut.“

Der Fremde erklärte dem Barbier, er ______________________________

____

c) Der Fremde drohte dem Barbier: „Wenn ihr mich schneidet, so steche ich Euch tot.“

Der Fremde drohte dem Barbier, falls ______________________________

____

15 Setze die folgenden Sätze vom Aktiv ins Passiv. Beachte hierbei die richtige Zeitform.

a) Der Geselle schickte den Lehrjungen.

Passiv: ______________________________

b) Der Lehrjunge rasiert den Fremden.

Passiv: ______________________________

c) Der Lehrjunge hat dem Fremden glücklich den Bart aus dem Gesicht geschnitten.

Passiv: ______________________________

____

d) Der Fremde wird keinen Barbier mehr bedrohen.

Passiv: ______________________________

16 Formuliere die Sätze um, indem du die unterstrichenen Wörter substantivierst.

a) Man soll Gott nicht <u>versuchen</u>.

Das ______________________________

b) Der Fremde ist <u>froh</u>, dass ihm durch den Lehrjungen eine Lehre <u>erteilt</u> wurde.

Das ______________________________

____

c) Für den Fremden war dies eine <u>neue</u> Erfahrung.

Der Fremde hat etwas ______________________________ .

17 Getrennt oder zusammen? Schreibe die Sätze richtig auf.

a) DERFREMDEWIRDMITNEUENERKENNTNISSENHEIMKEHREN.

____

b) ERWIRDSICHNUNMITEINERANDERENEINSTELLUNGRASIERENLASSEN.

____

c) OBIHMDIESLEICHTFALLENWIRD?

____

18 *Ent-/ent-* oder *End-/end-?* Setze richtig ein.

a) Die ______scheidung, den Fremden zu rasieren, ist dem Lehrjungen sicher nicht leichtgefallen.

b) Es hätte genauso gut das ______e seines Lebens bedeuten können.

c) Doch letzt______lich hatte er einen guten Gedanken.

d) Dieser ______schluss hat ihm zu einem guten Verdienst verholfen.

e) Im ______effekt eine lehrreiche Geschichte!

19 Im Text finden sich zehn Fehler. Streiche sie durch und verbessere sie in der Zeile darunter.

Eine Versuchung ist der Anreitz, etwas zu denken, zu wollen oder zu tun, das dem Moralisch, rechtlich oder religiös vorgeschriebenen wiederspricht. In den Religionen wird die Versuchung oft in Gestalt von Versuchern personiviziert. Als religionspsychologischer Begrif beschreibt die Versuchung Erfarungen, durch die gläubige Menschen von Ihrem gehorsam gegenüber Gott oder den Göttern abgebracht beziehungsweiße in ihrer Glaubenstreue erprobt werden.

20 Setze die fehlenden Kommas.

Der Fremde war darauf aus die Barbiere einzuschüchtern. Er ein mutiger Mann aus der Armee konnte nichts Kitzliges ertragen. Deshalb versuchte er dem im Vorfeld bereits entgegenzuwirken. Doch an diesem Tag es war ein schöner Tag im Herbst kam alles anders als gewohnt. Auch um sich rasieren zu lassen kam er in das fremde Dorf. Er fragte den Wirt nach einem Barbier. Dieser brachte ihm einen der allerdings gleich wieder weglief eingeschüchtert wie er war. Dafür schickte er ihm den Gesellen der es auch nicht lange aushielt. Nur der Lehrjunge der war mutig. Er ein pfiffiger Bursche hatte sich seine eigenen Gedankengänge die auch nicht ungefährlich waren zurechtgelegt. So in diesem Bewusstsein rasierte er den Fremden. Er hatte Glück und es lief kein Tröpfchen Blut nicht einmal ein kleines. Der Lehrjunge war verständlicherweise sehr erleichtert. Und ich als Leser auch. Ich muss nämlich zugeben dass ich richtig mitgezittert habe.

Test 2

1 Lies den Text aufmerksam. Schlage Wörter, die du nicht kennst, nach.

Der Buchhandel – eine Branche mit langer Geschichte

Bereits in der Antike wurde mit den Vorläufern der heutigen Bücher, den Papyrus- und Pergamentrollen, gehandelt. Schreibgeübte Sklaven schrieben die Texte und Verleger organisierten ihren Vertrieb. Die mittelalterlichen Handschriften wurden in Europa verbreitet, indem sie in den Schreibstuben der Klöster vervielfältigt wurden. Es gab aber kaum Handel mit diesen Texten. Erst durch die Verwendung des vergleichsweise billigen Papiers belebte sich das Geschäft.

Die wichtigste Voraussetzung für den Buchhandel, wie wir ihn heute kennen, war die Erfindung des Buchdrucks mit beweglichen Lettern durch Johannes Gutenberg. Durch ihn wurde es möglich, Bücher als Massenware herzustellen. Infolge dieser Massenproduktion wandelte sich der Buchhandel von einem Nachfrage- zu einem Angebotsmarkt, das heißt, es wurde nötig, für das vorhandene Produkt Abnehmer zu finden. Es entstanden neue Berufe, da die Drucker und Kaufleute (Druckerei und Verlag) getrennten Aufgaben nachgingen. Reisende Buchhändler boten die Bücher auf Märkten und Messen an.

Die Buchproduktion stieg im 19. Jahrhundert in Deutschland ständig an, der technische Fortschritt und die Wissensentwicklung wuchsen explosionsartig.

Der Buchhandel gliedert sich heute in den sogenannten *verbreitenden Buchhandel* und den *herstellenden Buchhandel*, Verlagsbuchhandel oder Verlag genannt.

Das Verlagsprogramm, das heißt die Ausrichtung und Festlegung eines Verlags zum Beispiel auf Unterhaltungsromane, wird durch die Verlagsleitung entwickelt. Die mit den Lektoren in Kontakt stehenden Autoren erstellen die Manuskripte. Die produktionstechnische Abwicklung eines Buchprojekts (zum Beispiel Überwachung des Drucks und der Bindung) ist Aufgabe der Hersteller. Vorbereitet durch den Reisebuchhandel, der seine Kunden durch Vertreter anspricht, gelangen die Druckerzeugnisse durch den Vertrieb in den Buchhandel. Durch Maßnahmen der Werbeabteilung wie Mailings und Anzeigen, durch Buchmessen und Buchbesprechungen werden die Verlagserzeugnisse dem Buchhandel und dem Lesepublikum bekannt.

Der Käufer bezieht die Bücher über Buchgemeinschaften oder den Buchhandel. Meistens handelt es sich dabei um den sogenannten Sortimentsbuchhandel. Der Buchhändler stellt sein Sortiment im Ladengeschäft nach den vermuteten Erwartungen seiner Kunden zusammen.

Der Versandbuchhandel hingegen bietet Bücher in Katalogen an und versendet sie aufgrund schriftlicher Bestellungen von seinem Lager an die Kunden.

2 Gliedere den Text in 5 Abschnitte. Gib jedem Abschnitt eine Überschrift, die das Wesentliche wiedergibt.

Zeilen 1 – ___ : ______________________________

Zeilen ___ – ___ : ______________________________

Zeilen ___ – ___ : ______________________________

Zeilen ___ – ___ : ______________________________

Zeilen ___ – ___ : ______________________________

3 Wie kann man den jeweiligen Satz in Übereinstimmung mit dem Text sinnvoll fortsetzen? Kreuze an.

a) Durch den Massendruck können wir heutzutage problemlos sämtliche Bücher kaufen. Dies verdanken wir
- ☐ den Mönchen in den Schreibstuben der Klöster
- ☐ Johannes Gutenberg
- ☐ den Verlagen

b) Die Verlagsleitung ist zuständig für
- ☐ die Herstellung der Bücher
- ☐ den Vertrieb der Bücher
- ☐ das Verlagsprogramm

4 Kreuze an.

Der Text liefert Informationen über

a) die Struktur des Buchhandels	☐ ja	☐ nein
b) verschiedene Papierarten	☐ ja	☐ nein
c) die äußere Gestaltung von Büchern	☐ ja	☐ nein

5 Kreuze jeweils die richtige Bedeutung des unterstrichenen Ausdrucks aus dem Text an. Der Sinn des Satzes soll erhalten bleiben.

a) „... und Verleger <u>organisierten</u> ihren Vertrieb." (Zeile 3)

- ☐ forcierten
- ☐ unterdrückten
- ☐ koordinierten
- ☐ beeinflussten

b) „..., für das vorhandene <u>Produkt</u> Abnehmer zu finden." (Zeilen 12–13)

- ☐ Buch
- ☐ Erzeugnis
- ☐ Angebot
- ☐ Geschäft

6 Erkläre den Inhalt der Textstellen in eigenen Worten.

a) „..., das heißt die Ausrichtung und Festlegung eines Verlags zum Beispiel auf Unterhaltungsromane, ..." (Zeilen 21–22)

____

____

____

b) „Vorbereitet durch den Reisebuchhandel, der seine Kunden durch Vertreter anspricht, gelangen die Druckerzeugnisse durch den Vertrieb in den Buchhandel." (Zeilen 26–27)

____

____

____

7 Schreibe die Textstelle heraus, die zu der Aussage „Die Verlage versuchen durch mehrere Aktionen, ihre Bücher bekannt zu machen" passt. Schreibe in dein Heft.

8 Die Erfindung des Buchdrucks durch Johannes Gutenberg wird als Schlüsselelement der Renaissance betrachtet. Das Zeitalter der Renaissance (= *Wiedergeburt*) steht dafür, dass sich die Menschen nach dem einengenden Ständewesen des Mittelalters nun persönlich freier entwickelten. Versuche, diese Zusammenhänge zu erklären.

____

____

____

____

____

9 In jedem Satz sind ein oder zwei Ausdrucksfehler enthalten. Streiche den falschen Ausdruck durch und schreibe ihn richtig auf die Linien.

Der Begriff *Buch* bezeichnet heute im Gegenmaß zur Broschüre zumeist gedruckte Schriften im Unterfang von mehr als 48 Seiten. Diese sind durch Heftung oder Klebung durcheinander verbunden. Ein Buch ist das Ergebnis einer intellektuellen Prozession.

______________ ______________

______________ ______________

10 Beantworte die Fragen zum Text.

a) Wie wurde im Mittelalter die Bibel in Europa verbreitet?

____

b) Was ist die Aufgabe des *herstellenden Buchhandels?*

____

11 Hier findest du eine schematische Darstellung zum Text. Trage die passenden Begriffe aus dem Wortspeicher richtig in das Schema ein. Die durchgestrichenen Begriffe sind bereits eingetragen.

Autor – ~~Buchgemeinschaften~~ – Buchhandel – Herstellung – Lektorat – ~~Manuskript~~ – Reisebuchhandel – Sortimentsbuchhandel – Versandbuchhandel – Vertrieb – Werbeabteilung

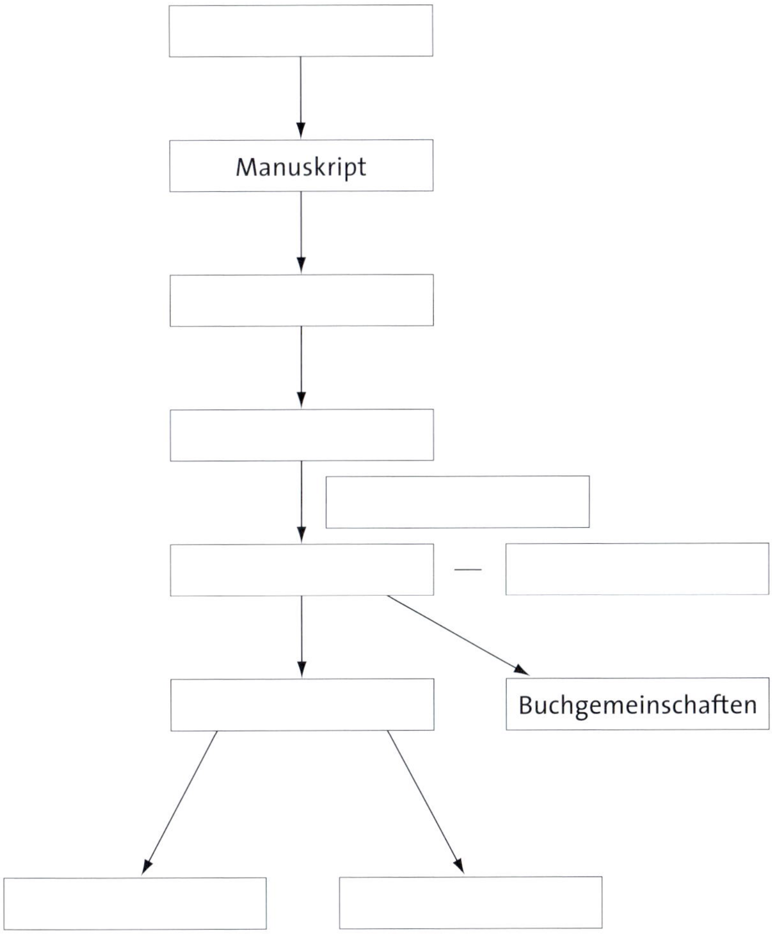

12 Adverbiale Bestimmung oder Präpositionalobjekt? Kreuze an.

a) Der Leser wartet auf das neue Buch seines Lieblingsautors.
☐ adverbiale Bestimmung ☐ Präpositionalobjekt

b) Der Autor wartet auf dem Bahnsteig auf seinen Verleger.
☐ adverbiale Bestimmung ☐ Präpositionalobjekt

c) Der Autor fürchtet sich vor der Kritik der Leser.
☐ adverbiale Bestimmung ☐ Präpositionalobjekt

13 Markiere den Hauptsatz sowie den Nebensatz 1. und 2. Grades jeweils mit einer anderen Farbe.

a) Der Autor hat sich für sein neues Buch, das so bald wie möglich erscheinen soll, da er schon lange kein neues Werk mehr geschrieben hat, ein ganz besonderes Thema ausgedacht.

b) Er will, da ihn das Thema interessiert, weil es Aktualität besitzt, über Umweltkatastrophen schreiben.

c) Der Autor, der sehr abenteuerlustig ist, da sein Vater ein Pionier war, hat viele Länder bereist.

14 Wandle die unterstrichenen Attribute in Attributsätze um.

a) Das neu erschienene Buch wurde zum Renner.

____

____

b) Der jung gebliebene Autor war bereits 60 Jahre alt.

____

____

15 Setze die Verben jeweils in die angegebene Zeitform.

a) Nachdem Johannes Gutenberg einige Wallfahrtsandenken aus einer Blei-Zinn-Legierung ______________________ (herstellen/Plusquamperfekt), ______________________ (beginnen/Präteritum) er mit dem Satz und dem Druck von Büchern.

b) Er ______________________ (drucken/Präteritum) unter anderem die lateinische Bibel.

c) Heute ______________________ (drucken/Präsens) man die Bücher meistens im Offsetverfahren.

d) Wie ______________________ man die Bücher wohl in hundert Jahren ______________________ (herstellen/Futur I)?

16 Groß oder klein? Streiche das Falsche durch.

a) Mein N/neues Buch ist sehr S/spannend.

b) Bücher sind überhaupt das S/schönste auf der Welt.

c) Ich bin so froh, wenn ich in R/ruhe L/lesen kann.

d) Etwas T/tolleres kann ich mir nicht V/vorstellen.

17 *s*, *ss* oder *ß*? Setze richtig ein.

a) Ich bin sehr überrascht, da___ du da___ Buch, da___ ich dir gestern gekauft habe, bereits zur Hälfte gele___en hast.

b) Ich le___e ___ehr gerne, da ich auf die___e Art und Wei___e viel Neue___ lernen kann.

c) In den gro___en Buchhandlungen findet man eine rie___ige Auswahl ___ämtlicher Bücher aller ___parten.

18 Finde die gesuchten Fremdwörter aus dem Text aus Aufgabe 1 und schreibe sie jeweils hinter ihre Bedeutung.

a) Herstellung von Waren und Gütern: ______________________

b) sehr heftig, oft mit einem lauten Knall verbunden (auch sinnbildlich):

____

c) Mitarbeiter eines Verlags, der Manuskripte prüft und überarbeitet:

____

d) Plan, Entwurf, Vorhaben: ______________________

e) Warenangebot: ______________________

19 Im Text fehlen sämtliche Gedankenstriche. Schreibe den Text ab und setze sie an die richtigen Stellen.

Gestern Abend habe ich eine Autorenlesung also einen Vortrag eines Autors aus seinem Buch besucht. Der Autor war glaube ich zumindest sehr aufgeregt. Bevor er sich überhaupt setzte, stieß er das Wasserglas um, das auf seinem Tisch stand was für eine Sauerei! Auf dem Tisch lagen nämlich auch noch seine bereits veröffentlichten Bücher und das waren einige. Ein Mitarbeiter wo der so schnell herkam, war mir nicht so ganz klar rannte mit einem Tuch herbei und versuchte zu retten, was zu retten war. Dann konnte die Lesung endlich beginnen. Der Autor setzte sich und öffnete den Mund aber er konnte nicht sprechen. Er räusperte sich mehrmals er hatte wohl einen „Frosch im Hals" und plötzlich ging es. Die Lesung konnte starten und wurde letztlich noch ein großer Erfolg.

20 *Stadt/stadt* oder *Statt/statt?* Setze richtig ein.

a) Der __________liche Mann da vorne ist der Autor.

b) Ich leihe die Bücher lieber aus, an__________ sie zu kaufen.

c) Leider liegt die __________bücherei nicht in der Innen__________ .

d) __________dessen liegt sie in der Nähe des __________parks.

Englisch

1 Wortschatz

1.1 Antonyme und Synonyme

1 Ordne den abstrakten Substantiven auf der linken Seite jeweils den gegenteiligen Begriff rechts zu, indem du sie mit einer Linie verbindest.

hate	happiness
sadness	confidence
truth	enmity
friendship	love
fact	heat
cold	fiction
fear	falsehood

2 Wie lautet das passende Gegenteil der in Klammern angegebenen Wörter? Achtung: Manche Wörter haben mehrere Bedeutungen und besitzen daher auch verschiedene Antonyme! Entscheide aus dem Zusammenhang.

It was a ___bad___ (good) day. Everything went ______________ (right) for poor John. His cool T-shirts were all dirty so he had to put on a ______________ (cool) T-shirt. He got on his bike and cycled on the right – in England, where everybody else was driving on the ______________ (right). He was very ______________ (cool) when he got to his English course and he was late. He ______________ (get up) on his seat. Strange! That felt very ______________ (hard). Oh! He had just sat on somebody's sandwiches. He listened to the teacher and couldn't understand anything. "Well, English isn't ______________ (hard)," he thought, "but I can usually understand something." That was when he found out that he was sitting in a Welsh lesson. He went straight back home and ______________ (get up).

3 Es gibt viele Adjektive mit ähnlicher Bedeutung. Ergänze die vier Adjektive durch ihre Synonyme im Wortspeicher.

bad – beautiful – cheerful – depressed – fed up – frightening – glad – good – great – horrible – over the moon – pleasant – pleased – pretty – terrible – unhappy

happy ______________________________

sad ______________________________

nice ______________________________

awful ______________________________

4 Welche Adjektive aus Aufgabe 3 würdest du in diesen Situationen verwenden?

a) When John won 5,000 euros, he was ______________ .

b) It was a great party. Everybody was ______________ because it was the first day of the holidays, and people laughed and danced and ate good food.

c) Her dress had flowers on it – was very ______________ but not very cool.

d) There was a ______________ accident yesterday and three people died.

e) Dan was ______________ . He had nothing to do, he couldn't do his homework and his girlfriend had left him.

5 Trage in deinem Heft Synonyme für die folgenden Wörter zusammen.

to say – to walk – I like that

G8 PRAXISTIPP

Im Englischen gibt es **Wörter**, die **gleich aussehen,** aber **unterschiedliche Bedeutung** haben, z. B. kann *on the right side* „auf der rechten Seite", aber auch „auf der richtigen Seite" bedeuten. Achte daher immer auf den Sinnzusammenhang.

1.2 *Clusters* und *mindmaps*

6 *Clusters:* Was gehört zusammen? Teile die Substantive in drei Gruppen auf und finde Überschriften dazu, dann trage sie in die Tabelle ein und führe sie in deinem Übungsheft fort.

apartment – cab – city centre – cliff – desert – downtown – flat – mountain – national park – neighbourhood – prairie – shop – skyscraper – store – taxi – subway – underground – valley

7 Bilde drei *clusters* mit Adjektiven, Substantiven und Verben zum Thema *travel*, indem du die angedeutete Tabelle in deinem Heft ergänzt. Verwende die Wortteile im Wortspeicher und füge eigene Vorschläge hinzu.

motor – breath – beaut – hitch – fl – attra – cyc – sight – fright

y – iful – way – seeing – taking – hike – ened – le – ction

adjectives	**nouns**	**verbs**
frightened	motorway	hitchhike

8 Bilde mindestens fünf Sätze, indem du je ein Wort aus den Spalten von Aufgabe 7 wählst. Schreibe sie in dein Heft.
Beispiel: I was very frightened while I was hitchhiking on the motorway.

9 Vervollständige die *mindmap* zum Thema Sport, indem du die angegebenen Wörter verwendest.

baseball
bat
batter
control game
court
field
ice rink
oval ball
player
racket
referee
score points
score tries
stick

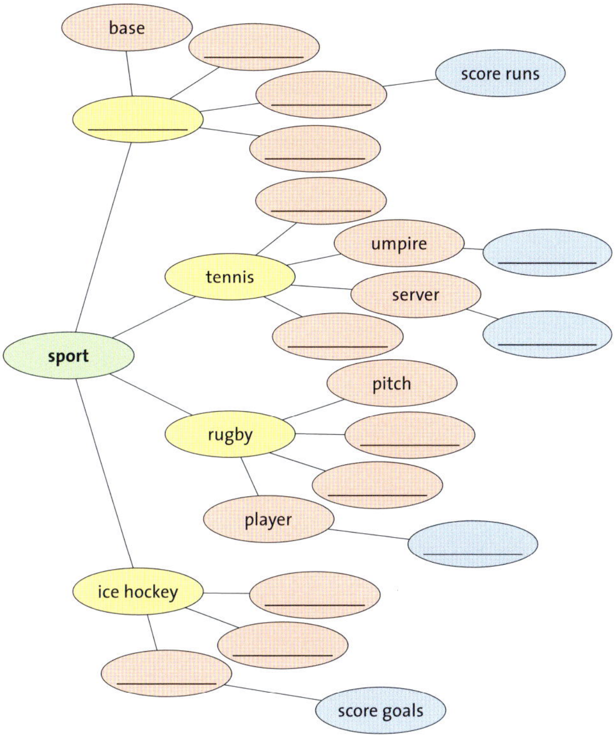

G8 PRAXISTIPP

Mindmaps sind immer subjektiv, können also nicht falsch sein. Sie sollen zeigen, welche Dinge du mit einem bestimmten Thema verbindest. Je mehr du sie übst, desto leichter werden sie dir fallen.

10 Bilde in deinem Heft deine eigene Mindmap zum Thema „Essen und Mahlzeiten“. Einige Wörter sind schon vorgegeben, du musst die Buchstaben aber noch in die richtige Reihenfolge bringen.

streaurnta – mhoe – aytawkea – vereser – ets het etabl – laptes – sertdes – stapa – feeb

1.3 *Collocations*

11 Sport. Welches Substantiv bzw. welche Wendung gehört zu welchem Verb?

aerobics – football – for a run – jogging – skiing – sport – tennis

do ____________________

go ____________________

play ____________________

12 Thema Gesundheit. Verbinde die Verben mit den passenden Substantiven zu festen Wendungen und schreibe sie auf.

have – hurt – take – see – catch

your temperature – a cold – a headache – a doctor – your arm – a tablet – a fever

____

____

____

13 Welches Verb gehört in die Sätze? Ergänze die Lücken mit der richtigen Zeitform. Der erste Buchstabe ist schon angegeben.

a) Oh no! I'm late. I've got to c__________ my bus.

b) We need the Circle Line, don't we? Where do we have to c__________ trains?

c) I'm driving to town. Can I g__________ you a lift?

d) Where do I need to g______ ______ the bus when I want to go to the town centre?

e) Oh no! I've just m__________ my train. When does the next one go?

f) I always t__________ the bus to town. It's too far to walk.

14 **Zu Hause. Übersetze die folgenden Ausdrücke, indem du *make*, *take*, *have* oder *do* plus Substantiv verwendest.**

a) alles durcheinanderbringen ______________________

b) ein Bad nehmen ______________________

c) frühstücken ______________________

d) eine Pause machen ______________________

e) sich ausruhen ______________________

f) die Hausarbeit machen ______________________

g) spülen ______________________

h) das Bett machen ______________________

G8 PRAXISTIPP

Wenn du neue Substantive oder Verben lernst, präge dir immer gleich die wichtigsten **Wortverbindungen** ein, die sie eingehen können, also z. B. *to do the dishes*, „den Abwasch machen" (nicht *make!*).

15 **Jill macht sich Gedanken über Neil. Ergänze die passenden Verben, um korrekte Kollokationen zu bilden.**

I'm not amazingly beautiful so I don't often c____________ anybody's attention but somehow Neil must have noticed me. He obviously wanted to m____________ friends with me and he'd decided to p____________ me attention. Every time I met him he talked to me and at lunchtime when the cafeteria was full, he always tried to s____________ me a seat next to him.

I didn't really want to f____________ a boyfriend because I'm too young and I've got too many other things to do. But do I want to h____________ a relationship with him? I'm not telling you. I can k____________ a secret. I'll just tell you this – I'll invite you to the party when we g____________ married.

1.4 Zwei-Wort-Verben

16 Viele Verben stehen mit festen Präpositionen. Verbinde die Satzhälften so miteinander, dass sie sinnvolle Sätze ergeben.

My mum is always complaining	about a great job in a shop.
Music helps me concentrate	about my clothes.
I'm going to apply	on the wrong buses.
I've heard	of my grandma.
We have to take care	on my homework.
My grandma always gets	for a Saturday job.

G8 PRAXISTIPP

Oft entscheiden scheinbar unwichtige **Präpositionen** über den **Sinn eines Verbs.** Am besten merkst du dir daher einen ganzen englischen Satz, der dir die genaue Bedeutung eines Zwei-Wort-Verbs verdeutlicht, z. B.: *I need to **think of** a name for my dog* („Ich muss **mir** einen Namen für meinen Hund **einfallen** lassen"), aber: *I often **think about** my future* („Ich **denke** oft **über** meine Zukunft **nach**").

17 Welcher Sinn ist gemeint? Unterstreiche die passende Präposition.

I dreamt about/of Jamie Oliver last night – he was cooking in my kitchen. Have you ever heard about/of him? No? He's a famous English cook and he's very good-looking, too. In England we often hear about/of him. He has his own television programme and he regularly thinks about/of great new recipes that are healthy and taste good. He thinks about/of healthy food a lot and wants to help schools give healthier food to their students. Now he's dreaming about/of changing American eating habits, too. I wonder what my American cousin will say about him when I hear from/of her next.

18 Manche Verben bekommen eine andere Bedeutung, wenn man sie mit einem zweiten oder auch dritten Wort zusammen verwendet. Übersetze die verschiedenen Zusammensetzungen von *look*.

a) to look after ______________________

b) to look at ______________________

c) to look for ______________________

d) to look forward to ______________________

e) to look like ______________________

f) to look up ______________________

19 Zwei-Wort-Verben, eher in informelleren Situation verwendet, werden in formellen Situation oft durch ein anderes Verb ersetzt. Löse den Buchstabensalat auf und finde die richtige Entsprechung.

rivear – tiueconn – sideconr – ladey – sraie – trernu

keep on	______________	put off	______________
bring up	______________	think about	______________
turn up	______________	come back	______________

20 Satzstellung. Manchmal kann die Präposition eines Zwei-Wort-Verbs auch nach dem Objekt stehen, also z. B. *I switched off the light* oder *I switched the light off.* Schreibe die Sätze um, wo das möglich ist.

a) Put on your coat. ______________________

b) I fell off a chair. ______________________

c) Don't wake up Dad. ______________________

d) She got on the bus. ______________________

e) You can try on the dress. ______________________

1.5 Wortbildung

21 Bilde mithilfe von Präfixen die Gegenteile zu folgenden Adjektiven, Verben und Substantiven und ordne sie richtig in die Tabelle ein.

appear – advantage – definite – dependent – healthy – direct – like – lucky – regular – relevant – usual – responsible

dis-			
in-			
ir-			
un-			

22 Welche Suffixe musst du wählen, um aus diesen Verben Adjektive und dann ihr jeweiliges Gegenteil zu bilden? Trage ein.

Verb	Adjektiv + Gegenteil	Verb	Adjektiv + Gegenteil
to use	____________________	to taste	____________________
to help	____________________	to cheer	____________________

23 Bilde mit dem richtigen Suffix aus den Verben Adjektive und trage sie ein.

a) The lesson wasn't very ________________ and they all fell asleep. (to interest)

b) I am ________________ by animals' behaviour. (to fascinate)

c) They were ________________ because they had watched a ________________ film. (to bore)

d) The magician's tricks were ________________. I was ________________ by them. (to amaze)

24 Erweitere deinen Wortschatz, indem du die Tabelle vervollständigst. Achtung: Nicht alle gefragte Wörter existieren!

Verb	to develop			
Substantiv		painting		
Person			definer	
Adjektiv				playful
gegenteiliges Adjektiv				

25 *Compounds* oder Wortzusammensetzungen. Verwende die Wörter im Wortspeicher, um neue Wörter zu bilden.

stone – lights – strong – hill – rest – way – chair – band – ball – pit – path – wind

head headstone, ____________________

arm ____________________

foot ____________________

26 Erschließe dir aus dem Zusammenhang, welche Wörter in die Lücken gehören.

inability – unforgettable – irreparable – unrealistic – unfortunately – unpleasurable

I love playing football but ____________ I cannot play well at all. In fact some people say my ____________ is ____________. I've always wanted to play for United but I now think that might be a little ____________. I always enjoy playing a game but some of my teammates say they find it somewhat ____________ when I play. In fact my best friend recommended that I stop playing now before I do ____________ damage to a teammate's leg.

Thementest Wortschatz

1 *Odd one out* – finde das Wort, das nicht in die Reihe passt.

a)	b)	c)	d)
umpire	prairie	store	frightening
referee	flat	downtown	beautiful
batter	valley	taxi	breathtaking
linesman	desert	apartment	enjoyable
__________	__________	__________	__________

e)	f)	g)	h)
enmity	glad	a cold	to reply
confidence	pleasant	a headache	to concentrate
truth	cheerful	a fever	to wonder
happy	pleased	a tablet	to think
__________	__________	__________	__________

2 Ein schrecklicher Tag. Ergänze die fehlenden Verben und Präpositionen.

I got __________ early and __________ a shower. Then I went downstairs and __________ a pot of tea for everybody. Nobody else was up so I sat alone and __________ my breakfast. I wasn't happy. I had been trying to put __________ this day for weeks but I couldn't delay it any longer.

I looked __________ my coat – as usual – put it __________, got my bag and went outside. I usually __________ by bike to town but today I decided to __________ the bus. I was scared that I might __________ an accident if I went by bike. All I could think __________ was what I had to do and where I had to go; I thought I might not be able to concentrate __________ the traffic. I got __________ the bus and walked past some shops. An advertisement for shop assistants __________ my attention in a shop window. I think I'll apply __________ a job soon. I walked __________ and got __________ my destination. I wanted to turn __________ and go home again but I had to be brave. I breathed in twice and went __________. I hate going to the hairdresser's.

3 Löse die Buchstabenrätsel auf, um das passende Adjektiv für die beschriebenen Personen zu finden. Bilde dann zu den Adjektiven die entsprechenden Substantive und schreibe sie in dein Heft.

greveagssi – grousene – dyrege – staintobe – ablereli – cersine

a) Tom always wants more. ______

b) Jenny gets angry very quickly and although she doesn't hit people, you feel she wants to hurt you with her words. ______

c) Ben is nice and he loves to give – his time, his money. ______

d) You can always trust Sarah. If she says she will do something, she will do it. ______

e) It is very difficult to persuade Henry to do something. When he's decided, he won't change his mind. ______

f) Melanie always means what she says. She wouldn't say she liked you if it's not true. ______

4 Schaust du gerne *soaps*? Ergänze die richtigen Wörter.

I don't w______ TV much b______ there's one p______ I really l______. It's a s______ and it's a b______ silly really b______ when you s______ watching it, y______ just can't s______. I feel l______ the characters i______ the soap a______ my friends o______ my neighbours a______ I just h______ to know w______'__ happening to t______. When somebody d______, or somebody's m______ or dad l______ home, I f______ sad. I t______ myself that i______'__ just a s______, but I c______ stop myself f______ unhappy. And w______ a boy m______ a girl, I c______ wait to f______ out what h______. Of course, I n______ tell anybody t______ I like i______ and I a______ complain when m______ sister turns t______ TV on. A______ all boys a______ supposed to l______ football.

2 Grammatik

2.1 Zeitformen des Verbs

1 Rita telefoniert auf Liz’ Party mit ihrer Freundin. Vervollständige die Lücken mit den passenden Formen der Gegenwart: *present simple* oder *progressive?*

“Hi. I ________ (be) at Liz’s party now. What ________________ (you/do)? Why aren’t you here? ... Oh, ________________ (you/feel) ill? You ________________ ____________ (always/feel) ill when Liz has a party. ... Yes, I know. You __________ ____________ (not/like) her. Well, it’s great. You ________________ (miss) a wonderful party. Everybody ________________ (have) a great time. The food ________________ (smell) delicious and most people are in the kitchen, of course. Some people ________________ (dance) now, though, too. ... Yes, Pete is here, too. ... He’s dancing. ... Who ____________________ (he/dance) with? ... Er, Liz ... Yes, I know he ____________________ (not/like) dancing. And I know he’s your boyfriend, but Liz ________________ (look) great today. ... Goodbye. ... Pete! Yeah, it worked. She ________________ (come) here now.”

2 Ferienpläne. Streiche die falsche Zukunftsform durch.

What am I doing/do I do tomorrow? I’m flying/will fly to Australia. My plane is going to leave/leaves at 8 o’clock so at this time tomorrow I’m going to sit/will be sitting on a plane. I hope the plane isn’t going to/won’t be late. The plane stops in Singapore on the way and I’m going to/will spend two days there. I hope I’m not/won’t be too tired because I’ll have travelled/’ll be travelling for twenty hours by then. And when am I coming/do I come home again? I’m not.

3 **Wie verwendest du die Zeiten der Vergangenheit richtig? Ordne die Erklärungen mit einer Linie der richtigen Zeitform zu.**

a) I did something at a certain time in the past.
b) I did something in the past before some other time point in the past.
c) I did something in the past and it's not important when I did it.
d) I started something in the past and carried on doing it until now.

present perfect simple

present perfect progressive

simple past

past perfect simple

G8 PRAXISTIPP

Denk dran: Das ***past progressive*** beschreibt den Hintergrund, vor dem ein (einmaliges) Ereignis (im ***simple past***) passierte: *I **was reading** a book when the telephone **rang**.*

4 **Ergänze die richtige Zeitform der Vergangenheit.**

Last night at 12 o'clock Jane ____________________ (walk) down a quiet street in London. She ____________________ (walk) down that street before but not at that time and now she was scared because everybody ____________________ (tell) her that London was dangerous. She ____________________ (already/be) in London a week on an exchange trip but this was the first time she had been out on her own. She ____________________ (walk) for about ten minutes when she heard some footsteps behind her and ____________________ (start) walking more quickly. She ____________________ (not/be) far from home when she ____________________ (think) she heard a voice behind her. She ____________________ (run) when the man behind her caught her arm. "Jane," ____________________ (say) her pen-friend's brother, "I ____________________ (call) you since you got off the bus. Why ____________________ (you/run) away?"

5 Bilde aus den angegebenen Wörtern ganze Sätze und schreibe sie in dein Heft. Welche Zeit benötigst du? Achte auf die Signalwörter!

John – often – to go – on holiday
he – to travel – around – Europe – now
he – already – to make – lots of – new friends
next week – they – all – spend – a week – in Greece

G8 PRAXISTIPP

Signalwörter geben dir Hinweise darauf, welche Zeit du im Englischen benötigst.

- Bei *last, ago, yesterday, in (2009), once* steht meist das *simple past,*
- bei *while* steht häufig das *past progressive,*
- *already, never, before, yet, since* und *for* deuten auf das *present perfect,*
- *how long, all (day)* und *for* (*hours* usw.) zeigen das *present perfect progressive* an.

6 Streiche die falschen Verbformen im Text durch und korrigiere sie rechts.

How long do people speak English? Well, experts are ________
saying that people started speaking old English in ________
about 450 AD. Of course, in those days, it has been ________
probably more like German than modern English but ________
it has changed ever since. Many languages have ________
influenced English; French, Latin, for example and ________
some languages still influence it today. Every day or ________
week new words come into the language and ________
sometimes the grammar is changing, too. So what ________
does English sound like in a thousand years? Well, the ________
experts aren't agreeing but some say that American ________
and British English will change so much that by then, ________
they are going to be different languages. ________

2.2 Das Passiv

7 Formuliere die Aktivsätze in Sätze im Passiv um. Tipp: Das Objekt des Aktivsatzes wird zum Subjekt des Passivsatzes.

In 1950 nobody had invented the internet.

The internet ______________________________

Now many people use the internet every day.

____

The internet has changed modern life.

____

Now people send e-mails and buy things from their houses.

______________________________ from people's homes.

8 Damals und heute. Wähle das richtige Verb aus dem Wortspeicher und setze es in der richtigen Passivform in die Lücken.

build – close – find – open – sell

When I left my town five years ago, not much was being built. The town was poor because many factories __________ down and so people were out of work. People didn't have any money so at the time shops and restaurants __________ every day. Many people left the area but their houses couldn't __________ because nobody wanted to buy them. Since then oil __________ nearby and everybody is now working again. I've come back to my town again and everything is different. New houses __________ now and shops and restaurants __________ again. Everybody's happy but I'm scared. What will happen when the oil runs out? Will the shops and cinemas __________ down again?

G8 PRAXISTIPP

Manche Verben können **zwei Objekte** haben, ein **indirektes** und ein **direktes:** *Tom shows us* (= indirektes Objekt, Dativ) *the garden* (= direktes Objekt, Akkusativ). Es gibt **zwei Möglichkeiten,** einen solchen Satz **ins Passiv** zu setzen, denn beide Objekte können zum Subjekt des Passivsatzes werden: *The garden is shown to us (by Tom)* oder *We are shown the garden (by Tom).*

9 Verben mit zwei Objekten. Formuliere in deinem Heft Sätze in beiden Passiv-Varianten.

a) Somebody offered us a part in a film.
b) They lent costumes to us.
c) They sent me DVDs of the film later.
d) I showed all my friends and family the film.

10 Aktiv oder Passiv? Ergänze die angegebenen Verben.

The Empire State building ________________ (finish) in 1931 and became the world's tallest building straight away. At the time everybody ________________ (try) to build higher and higher but the Empire State Building stayed the tallest for forty years. The building ________________ (build) mostly by immigrant Europeans and Native Americans. It had to ________________ (build) by people who were not scared of heights or who ________________ (have) nothing to lose. Officially though, only five people________________ (lose) their lives while they were building it.

The owners hoped that lots of money could ________________ (make) by renting out offices to New York businesses. Unfortunately New York ________________ (go) through a bad time then and most of the offices were left empty. Because of this the building ________________ (give) a new name by the New Yorkers: the Empty State Building.

2.3 Die indirekte Rede

11 Welche Wiedergabe der Sätze in direkter Rede ist richtig? Kreuze an.

a) "I like your new hat."
- ☐ Mum says she likes your new hat.
- ☐ Mum says she likes her new hat.
- ☐ Mum says she like your new hat.

b) "I met Sue yesterday."
- ☐ Joe said he met Sue the day before.
- ☐ Joe said he met Sue yesterday.
- ☐ Joe says he met Sue yesterday.

c) "I've bought a new car."
- ☐ Dad says he'd bought a new car.
- ☐ Dad says he's bought a new car.
- ☐ Dad said he's bought a new car.

d) "I'm meeting my friends."
- ☐ Ann says she's meeting my friends.
- ☐ Ann said she's meeting her friends.
- ☐ Ann says she's meeting her friends.

12 Lisa und John unterhalten sich über ein Fußballspiel. Formuliere die Aussagen in der indirekten Rede. Achtung: Das einleitende Verb soll im *simple past* stehen! Wie verändern sich die Zeiten in der indirekten Rede?

a) John: "We've lost again."

John said ______________________________

b) Lisa: "You always lose."

Lisa replied ______________________________

c) John: "But last week we played really well."

____

d) John: "I'm not going to come here and watch a game ever again."

____

e) Lisa: "I'm sure you'll be here again tomorrow."

____

f) John: "Oh yes. I'd forgotten that we've got a match tomorrow."

____

13 Wandle die Aufforderungen und Befehle in die indirekte Rede um.

a) Don't sit there. He told me ______________________.

b) Come in, please. She asked me ______________________.

c) Open your books. He told us ______________________.

d) Don't talk, please. He asked us ______________________.

G8 PRAXISTIPP

Bevor du einen Satz in die indirekte Rede verwandelst, überlege, ob es sich um eine **Aussage,** eine **Frage** oder einen **Befehl** handelt. Bei Fragen ohne Fragewort etwa verwendest du *if/whether ("Did you see my bike?" → She asked if I had seen her bike)*, bei Befehlen steht Infinitiv mit *to ("Write that down." → He told us to write that down).*
Wiederhole außerdem die Regeln zur **Zeitenverschiebung *(backshift of tenses)!***

14 Chris bespricht mit seiner Lehrerin die Fächer, die er im nächsten Schuljahr belegen will. Am nächsten Tag erzählt er seiner Mutter davon. Benutze die indirekte Rede und schreibe in dein Heft. Beginne folgendermaßen: *Mrs Ellis told me to sit down and then asked me if I'd chosen my subjects for …*

Mrs Ellis: Sit down, please. Have you chosen your subjects for next year?
Chris: Yes, but I haven't spoken to my parents about it.
Mrs Ellis: Which subjects do you want to do?
Chris: Well, I'd like to take all three sciences.
Mrs Ellis: Oh, why do you want to take those subjects?
Chris: I want to be a doctor.
Mrs Ellis: Don't worry about Physics. You needn't do Physics to study medicine.
Chris: I thought that universities preferred it.
Mrs Ellis: Yes, that might be true. But you aren't doing very well in Physics at the moment. You must work harder.
Chris: But I work hard and I just can't do it.
Mrs Ellis: Would you like some extra help?
Chris: Yes. I'll ask my dad.
Mrs Ellis: Is he good at Physics?
Chris: Well, he should be. He's a Physics teacher.

2.4 Der Satz

15 Bilde aus den angegebenen Satzteilen Sätze in der korrekten Wortstellung.

a) what – usually – do – at the weekend – you – do ?

____

b) I – on Saturdays – usually – work – in a diner – hard

____

c) I – work – in the diner – last weekend – have to – didn't

____

d) did – do – you – what – then – ?

____

e) I – in the house – all afternoon – help – had to – my mum

____

16 Ordne die Wörter im Wortspeicher der richtigen Wortart zu. Achtung: Manche Wörter passen mehrmals!

in the morning – sleep – I – get up – us – eaten – if – sometimes – early – a cow – could – my brother – when – doesn't – wanted – at all – tomorrow – we – although – are going to – him – read – must

Subjekt	
Objekt	
Hilfsverb	
Verb	
Adverb/ Adverbiale	
Konjunktion	

17 Formuliere mindestens drei Sätze (je Haupt- und Nebensatz) mithilfe der Wörter aus Aufgabe 16 und schreibe sie in dein Heft.

18 Umweltschutz. Verbinde die Satzteile zu korrekten Bedingungssätzen.

If we use too much energy,	if we drive less.
We'll become fitter	if cars hadn't been invented.
We wouldn't have polluted so much	if we threw fewer things away.
If we hadn't polluted our rivers,	we'll have problems soon.
We'd save energy	if wealth hadn't been so important.
If we drove cars less,	we'd be able to swim in them.
We would have changed things sooner	we'd use less energy.

G8 PRAXISTIPP

Es gibt drei Arten von **Bedingungssätzen** *(conditional clauses):*
- **Typ I:** erfüllbar; es steht im *if*-Satz *simple present*, im Hauptsatz *will-future*,
- **Typ II:** nicht erfüllbar; *if*-Satz: *simple past*, Hauptsatz: *would + infinitive*,
- **Typ III:** nicht mehr erfüllbar; *if*-Satz: *past perfect*, Hauptsatz: *would + have + past participle*.

Und denke daran: Kein *would* im *if*-Satz!

19 Vervollständige die Lücken mit dem richtigen *if*-Satz-Typ.

If I ____________________ (must/not) work, I could go skiing next Saturday with my friends. But if I hadn't got the job, I ____________________ (not/can) save any money. And if I ____________________ (not/save) any money, I would never have learnt how to ski. If I were rich, I ____________________ (needn't) work. If I ____________________ (work) hard all the time then I'll get rich. But if I worked hard all the time, I ____________________ (cannot) go skiing at all. Well, if it doesn't snow, my friends ____________________ (cannot) go skiing either.

20 Notwenige und nicht-notwendige Relativsätze. Bilde Sätze aus den angegebenen Informationen und schreibe sie in dein Heft.

a) My family is full of people – they like to do strange things.
b) One uncle is a postman – he works in the Scottish islands.
c) He takes letters by boat from the biggest island to the other islands – he lives on the biggest island.
d) Another uncle lives in Australia – he's my mother's oldest brother.
e) He has a farm – it breeds (*züchten*) crocodiles.

G8 PRAXISTIPP

Unterscheide zwischen der Verwendung von Gerundien, Infinitiven und Partizipien:

- **Gerundien** können als Objekt oder Subjekt verwendet werden: ***Swimming*** *is fun. I like* ***swimming****.* Sie werden auch nach bestimmten Verben verwendet.
- **Infinitive** werden nach bestimmten Verben, Fragewörtern und *the first, the last, the only* verwendet: *He gave me a CD* ***to listen*** *to. He's the only one* ***to know.***
- **Partizipien** können Relativsätze und Adjektive ersetzen: *The man* ***sitting*** *over there (= who is sitting) is my dad. The photos* ***taken*** *(= that were taken) in Vienna are nice.*

21 Edmund Hillary. Ergänze: Gerundium, Infinitiv oder Partizip?

Though ______________ (be) tall when he was an adult, Hillary was small as a child, ______________ (make) him very shy with other children. ______________ (escape) into books was very important for Edmund and he had lots of time ______________ (read). ______________ (grow up) in New Zealand, Edmund was always surrounded by mountains but he never wanted to climb until he was 16. Then ______________ (take) on a school trip to a nearby mountain, he was given his first chance ______________ (climb). ______________ (climb) became his favourite hobby while ______________ (study) at university. Hillary and Sherpa Tenzing were the first men ______________ (reach) the top of Everest. On ______________ (hear) the news the Queen gave him the title Sir.

Thementest Grammatik

1 Kannst du tanzen? Bilde vollständige Sätze und achte auf die richtige Zeitform des Verbs.

a) I – never – to be – to – dance course

____

b) yesterday – I – to see – an advertisement – for a dance course

____

c) tomorrow – I – to go – to – my first class

____

d) nobody – probably – to want – to dance – with me

____

e) but – if – I – not – to go // I – never – to know

____

2 Rita aus Deutschland ist bei ihrer Gastfamilie in England angekommen. Gib in der indirekten Rede wieder, was sie und die Gastmutter sagen. Schreibe in dein Heft: *Mother asked ...*

Mother: Did you have a good flight?

Rita: Yes, I had a great journey here. May I phone my parents, please?

Mother: Yes, of course. Use the phone whenever you like. What would you like to eat?

Rita: Don't worry about me. I'll eat anything.

Mother: We're going to have an Indian takeaway.

3 Der Buckingham Palace. Ergänze die richtige Form der Verben. Welche Zeit benötigst du? Muss Aktiv oder Passiv stehen?

The first part of Buckingham Palace ______________ (originally/build) in 1703 as a private house. King George the third ______________ (buy) it in 1761 and carried on ______________ (use) it as a private house. It only ______________ (become) the official palace in 1837 when Victoria became Queen of England. By then it ______________ (change) and added to so that it ______________ (be) fit for a queen. After Victoria ______________ (live) there a few years, though, she decided that it was too small for her big family and the official business, so they ______________ (make) it bigger again.
Since that time it ______________ (hardly/change) except for small improvements. For example, in the 20th century one section ______________ (make) into a swimming pool. The kings and queens ______________ (always/invite) guests to their palace, of course, but since 1993 it ______________ (open) to the public as well. Now the official parts of Buckingham Palace ______________ (can/visit) by anybody during August and September.

4 Ein Besuch in London. Übersetze die folgenden Sätze.

a) Als ich durch ein Zimmer ging, sah ich die Königin.

____

b) Ein paar Minuten später traf ich in einem anderen Zimmer Robbie Williams.

____

c) War ich auf ein tolles Fest eingeladen worden?

____

d) Nein, meine Freunde hatten mich überredet, Madame Tussauds zu besuchen.

____

3 Lesen

3.1 *Skimming*

1 Was gibt es in Manchester zu sehen? Lies die Texte einmal durch, ohne dich um Wörter zu kümmern, die du nicht verstehst. Dann ordne die Überschriften den unten genannten Unternehmungen zu.

Castlefield
Castlefield is one of the oldest areas of Manchester. The Romans settled here and it was also important in the Industrial Revolution. Canals were built to transport coal from the mines to the factories. This used to be a dirty, working part of Manchester but then the smelly canals were cleaned and cafés were built so tourists and local people alike could sit and enjoy the view. Castlefield is now both a beautiful area of Manchester and an interesting one, with its history, museums and architecture.

Didsbury
Didsbury is a beautiful and lively part of Manchester. It is just a bus ride away from the centre and has many restaurants, pubs and music venues. Many students live in Didsbury and the feeling here is unmistakably young.

Blackpool
Blackpool is the most popular resort in the UK. There is a beach and many tourist attractions from its three piers to its Pleasure Beach which is a giant theme park. Blackpool appeals to both young and old but not usually to anybody who likes a bit of peace and quiet – Blackpool is loud! And there's lots to do! Children can go on donkey rides or watch puppet shows; teenagers can travel fast on the roller coasters or be scared in the ghost trains at the Pleasure Beach. Blackpool is about 75 minutes by train from Manchester.

Edale
40 minutes from Manchester by train, Edale is in the middle of the Pennines, the mountains which run down the middle of England. It is a beautiful area for walking, climbing or camping. You can also go horse riding here or mountain-biking.

a) Beach and theme park: ______________________

b) Beautiful walks in the hills: ______________________

c) Roman ruins, museums and cafés: ______________________

d) Food and music: ______________________

2 Lies dir die Zeitungsartikel durch. Welche Überschrift passt am besten? Trage sie ein.

Longer School Holidays – Shock for Police – Gene Tests Can Help –
Alligator Bites – Lazy Burglar – Teachers Work too Hard – Gene Tests on Sale –
Burglar Gets Away

a) ______________________

London 10 p.m. Police officers got a shock yesterday evening as they stopped a car for speeding. The driver had been driving at 50 mph in a London suburb when the police stopped the driver. It was in a dark area of town and as police officers walked over to the car, they shone torches at the car. The police officers were shocked to see a six foot alligator in the back window and were unsure what to do next. When the driver got out of the car, he explained that it was his pet and that he was just taking it home again.

b) ______________________

Yesterday pupils all over the country were overjoyed as they were allowed to stay at home while teachers striked for the second day running. Teacher unions are asking for more money and better working conditions. Surveys have shown that most teachers work at least a 50-hour week including holidays and in some areas teachers work up to 70 hours a week. There is also considerable pressure on teachers from pupils, parents and the school heads which leads to a high percentage of teachers suffering long-term illness.

c) ______________________

A test is being developed by scientists to help football clubs choose young talent. A football club's success depends partly on how good it is at choosing the next young football stars. This takes a lot of skill and luck. Now scientists say they can help as the have discovered three genes which help people become top sportsmen or women. One gene determines how fast people can become at reacting and one determines long-distance fitness. Legal experts are still arguing over whether these gene tests are allowed or not.

d) ______________________

Yesterday morning a burglar was caught asleep – in the house he had just burgled. The owners got a shock when they returned home at 10 p.m. after a night spent at relatives to find a man asleep in their bed. Next to him they found a bag full of their money, bank cards, jewels and other valuable possessions. The man had broken in their house, collected the valuables, eaten some food in their kitchen and then decided to have a quick lie-down. He was still asleep the next morning when the owners returned.

G8 PRAXISTIPP

Beim ***Skimming*** ist nur der **allgemeine Inhalt** eines Textes wichtig. Du brauchst nicht jedes einzelne Wort zu verstehen, um Fragen dazu richtig zu beantworten.

3 Auf einem Flug nach New York. Lies den Text und stelle die Textblöcke in die richtige Reihenfolge.

A I'm sitting next to a young guy on the plane and I start talking to him. I always talk to everybody when I'm in a plane because it helps me forget where I am and this guy is nice. He makes me laugh and I don't notice that we're taking off until I'm in the air. He's going to New York, too, to stay with a friend for a few weeks and we arrange to meet some time. I'm just starting to relax when I notice that the plane is going down. Why is it going down? We're hours from New York. Then the seatbelt sign comes on and the pilot says we're going to land in Greenland. I'm panicking now. Why are we going to land in Greenland? Is there something wrong with the plane? We land safely and all get off the plane. Nobody tells us why we've landed. An hour later we get back on the plane and fly to New York. I'm terrified all the way as lots of thoughts enter my head which could explain why we had to land.

B I'm going to spend a whole year in New York. I'm going to stay with a family there and I'm going to look after their children for part of the day and sometimes in the evening. I'll be paid and I'll have some free time to explore New York. I've been looking forward to this for months and now I'm terrified. No, I'm not terrified of New York – well, OK, I'm a bit worried about whether I'll miss my friends and my family – but I'm terrified of flying there. I've flown lots of times and nothing terrible has ever happened but I'm scared all the time. I wanted to go to New York by boat but it was too expensive, so I'm flying – again!

C My older brother takes me to the airport. It's very nice of him but he's not what you would call sensitive. He knows I'm scared of flying but he won't stop telling me flying jokes. "I don't know what you're worried about," he says, "Every plane has always come back down again, you know?" Yeah, yeah. I say goodbye to my brother and go through to departures. I sit for a while and wait but, of course, the plane is delayed. I go and look for a toilet and I hear a man's voice from the men's toilet saying, "No, I don't want to fly. I can't do it." "But you have to," says another voice, "and you know it'll be OK when you get on the plane." When I eventually get on the plane, I look at the other passengers to see who else is as scared as me, but I don't see anybody who seems to be shaking in their shoes.

D I arrive in New York and I've soon forgotten about my nightmare flight. The family I'm staying with are wonderful and the kids are nice, too. Then I meet the guy from the plane again and he shows me an article. "Emergency Landing in Greenland" says the title and it explains why we had to land. The pilot suddenly became terrified of flying and had to get out of the plane. I couldn't believe it but it was true.

richtige Reihenfolge: ____ ____ ____ ____

3.2 *Scanning*

4 Teste dein Wissen über Bakterien. Lies dir zunächst die Aussagen durch und entscheide dich für *true* oder *false*. Dann überprüfe deine Antworten, indem du den Text liest, und korrigiere deine Aussagen, falls nötig.

	true	false
a) Bacteria can live in radioactive waste.	☐	☐
b) Most bacteria are harmful to humans.	☐	☐
c) We need bacteria to be able to eat.	☐	☐
d) There are about 40,000 bacteria in a gram of soil.	☐	☐
e) There are more bacteria in your body than you have cells.	☐	☐
f) All bacteria can move.	☐	☐
g) We make antibiotics using bacteria.	☐	☐

Most people connect bacteria with disease and think of them as harmful living things that we need to get rid of as quickly as possible. This is a shame because bacteria are one of the most interesting and successful things that live on earth. We would also not be able to live without bacteria.

In what way are they successful? They can live anywhere: on the equator, on the North Pole, in nuclear waste and in acidic environments. There are amazing numbers of them everywhere. There are about 40 million bacteria in a gram of soil and there are more bacteria in the human body than there are human cells.

Why are they interesting? There are many different types of bacteria and they are very varied. Some bacteria have flagella, which are like tails, which help them move in water, for example. Some bacteria don't move. Some bacteria need oxygen and some don't.

Why are they useful? Most of the bacteria in our bodies are useful or at least harmless. Some help us digest food, for example. We use other bacteria to make cheese and yogurt. Chicken would taste of nothing if there were no bacteria in it. And we also use bacteria in industry to produce vinegar, insecticides, a B vitamin and, ironically, antibiotics.

G8 PRAXISTIPP

Ist ***Scanning*** gefragt, konzentriere dich nur auf die **Informationen, die gefordert sind.** Der Rest des Textes ist unwichtig!

5 Ferienpläne. Du willst einen Nationalpark in den USA besuchen. Informiere dich, was es wo zu sehen gibt: Lies den Text und vervollständige die Tabelle.

Yosemite National Park is located in California and includes some of the Sierra Nevada mountains. The scenery is beautiful and you can walk in the mountains or sit by spectacular waterfalls or pretty streams. You can find some of the oldest and largest trees in the world in Yosemite and a lot of other interesting plant-life throughout the park. Apart from walking, you can also go rock climbing and cycling (mountain-biking is not allowed) in the park in summer. In the winter a lot of the park is closed but you can also go skiing there.

Yellowstone National Park is mostly in Wyoming. The park spreads around an active volcano that is responsible for many of the features in the park. For example, Old Faithful, a geyser which shoots hot water into the air every 90 minutes or so, is famous all over the world. The park has a lot of unusual wildlife. You can see wolves and grizzly bears among many other things. The park is not good for climbing, but you can go hiking, fishing or boating and in winter you can go on guided tours on snow mobiles.

Bryce Canyon National Park is in Utah and is near the more famous Grand Canyon. Bryce Canyon is not actually a canyon as it was not formed by a river but by wind and erosion which left spectacular shapes in the rocks. Many tourists come here just to look at the rocks which are beautifully coloured red, orange and yellow. Other tourists come to watch the interesting wildlife. You can find mountain lions, foxes, and antelope and many interesting birds, for example, owls and eagles. Because of the very clear sky, the area is also good for observing the stars – better than anywhere else in North America, in fact. In winter you can go skiing here.

Park	**state**	**activities**	**wildlife/nature**
Yosemite			
Yellowstone			
Bryce Canyon			

6 Lies den folgenden Bewerbungsbrief und beantworte die Fragen dazu in Stichworten.

Dear Mr Brown,

I am a 15 year-old student at Birmingham High School and I would like to apply for a job at your holiday camp for children in Canada. I would like to work there for four weeks in summer 2010 and I could start when school finishes in July until I go to college in September.

I would like to work at your camp because I believe I would enjoy it and because I would like to gain more experience working with children. I would like to be a nursery teacher when I leave school. I have already had quite a lot of experience working with children. At the moment I run a youth club at our local church. The youth club is for children from 8–12 and we do artwork with them, play games, do sports, for example, table tennis and badminton and sometimes take them on trips. I have also helped out at a summer camp for children in my area. There we made lunch with the children and I helped to teach them how to paddle a kayak.

I am very interested in working at your holiday camp because I believe that I could help with the water sports there. Apart from paddling a kayak, I can also sail and windsurf. I also like the fact that it is for younger children.

I hope that you will consider my application and I look forward to hearing from you.

Yours sincerely,
Ann Elliot

a) How old is Ann Elliot? ______________________

b) Where has she worked with children before? ______________________

c) How long would she like to work at the summer camp? ______________________

d) When could she work at the camp? ______________________

e) Which sports can she do? ______________________

____

f) What does she want to be when she leaves school? ______________________

g) What does she like about the holiday camp in Canada? ______________________

3.3 *Intensive reading*

7 Lies den Text. Welche Aussagen sind richtig? Kreuze an.

Canterbury School of English

Do you want to learn English quickly and have fun at the same time?

→ Then come to us. It has been proved many times that the best way to learn a language is by using it.

Do you need to learn to ask for directions?
Do you need to learn how to go shopping?

→ Then come here and do it.
We have courses for students from 14 to 100 years old. The shortest courses are two weeks long and you can stay for up to a month. You can stay in rooms in the college but the best way to improve your English is to stay with a family.
We always have some lessons in the morning in the school but then our students are encouraged to do projects where they go out and practise the language they have just learned. For example students are taken to different parts of town without a map and then have to find their way home again.
We also have lots of free-time activities planned for the afternoon and evening to suit all tastes; sport, theatre, sightseeing.

Our prices are very competitive so phone us now on **01232 65432** or e-mail us at **cse@btonline.co.uk** to get the details of our latest courses.

a) What kind of text is it?
- ☐ an advertisement
- ☐ an article
- ☐ an interview

b) Students are encouraged to learn
- ☐ in the mornings.
- ☐ in the afternoons.
- ☐ all day long.

c) Students at the school learn English
- ☐ mostly by learning grammar.
- ☐ mostly by reading and writing.
- ☐ mostly by speaking.

d) They have free-time activities for
- ☐ people who like eating.
- ☐ those who like sport and the arts.
- ☐ almost every interest.

e) Their courses are for
- ☐ young people.
- ☐ old people.
- ☐ everyone.

f) You can get more information
- ☐ by e-mail or phone.
- ☐ by e-mail or internet.
- ☐ by phone.

8 Lies den Zeitungsartikel, dann die Aussagen dazu. Welche sind richtig, welche falsch, welche stehen nicht im Text? Korrigiere die falschen Aussagen.

Maasai Warriors run in London marathon

Six Maasai warriors from a little village in Tanzania have come to London to run in the London Marathon. They want to raise money to provide clean water for their village because two out of three babies in the village die from illnesses which come from their water supply. The warriors heard about the marathon from an English worker in Tanzania and decided to fly to England.

They are going to run the marathon in their traditional clothes which include a heavy shield and long robes. Their shoes look like sandals and are made from old car tyres. Running the marathon should be no problem for them as they often run for days and nights to find water or food.

They have arrived in England a week before the marathon and are finding their experience very interesting – and a little scary. They say they feel a bit nervous when so many reporters gather around them to take photos and do interviews with them.

Before they left Tanzania, they were given a guide to English behaviour and to what they are allowed to do and not to do in England. It says, for example, that they are not allowed to hunt or kill animals which seem to be alone in the fields.

The men, who became warriors after hunting and killing lions, say that they are enjoying their time in England but miss eating meat and drinking fresh blood from cows.

	true	false	not in the text
a) The water in the Maasai village is not clean.	☐	☐	☐
b) The English worker was helping the Maasai people.	☐	☐	☐
c) The warriors often run for long distances to train.	☐	☐	☐
d) English culture was explained to them in Tanzania.	☐	☐	☐
e) They like giving interviews.	☐	☐	☐
f) All the warriors have killed lions.	☐	☐	☐
g) They often drink cows' milk.	☐	☐	☐

____

____

____

____

____

9 Lies zunächst Anns Erzählung. Dann sieh genauer hin: In welchen Zeilen befinden sich die Informationen, die unter dem Text genannt sind?

The Great Escape

I feel great, but slightly nervous and slightly guilty. Is this how people feel who have just stolen a million pounds and are now about to enjoy spending it? I've just left Brussels and I'm heading for Germany and I'm enjoying every minute of it. There might be easier ways of getting from Liverpool to Rome but I really wanted to go by train. I wanted to enjoy every minute of my escape, of my journey to freedom. And it's been fine up to now. Changing trains in Brussels was a bit difficult, but changing trains always is.

My mobile rings.

"Hi, it's me," says my brother.

"If you phone me again, I'll throw my mobile out of the window," I answer – it's the tenth time he's phoned.

"I'm worried about you," he says. "If anything happens to you, Mum and Dad will kill me."

Well, maybe I should have told my parents that I was going. But they'd only have tried to stop me. Or worse, they'd have tried to organise everything for. That's why I've left while they're on holiday. I think it's their first holiday without me since I was born and I think they're enjoying it but they wouldn't have gone if my older brother hadn't promised to stay at home and look after me. I know my parents have done a lot for me. They've helped me live a normal life but they don't seem to know when to stop helping. They don't seem to realise that what I want most is my independence. My friends told me that Rome is probably quite difficult for people in wheelchairs but I want to study archaeology and so Rome is the most exciting city in the world for me. And, yes, I'm missing my friends already but I needed to escape from them, too. They know, or think they know, what I want and what I need all the time – before I know it myself. But now when they come to Rome, I'm going to show them around. I'm going to look after them because I'll be able to speak the language. And I'm going to enjoy it!

a) Ann changed trains in Brussels. lines ____________

b) Ann's parents think she's at home. ____________

c) Ann's brother helped her leave. ____________

d) Ann's interested in history. ____________

e) Ann can't speak Italian. ____________

f) Ann wants to make her decisions herself. ____________

g) Ann can't walk. ____________

Thementest Lesen

1 Lies den Text durch, ohne unbekannte Wörter nachzuschlagen.

It was 3 o'clock in the morning and there was a storm blowing outside. Jamie was lying in bed tossing and turning. His heart was racing but he didn't realise it until he woke up 30 minutes later. Jamie lay there and heard the tree banging on the window. Why am I so scared? he thought. What can go wrong? I can only make a fool of myself but that's happened often enough before.

Jamie got up at 6 o'clock the next morning. He wasn't used to getting up so early but he had to get to London by 9 o'clock. He took some time getting ready and dressed comfortably and stylishly; as always. He was going to go on his own to London, to his first ever casting. His parents would have taken him but they were quite happy to let him go on his own, too.

His mum got up. "I still don't understand why you changed your mind," she said. Jamie had always wanted to study medicine and had never wanted to be an actor. "You don't even have any experience," she said, because Jamie had always refused even to do school plays.

"Thanks for being so supportive, Mum," he said sarcastically *(ironisch)*.

Yes, why did I change my mind, he wondered. When did it happen? Maybe when everybody stopped expecting him to want to be an actor. It's true that he didn't really have any experience but he'd seen his parents practising so often that he thought he knew all about it.

A friend of his had told him about the casting in London. It was for a film of his favourite book – that's why he suddenly decided he wanted to do it. He could imagine playing the hero. He really wanted to see if he could do it. His friend and his girlfriend had helped him practise some lines from the book that he could speak at the casting. And he'd learned a part from Shakespeare's Macbeth, too. It wasn't difficult for him.

He arrived at the studios for the casting. There were lots of other people there, too, but they let him go first. He had been afraid they would. He had been afraid that they'd want to treat him specially and hadn't wanted it. Although he knew, of course, that he would never have been able to go to the casting if it hadn't been for his father. He didn't have an agent or experience; just a famous father. He still hoped that they would judge him for his own skill, though, and not for his father's.

Just before he went in, another hopeful actor said to him nastily, "I'd wish you luck, but who needs luck, or ability, when their father's a star all over the world?" Jamie looked at him. This was why he had never wanted to be an actor. He had wanted to live his own life and not be compared to his father all the time. But then when he got older, he realised the only reason why he hadn't wanted to be an actor was because his father was so successful; that wasn't living his own life either.

2 Welcher Satz fasst den Text am besten zusammen? Entscheide dich.

a) A boy tries to make his dreams come true and get a role in a film. ☐

b) An actor's son, who has always lived under the shadow of his father, goes to his first casting. ☐

c) An actor's son rebels against parents and tries to get a role in the film version of his favourite book. ☐

3 Lies den Text ein weiteres Mal. Welche Aussagen sind richtig, welche falsch, und welche stehen nicht im Text? Kreuze an.

	true	false	not in the text
a) Jamie lives in London.	☐	☐	☐
b) Jamie has decided not to become a doctor.	☐	☐	☐
c) People all over the world know Jamie's dad.	☐	☐	☐
d) His parents wanted to take him to London.	☐	☐	☐
e) Jamie had never done a school play.	☐	☐	☐
f) Jamie was glad he could go first at the casting.	☐	☐	☐

4 Entscheide dich für die richtigen Aussagen und beantworte die Fragen.

a) Jamie could go to the casting ...
- ☐ because his dad was very famous;
- ☐ because he was good at acting;
- ☐ because he had lots of experience.

b) Another actor at the casting ...
- ☐ didn't know who Jamie was;
- ☐ was glad to see Jamie;
- ☐ was unfriendly to Jamie.

c) Jamie hadn't wanted to become an actor because

____

____

____

d) Why do you think Jamie went to London on his own?

____

____

____

4 Schreiben

4.1 Das *summary*

1 Lies den Text über Mangas, Comics aus Japan und Korea. Unterstreiche schon während des Lesens die Informationen, die dir wichtig erscheinen. Dann fasse den Text zusammen.

Manga

Do you like comics or cartoons? Yes, then maybe you should read manga, too. And if you don't like comics then maybe you should read manga anyway. What is manga? Manga are Japanese comics and they are becoming more and more popular around the world. Many people in Japan, young and old, men and women, read manga and you can find them on all different subjects and in different styles. There are manga in a science fiction or fantasy style, like the traditional American comics, but there are also manga about romance, business, sports or historical fiction. Manga first started becoming popular in Japan after the Second World War when they were mainly aimed at boys and young men. In the seventies a group of women writers became popular and a different style of manga developed which was aimed more at girls and women. Manga then started spreading around the world. The manga style is now also used by, for example, American and French writers and in America this style is known as *Amerimanga* or *world manga*, and in France as *la nouvelle manga*.

If you decide to read manga, then you must remember to open it from the right side. Traditional manga, like the Japanese language, is drawn from top to bottom and from right to left. Most of the translated versions are also kept in this format.

2 Chris wohnt auf dem Land, Sandra in der Stadt. Sie haben jeweils einen Text über die Vorteile ihrer Wohnorte geschrieben. Fasse ihre Meinungen in einem *summary* zusammen, indem du das Wohnen in der Stadt mit dem Wohnen auf dem Land vergleichst. Schreibe vier bis sechs Sätze in dein Heft.

Chris: Advantages of towns
I think the town's much better than the country mostly because there's so much more to do in the town. In the town you can go to the cinema or the theatre, listen to live music or go to museums or the library. It's also easier to do sport because there are more sports clubs and more facilities. For example, towns often have swimming pools, tennis courts or ice rinks. You can also watch sports live because there are often football clubs or rugby teams in towns, for example.
Getting about is easier in towns mostly because the public transport system is usually better and because places are often nearer. For example, you don't normally need so much time to get to school or to meet your friends. It also means you can go out in the evening and you don't need a car.
Lastly, I think, the biggest advantage of living in towns is that a wider variety of people live there. This means that you can always find somebody who has the same interests as you. It also means that you get to know more about other people and other cultures which is an advantage for everybody.

Sandra: Advantages of the country
I'm glad I live in the country because there's so much more space there.
In the town you often can't even see the sky because there are buildings all around you. There are always people and vehicles around and they're always moving. The country's more relaxed; it's easy to stop for a second and smell the flowers. It's much healthier to live in the country both physically and mentally. It's physically healthier because the air quality is better, for example. And mentally it's healthier because everything is a little slower.
The country is safer than towns. I love being able to go out and leave my doors and windows open without having to worry about somebody breaking into my house and stealing everything. The roads are also safer. Children can play outside and parents don't have to worry about them getting knocked down all the time.
And the biggest advantage is that you know everybody around you and you know that people care about you. There's always somebody to help you if you need it. And if you need somebody to talk to, there's somebody there, too.

G8 PRAXISTIPP

Bevor du ein ***summary*** schreibst, **unterstreiche die wichtigen Fakten** und versuche den einzelnen **Absätzen Überschriften zu geben.** Dann fällt es dir leichter, den Text zu erfassen und Stellung dazu zu nehmen.

4.2 Schreiben nach Vorgaben

3 Lies die Mail, die Paul von seinem Cousin aus den USA erhalten hat, und verwende die angegebenen Stichpunkte, um eine Antwortmail in deinem Heft zu schreiben.

```
Hi Paul,
Have you heard already? My parents have decided to book a flight
to Germany this year so we're going to come and visit you for a
few days. It's so long ago since we came last time - I think I was
five - I can't remember what it is like. What can you do around
Tübingen? Is it nice? Will it be warm? Should I bring my swimming
things with me? We're coming to Germany on the first of August and
going back to the States on the 31st. Are you on holiday then, too?
Looking forward to hearing from you.
CU, Jake
```

Stichpunkte:

- around Tübingen you can: row on the river, go cycling, go swimming in the swimming pool and lakes around, have barbecues in the forest
- the weather will be warm
- your holidays are from 28th July to 10th September
- ask Jake if he wants to do a windsurfing course with you on Lake Constance *(Bodensee)*

4 Lies dir die Anzeige für einen Reitkurs in Wales durch. Du möchtest gern Näheres wissen: Verfasse mithilfe der Vorgaben eine E-Mail in deinem Heft, um mehr Informationen zu erhalten.

You would like to know:

- How much/courses for one week?
- How long/lessons?
- How much/to stay in the farmhouse?
- Have to/bring tents?
- How/get to the farm?

Summer riding courses for teenagers

Do you want to learn to ride a horse?
Or do you want to improve?

Come and learn to ride in Wales.
We have riding courses for all levels; beginners, intermediate and advanced riders. You will learn to ride in small groups with fully-qualified instructors. You will have lessons in our stables and as we ride through the Welsh countryside.
We have accommodation in the old farmhouse or in tents behind. For more information write to:
Welsh Riding Courses, Ross Lane Farm, Ross Lyn.

5 Ein Mann, James Rusty, ist letzte Nacht ermordet worden. Zwei Polizisten befragen die Nachbarn und die Freundin des Opfers. Lies die Notizen, die sich die Polizisten während der Zeugenbefragung gemacht haben, und verfasse einen Bericht in deinem Heft. Wer könnte der Täter gewesen sein?

Interview with Annie Codger

- lives next door (number 12)
- heard argument next door at 10 p.m.
- "I didn't think anything of it. They're always arguing."
- heard bang at 11 p.m. - thought it was a door
- went to bed 11.15
- heard door bang
- looked out of window and saw woman run down the street
- "I'm sure it was his girlfriend."
- didn't know what she was wearing: street outside house quite dark

Interview with Alan Hodgson

- lives next door (number 8)
- got home at 11.00
- saw Annie Codger go back in her house
- saw lights on in Mr Rusty's house, heard TV
- didn't hear any noises
- TV didn't go off: phoned Mr Rusty, knocked
- phoned police at 3 a.m.
- thought Mr Rusty and girlfriend were going to get married next year

Interview with girlfriend, Sheryl Bird

- met Jamie in pub after work
- ate in pub
- went back to Jamie's flat at about 9.30
- watched video
- went home at 10.30
- didn't have argument
- "His neighbour - I think she's called Annie - often called on him. I think she liked him. She often cooked him something for his dinner."

G8 PRAXISTIPP

Bei einem **Bericht** geht es hauptsächlich um die **Fakten.** Um logische Verknüpfungen herzustellen, verwende Konjunktionen wie *because*, *so*, *when* etc. **Zusatzinformationen** kannst du in Relativsätzen unterbringen, verzichte jedoch auf zu viele ausschmückende Adjektive.

4.3 *Creative writing*

6 Lies die Geschichte durch. Wie könnte sie enden? Überlege dir einen Schluss, indem du entweder selbst etwas erfindest oder die unten angegebenen Stichpunkte verwendest. Schreibe in dein Heft.

Bang went the door as Alice slammed it behind her. She ran to the bus stop carrying just one bag of clothes. She was half a mile from the bus stop when the bus passed her. She waved and the bus stopped. The driver knew Alice. Everybody knew everybody up on the moors where Alice lived and she was glad that she'd caught the last bus. It was only six o'clock but buses didn't run late up there. If she'd missed the bus, she'd have had to walk a couple of miles along the road to the nearest town to catch a train. Or she could have taken the short cut over the moor to the town but she didn't really like doing that because it could be dangerous. If a fog came down, you could lose your way on the moors and in some places the mud could just swallow you up.
While she was sitting on the bus, she had time to think about what had happened. She'd had an argument with her brother, Rob, again and her mum had taken her brother's side – again! So she'd decided to leave home and go and live with her dad in Liverpool. That had always been a big problem since her parents had split up. She loved both of them and never really knew where she belonged. If her parents still lived together, she would never have left home.
She phoned her dad from the train and he met her at the station. It was late but Alice sat and told him about everything that had happened and her dad talked to her and made her feel better. She could stay a week or so because there was no school in the Easter holidays. And maybe she'd move to Liverpool and go to school there. She'd like that, she thought.
Then a few days later she had a phone call from her mum. Her brother had fallen ill – very ill. He had a fever and she couldn't move him to the hospital which was miles away. Alice's mum was very worried about him so Alice set off back home immediately. It was late and when she finally arrived at the train station near home, she'd missed the last bus.

Stichpunkte für einen möglichen Schluss:

- walked across the moor
- fog came down
- heard her brother's voice
- got home
- terrible news

7 Sieh dir die Bilder an und beantworte die Fragen dazu.

Bryce Canyon

California

New York City

The Rocky Mountains

a) Which picture do you like best? Describe your favourite picture and give reasons for your decision.

____

____

____

b) Which picture do you like the least? Describe your least favourite picture and give reasons for your decision.

____

____

____

c) Each picture shows a place in the United States. If you could travel to the States, where would you prefer to go? Why? What would you do there? Write in your excercise book.

8 Sieh dir das Bild an und überlege dir, warum das Mädchen im Vordergrund so traurig wirkt. Dann verfasse eine Kurzgeschichte. Die unten angegebenen Fragen sollen dir dabei helfen, die Handlung zu entwerfen.

What's happening now?

a) Write character studies of the teenagers: names, age, do they go to school, what do they like doing?
b) What are their relationships to each other?
c) Where are they now?
d) What are they thinking/talking about? How do they feel?

What's just happened?

a) Were they sitting together before?
b) Has somebody just got some bad news?
c) Have they had an argument?
d) What else have they done on that day?

What will happen next?

a) Will they stay on the field or go away?
b) Are the four teenagers going to come together? And if yes, who is going to make the first move?
c) Will the story have a happy or unhappy ending?

G8 PRAXISTIPP

Wenn du eine **Kurzgeschichte** verfasst, findest du manchmal **Fragen** dazu angegeben, die deine **Phantasie anregen** sollen und mithilfe derer dir der **logische Aufbau der Handlung** leichter fällt. Du musst dir aber nicht zu jeder Frage eine detaillierte Antwort einfallen lassen, es genügt, wenn du dir ein paar Stichpunkte notierst, die du dann für deine Geschichte nutzt.

Thementest Schreiben

1 Jill hat einen Jungen kennengelernt, Ryan. Lies ihren Text, dann erzähle die Geschichte aus der Sicht von Ryan. Der Anfang seiner Geschichte steht unten. Schreibe in dein Heft.

Jill: A new boy came to youth club yesterday. I was playing badminton when he walked in the door and looked around for somebody to help him. He was gorgeous and I would have loved to have been able to go over and talk to him but I couldn't leave the game.
I'm quite good at badminton usually but I couldn't concentrate on the game after he'd come in. Joanne walked over and talked to him as soon as she saw him. Joanne's really nice but I didn't want anybody to talk to him until I'd had a chance. While I was watching them talking, I wasn't exactly watching where I was running and I ran full speed into a chair and made such a noise as I fell over it that everybody looked over at me. I was really embarrassed as I stood up again and I noticed the new boy look up and smile, too.
Later it was snack time and I thought that would be a good time to talk to him, so I went and got a plate of biscuits and a drink and walked over to him. Just at that moment, Chris walked over and asked me what time it was. You won't believe what I did then! I looked at my watch on my left arm which was carrying the drink and poured orange juice all over myself. Nobody could stop laughing while I ran out to wash the orange juice out of my clothes. After that I gave up and went and sat at a computer. I wanted to check what films were on at the cinema this week but the computer was so slow that I got more and more annoyed and I started shouting at the computer.
Then I heard a voice next to me. I turned and looked and saw that it was the new boy. He was smiling – or laughing maybe – and looked as though he wanted to say something to me but I'll never know what, because just at that moment Joanne came in and said, "Come on, Ryan. We're going now. My dad'll give you a lift home, too, if you like." And with that he was gone.

Ryan: I'm new in the area. We moved here in July and so my parents decided I could start my new school in September. Great, I thought at first, three weeks more holiday! But after a couple of days I realised that it wasn't so good after all. I didn't know anybody in the area at all and I wouldn't get to know anybody until school started again. Then my mum saw a sign advertising a youth club. I went for the first time on Friday. I went in and looked around and I saw some people playing badminton. They were playing quite well except for this one girl with red hair who ...

2 Sieh dir die Bilder an. Welches der Tiere eignet sich am besten als Haustier? Nutze bei deiner Entscheidung folgende Aspekte: *easy to look after? – intelligent? – interesting? – expensive?* Schreibe in dein Heft.

dog

cat

guinea pig

budgie

3 Beantworte die E-Mail von Brady an Jane, indem du die unten genannten Stichworte in deine Antwort miteinbeziehst.

Hi Jane,
Thanks for the photos which you sent me. Your family looks really nice.
Guess what! We've rented a house by the beach not far from Malibu for two weeks in the summer. It looks really nice and it's so big that my dad said I could invite you, too. Would you like to come? I've attached some photos with this e-mail. You could fly to Los Angeles and stay with us in our apartment for a few days and then come with us to the beach. You said you'd like to learn to surf and that's a great place for surfing. And when we go back to Los Angeles we could visit Hollywood.
Please say you'll come. I'd love to meet you.
CU
Brady

Stichworte: thanks – photos/nice – love to come – must ask dad first – expensive?

5 Sprechen

5.1 Vom Englischen ins Deutsche vermitteln

1 Ferien in Irland. Die Vermieterin eures *cottage* ist nicht da, hat aber ein Informationsblatt auf den Küchentisch gelegt. Deine Eltern sprechen nicht besonders gut Englisch. Verfasse für sie die Informationen auf Deutsch.

Welcome to our house!
Here are a few tips to help you enjoy your holiday

When you arrive:

- Switch the electricity on under the stairs. Then switch the fridge and freezer on.
- The control box for the heating and hot water are in the kitchen next to the door.

While you're staying here:

- There's a telephone book and a list of important telephone numbers in the cupboard under the telephone. If you need any extra help, don't hesitate to phone us.
- You can use the fire in the living room but please clean it out before you leave. There's wood and coal outside in the shed.
- If you break anything, please replace it and write a note in our breakages book. If you can't replace it, just let us know.

When you leave:

- Please switch off anything you have switched on and leave the house as you found it – clean hopefully.
- You need to leave before 12.00 unless you've made special arrangements with us.

G8 **PRAXISTIPP**

Wenn du von einer Sprache in die andere **vermittelst,** brauchst du nicht Wort für Wort zu übersetzen. Wichtig ist es, den **Sinn zu erfassen** und **weiterzugeben.**
Je nachdem, mit wem du sprichst, wählst du die **Sprachebene:** Mit deinen Eltern z. B. redest du anders als mit fremden Personen. Vergiss nicht, genau wie beim Brief- oder E-Mail-Schreiben, immer höflich zu bleiben!

2 **Du bist mit deinen Eltern in einem Hotel in New York. Ihr überlegt, ob ihr zur Freiheitsstatue fahren wollt. Lies dir die Informationen über die *Statue of Liberty* in dem Flyer durch, dann beantworte die Fragen deiner Eltern.**

The Statue of Liberty

The Statue of Liberty is on Liberty Island in the middle of New York Harbour. Since 1886 it has stood there to welcome immigrants and Americans coming back to the States. You can visit the island by the public ferry service, "Statue Cruises", which leaves the city from Battery Park. Private boats are not allowed to stop there.
If you want to visit the museum and enter the base of the statue, you need to get a "Monument Access" ticket from the ferry company. You cannot go into the Statue itself but you can see inside it through a glass ceiling and you can walk around the feet of the statue so you can see it up close. The ticket doesn't cost any extra but there is a limited number of tickets and in summer it's recommended that you reserve a ticket.
The statue and the museum are open every day. You can reserve tickets by phone or via the internet. You don't need a ticket to go on Liberty Island or to visit Ellis Island, which is part of the same National Monument.

Mutter: Wie kommen wir denn zu der Insel mit der Freiheitsstatue?

Du: ____________________

Mutter: Und wo fährt das Boot ab?

Du: ____________________

Vater: Und dann können wir einfach die Statue besichtigen?

Du: ____________________

Mutter: Können wir einfach hinfahren oder ist es jetzt im Sommer sowieso zu voll dort?

Du: ____________________

Vater: Wir könnten doch einfach ein Boot mieten und selbst hinfahren, oder?

Du: ____________________

Mutter: Das ist schade. Können wir die Insel dann gar nicht besichtigen?

Du: ____________________

5.2 Vom Deutschen ins Englische vermitteln

3 Du bist mit deiner englischen Austauschschülerin in Bayern unterwegs. Ihr wollt zum Schloss Neuschwanstein fahren. Lies die Informationen in eurer Broschüre durch, dann beantworte die Fragen deiner Freundin auf Englisch.

Neuschwanstein

Schloss Neuschwanstein ist eines der meistbesuchten Schlösser weltweit. Seine idyllische Lage in der bayrischen Bergwelt ist einmalig, verbinden Sie den Besuch daher am besten gleich mit einer Wanderung oder der Besichtigung eines weiteren Schlosses ganz in der Nähe, etwa Hohenschwangau.

Besichtigung: Eine Schlossbesichtigung ist nur im Rahmen einer Führung möglich. Diese dauert ca. 35 Minuten.

Tickets: Eintrittskarten sind nicht im Schloss erhältlich, sondern können im Ticketcenter im Ort Hohenschwangau erworben werden. Von dort aus sind es ca. 30 Minuten bequem zu Fuß bis zum Schloss. Aufgrund des hohen Besucherandrangs empfehlen wir Ihnen, die Eintrittskarten im Voraus zu kaufen. Bitte geben Sie die Uhrzeit an, zu der Sie Ihren Besuch planen. Gegen einen geringen Aufpreis können Sie auch telefonisch bestellen. Bis zwei Stunden vor den geplanten Besuch können bereits gebuchte Eintrittskarten wieder storniert werden.

Preise: 9 Euro, ermäßigt 8 Euro

Friend: So if we go there, what else can we do in the area?

You: ____________________

____

Friend: Do you need a long time to visit the castle?

You: ____________________

Friend: Can we just go there and get a ticket?

You: ____________________

____

Friend: Would we have to pay eight or nine Euros?

You: ____________________

4 Dein englischer Brieffreund Paul Finnegan spielt Theater. Er hat mit seiner Truppe in deiner Heimatstadt ein Gastspiel mit dem „Mittsommernachtstraum" auf Englisch gegeben. Lies den Zeitungsartikel, den ein Mitschüler von dir verfasst hat, und beantworte Pauls Fragen dazu auf Englisch.

A Midsummer Night's Dream

Eine Gruppe englischer Schüler der Nottingham High School eroberte gestern Abend die Herzen des Nordstedter Theaterpublikums: Am Freitag- und Samstagabend führte die Theatergruppe im Schlosspark den „Mittsommernachtstraum" in einer gemeinsamen Produktion mit der Hermann-Hesse-Schule in englischer Sprache auf.

Ihre Begeisterung für Shakespeare riss das Publikum mit, das am Ende mit stehenden Ovationen applaudierte. Die altertümliche Sprache Shakespeares und die komplexe Handlung bereitete den Zuschauern durch die moderne und klare Adaption keine Verständnisprobleme, auch der Humor Shakespeares kam gut an.

Den jugendlichen Schauspielern gebührt großes Lob für ihre Leistung, wichtigsten Anteil am Erfolg der Produktion hatte jedoch die Leiterin der Gruppe, die Lehrerin Christine Lyme. In den Rollen von Lysander und Hermia glänzten Rob Jones und Elizabeth Baker, die fulminanteste Interpretation lieferte jedoch Paul Finnegan als Puck ab.

An dem Stück konnte man erleben, was durch gute Zusammenarbeit erreicht werden kann: Die Hermann-Hesse-Schule, verantwortlich für die Bühnen-, Licht- und Tontechnik, trug maßgeblich zu dem Erfolg des Stückes bei.

Eine weitere Aufführung ist für Montagnachmittag geplant; Restkarten sind an der Tageskasse erhältlich.

Paul: Did he like it?

You: ______________________________

Paul: What did he like about it?

You: ______________________________

____

Paul: Could he understand it?

You: ______________________________

Paul: Did he mention me?

You: ______________________________

Paul: Did he like your stage?

You: ______________________________

5.3 Zwischen Deutsch und Englisch vermitteln

5 Du bist mit deinen Eltern in London unterwegs. Ihr braucht einen Fahrschein für die U-Bahn, wisst aber nicht, welchen. Vermittle zwischen deinen Eltern und dem Mann am Fahrkartenschalter.

Vater: Sag ihm, dass wir ins Zentrum fahren wollen, und frag ihn, welches der billigste Fahrschein ist.

You: ____

____

Ticket seller: Do you just want a single ticket? Or do you want to travel around in the centre and come back again, too?

You: ____

____

Mutter: Frag ihn, wie groß der Preisunterschied ist.

You: ____

Ticket seller: A single ticket costs £ 3.50 or you can get a one-day travel card for £ 5.30.

You: ____

____

Vater: Gibt es da nicht noch diese "Oyster Card"?

You: ____

Ticket seller: The Oyster Card is a top-up card. You pay a deposit for the card and then you can top it up with, for example, ten pounds and you can use it until there's no money left on it. It makes it easier to travel on the tube because you don't need to buy a ticket every day. And it's cheaper, but it's only worth it if you're staying for a few days or a week.

You: ____

____

Vater: Dann nehmen wir so eine.

____

6 Du hast Besuch von einem englischen Freund. Dummerweise hat er seinen Rucksack in der U-Bahn liegen gelassen, als er allein unterwegs war. Du begleitest ihn zum Fundbüro und vermittlest zwischen ihm und dem Beamten.

Office worker: Wie kann ich euch helfen?

You: Mein Freund hat seinen Rucksack in der U-Bahn liegengelassen.

Office worker: Mit welcher U-Bahn ist er denn gefahren?

You: ______________________________

Friend: I got on the U1, I think. At Schlossplatz.

You: ______________________________

Office worker: Und um wie viel Uhr ist er eingestiegen?

You: ______________________________

Friend: I don't know. Was it 12.20?

You: ______________________________

Office worker: Wie sieht denn der Rucksack aus?

You: ______________________________

Friend: It's a blue rucksack and there are two pockets on the front and there are some stickers on the sides.

You: ______________________________

____

Office worker: Und was war in dem Rucksack drin?

You: ______________________________

Friend: Er. My camera. A book. Some money.

You: ______________________________

Office worker: Bisher ist er nicht abgegeben worden, aber vielleicht bringt ihn noch jemand vorbei, möglicherweise schon heute Abend.

You: ______________________________

Friend: Danke schön.

Thementest Sprechen

1 Du bist mit deinen Eltern in Kanada unterwegs. Ihr möchtet den Banff National Park besuchen. Du erkundigst dich in der Touristeninformation in Calgary, wie ihr das am besten machen könntet.

Father: Frag sie, wie wir im Banff National Park am besten herumkommen.

You: ______________________________

Assistant: Well, the park is very big so if you want to see a lot, you should probably hire a car.

You: ______________________________

Mother: Müssen wir eine Gebühr zahlen, um in den Park zu kommen?

You: ______________________________

Assistant: If you want to stay in the park, you need to buy a pass.

You: ______________________________

Mother: Frag sie, ob es stimmt, dass man dort Grizzlybären sehen kann.

You: ______________________________

Assistant: Yes, of course. It's a great place to watch wildlife. We have grizzlies, black bears, wolves, elk and lots of different birds, too, in the park.

You: ______________________________

____

Father: Und ist es dort gefährlich?

You: ______________________________

Assistant: No, but you do have to be careful. Here we have a book which tells you how to behave in the park.

You: ______________________________

Mother and Father: Thank you.

6 Abschlusstests

Test 1

1 Lies zunächst den Text, dann ordne den Absatzüberschriften am Ende des Textes die passende Ziffer des jeweiligen Absatzes zu.

Lollipop ladies to carry cameras

1. The English lollipop lady or man is a well-known personality on English streets. Otherwise known as school crossing patrol officers, they help young children to cross the roads safely on their way to school and on the way home again. When children approach them, they wait for a natural pause in the traffic and then walk into the road carrying their "lollipop", their stop sign. When the cars have stopped, they wave the children across the road, and wave goodbye to them. They usually work twice a day; first for about an hour before school starts and then for an hour after school has finished. They work on the main roads near primary schools at a place where most of the children going to school have to cross the road. There might be two or three working near every primary school. Normally during the school year they become friends with the children who cross the street with them every day.

2. They have always been a friendly face on the streets and have always been well-respected until now. By law, drivers have to stop when a lollipop man or lady holds up their stop sign but now more and more car drivers are being unfriendly. Some just shout or use offensive language but others drive aggressively. They break too late and too fast, resulting in screeching breaks, or some drive round the lollipop man or lady endangering the lives of both them and the children they are helping. To try and combat the problems, some areas are now introducing new "lollipops", with built-in cameras. The main reason for this is to prevent car drivers acting so aggressively, but the second aim is to collect evidence against aggressive drivers so that they can be prosecuted in court. Up to now even when the lollipop man or lady has noted the registration number of the car, it has been difficult to prove the case against them.

3. In Great Britain video cameras have been installed in many public places in an attempt to reduce crime on the streets. It is a common sight to see video cameras especially in underground stations, subways and, for example, shopping centres. Some people feel safer when they see a video camera but other people feel that the information could be collected and used illegally. Actually it does not seem to make much difference whether the video cameras are there or not. The police have recently done research into how successful the cameras are and their results are not very positive. They do not seem to reduce crime or make it easier to catch the criminals. It also takes a long time for police officers to search through all the hours of video; time which some people think might be better spent on the streets. Experts believe that the case is different for cameras in the stop signs because the lollipop ladies and men will know what time the incident happened.

4. Reaction to the cameras from lollipop ladies and men has mostly been positive. Jane Donaldson from Birmingham said, "I think it's great. I love the job and I think it's an important one but I was beginning to feel nervous before I went to work. Now I feel much more positive." The local authorities also hope that now more people will be prepared to become lollipop people again. Recently some areas have had problems finding anyone to do the job. One local authority spokeswoman said, "When children start walking to school alone, they're taking their first steps to becoming independent and it's very important that they can do this safely. We want to make sure that lollipop men and women continue to be a friendly face on our streets."

a) Most lollipop people are happy with the idea of the cameras ____________

b) Lollipop ladies help children to cross the road safely ____________

c) Aggressive drivers cause problems for lollipop people ____________

d) Video cameras shown not to be useful ____________

2 Lies den Text in Aufgabe 1 noch einmal, dann ergänze diese Sätze richtig.

a) A lollipop man or woman
- ☐ helps children at school.
- ☐ stops cars driving too fast.
- ☐ helps children cross the street.

b) Lollipop men or women have recently had problems with
- ☐ drunk drivers.
- ☐ angry drivers.
- ☐ impolite children.

c) When they see a lollipop man hold out his stop sign, drivers
- ☐ have to stop.
- ☐ aren't allowed to stop.
- ☐ aren't able to stop.

d) Cameras will now be built in
- ☐ to their clothes.
- ☐ to the stop signs.
- ☐ to the street signs.

3 Sind diese Aussagen wahr, falsch oder stehen sie gar nicht im Text? Kreuze an. Korrigiere anschließend die falschen Sätze in deinem Heft.

	true	false	not in the text
a) Videos are often used in Britain so that there will be less crime on the street.	☐	☐	☐
b) You can see video cameras mainly underground.	☐	☐	☐
c) The police have shown that the cameras are very useful.	☐	☐	☐
d) Most police officers don't like looking at the videos.	☐	☐	☐
e) Lollipop men and ladies are mostly for the cameras.	☐	☐	☐
f) Many people want to become lollipop men and ladies.	☐	☐	☐

4 Finde ein anderes Wort oder eine andere Wendung für die folgenden Wörter aus dem Text in Aufgabe 1.

approach (line 4): ____________ prevent (line 21): ____________

offensive (line 16): ____________ subway (line 27): ____________

5 Formuliere die folgenden Sätze oder Satzteile aus dem Text in Aufgabe 1 in anderen Worten.

a) they have always been well-respected until now (lines 13–14):

→ People have always thought ____________________

b) endangering the lives of both them and the children (lines 18–19):

→ which ____________________

c) in an attempt to reduce crime (lines 24–25):

→ because they ____________________

d) will be prepared to become lollipop people again (line 42):

→ will ____________________

6 Der Journalist, der den Bericht in Aufgabe 1 geschrieben hat, hat dazu mehrere „Lollipop people" interviewt. Wie gibt er wieder, was sie ihm erzählt haben? Benutze die indirekte Rede.

I've worked for years as a lollipop lady and nobody has ever been aggressive to me.

a) She said ____________________

Once I'd already walked into the middle of the road when somebody drove straight at me.

b) He said ____________________

If they don't do anything soon, a lollipop man is going to be killed.

c) She ____________________

What are they going to do with the cameras? I haven't heard anything about it.

d) Another man ____________________

7 Lies die Leserbriefe, die die Zeitung auf ihren Bericht hin erhalten hat. Kannst du dich einer der beiden Meinungen zur Videoüberwachung anschließen? Verfasse sechs bis acht Sätze, in denen du deine Ansicht darlegst.

Shocked!

I was shocked to read that lollipop people are having problems with aggressive drivers. Why are drivers so impatient? Why don't they understand how important it is that these lollipop people look after our children?

I think the video cameras are a great idea and I think that all aggressive drivers should go to prison or they should have their driving licences taken off them. People think that they can do anything nowadays because they won't get caught. Let's show them that they are wrong.

Big brother's watching us!

It's not news that more and more drivers are becoming aggressive. We've all heard about drivers shooting another driver because they drove too near to them and, of course, something should be done about it. But I don't agree that we should have video cameras everywhere.

I think that there should be an information or an advertising campaign which makes it clear how childish aggressive drivers are. Educating people to behave well must always be better than punishing people.

8 Autopanne in Australien. Trage die Verben in der richtigen Zeitform ein.

We ____________________ (come) to Australia three weeks ago and we've had a great time here. We ____________________ (visit) Sydney and Melbourne but now we're in the outback and things aren't going so well.

At the moment we ____________________ (sit) in the shade of our car, trying to keep out of the sun. We ____________________ (sit) here for ten hours now. The sun is very hot and we ____________________ (not/have got) much left to drink. The car has broken down and our mobile phones ____________________ (not/work) out here.

There's nothing we can do. If we start walking, we ____________________ (need) even more water and what good would it do anyway? We have no idea which way we should go but we ____________________ (know) that it's miles to the sheep farm where we wanted to stay for a week and it's too far to walk.

Mat, our Australian friend, told us not to come. He said it could be dangerous but we ____________________ (not/listen) to him. We thought that nothing terrible could happen to us. I ____________________ (meet) Mat in London last year, we became friends and then he invited us to Australia. I ____________________ (never/want) to come to Australia before I met him. Now I wish I'd never met him.

9 Führe die Geschichte aus Aufgabe 8 selbst zu Ende. Verwende entweder die angegebenen Stichpunkte oder erfinde einen eigenen Schluss. Schreibe in dein Heft.

- get dark – go cold
- hear a bird – follow the bird
- watch birds – birds drink from plants
- drink water – go to sleep
- hear plane
- make fire – plane flies past
- rescued by jeep

10 Verbinde die Satzteile zu vollständigen Sätzen.

If the wheel hadn't been invented,	would life be very different?
If we didn't have computers,	we want it to or not.
We wouldn't have polluted our seas if	we didn't have our new medicines.
People wouldn't live as long if	steam power hadn't been invented.
If we continue inventing things so fast,	we wouldn't be able to travel very far.
Life will carry on changing if	will life get better or worse?

11 Sieh dir zunächst die Bilder an, dann wähle die beiden Erfindungen aus, die deiner Meinung nach am wichtigsten sind. Begründe, warum.

The wheel

The computer

The steam engine

The light bulb

12 Dein Nachbar hat einen Brief von seinem Enkel in den USA erhalten. Er versteht nicht alles, was sein Enkel schreibt, und bittet dich um Hilfe. Lies den Brief und beantworte die Fragen deines Nachbarn dazu.

Dear Grandad,

Thanks for the birthday card and the money. I've already spent the money on a new baseball bat. It's great. I'm in the baseball team now and I can hit the ball a lot farther with that bat. Our school's winning the baseball league at the moment and we've only got three matches left so we have to practise a lot. Our last game is going to be when you come over and visit us, so you'll be able to come and watch. You've never seen a baseball match, have you? I'll explain the rules to you before the match and I'm sure you'll like it. It's much more exciting than cricket!

Everything's going OK at school, too, and I think I'm going to get quite good grades, although my dad thinks that I should work harder and play less baseball. Dad thought I should write this letter to you in German but I've only been learning German for eight months and I think it's really difficult. Mum says it's Dad's fault: he should have spoken German to me when I was a baby and then it would have been easy for me. Hopefully though Dad says we can all come and visit you next Christmas and then I'll be able to practise a lot more.

I'm looking forward to seeing you in a few weeks.

Love
Tom

Nachbar: Was genau schreibt er übers Baseballspielen?

Du: ______________________________

____

Nachbar: Und was sagt er über Cricket?

Du: ______________________________

Nachbar: Und wie geht es ihm in der Schule?

Du: ______________________________

____

Nachbar: Und warum hat er den Brief nicht auf Deutsch geschrieben?

Du: ______________________________

____

Test 2

1 Lies die Geschichte, dann entscheide dich für die beste Kurzbeschreibung.

On holiday in France

I had been really looking forward to our holiday in France. I was going camping with some friends in the south of France; my first holiday without my parents. Almost! They were staying in a caravan on the same campsite. Most of all I'd been looking forward to going canoeing. One of my friends, Pete, had done it before and it sounded great fun.

My parents took us to the place where we could hire canoes and left us there. They were going to pick us up the next day farther down the river. We hired four canoes; a two-man canoe, a two-man kayak, and two single kayaks and set off. I went in the two-man canoe with Pete because I'd never been in a canoe before.

"Don't we need helmets?" I asked Pete because I remembered always seeing photos of canoeists wearing them.

"Oh, not on this river," said Pete, "You only need them on more difficult rivers but this one's nice and easy. The water doesn't flow too fast and there aren't too many rapids. They'd give us helmets if we needed them."

"Are there some rapids?" I asked a little worried.

"Yes, there're a couple," said Pete, "They're the best bit. It's like going on a roller coaster on a fairground."

"That sounds a bit dangerous," I said, "I've never been in a canoe before."

"Oh, Jane. You always worry too much," said Glenda, "Look, nobody else is wearing a helmet and there are some little kids over there."

I looked and it was true, and I started to relax. I was sure they wouldn't let little children on the river without helmets if it was dangerous.

Half an hour later my worries were all forgotten and I was really enjoying it. The river ran through a small canyon and there were cliffs on each side of us. Sometimes you would look up and see people about 50 metres above us looking down at us. Other times we saw beautiful birds waiting to catch the fish in the water.

"Look! That bird's just caught a fish," I shouted as a bird came out of the water again just near our boat. The water was so clear you could see the fish swimming around in the water. They looked as though they were enjoying themselves, too.

"When are we going to stop for a swim?" I asked Pete.

"Well, the first rapid is in about another kilometre. Let's go down there first and then we can stop for lunch. Then if we fall in we can get changed and dry off our things." "What do you mean fall in?" I asked, "I thought it was safe here." But I was laughing now. I was enjoying myself too much to be worried.

Ten minutes later we saw some boats waiting. What are they waiting for, I wondered. I soon found out. We'd arrived at the rapids. I went nearer and looked. There were rocks across most of the river and the water crashed over them. In the middle was a small section with no rocks. The water went down here smoothly; it looked like a slide in a playground. I watched as a canoeist directed his boat at the hole in the rocks. It looked great fun and so easy. Then another boat went down easily. The canoeist in the third boat looked as though he was a beginner and his boat hit the rocks instead of going straight through the gap. The canoe turned over and he fell out. We saw him a little later pulling his boat to the side of the river and his friends laughing at him. Then it was our turn.

Pete said we should go first and I should just do what he told me. We aimed at the hole in the rock and then we were going down the rapids. It was great. I screamed with pleasure and excitement. But then our boat hit a rock and we turned over. I was under water. I got out of the canoe as fast as I could and then my leg hit a rock. That could have been my head, I thought. There were rocks all around and I was moving so fast, I couldn't stop myself banging into rocks. Then I was at the bottom of the rapids and I started swimming to the side. I looked around and saw Pete. He had rescued the canoe. He waved and we laughed. We'd made it. We all pulled our boats out at a sandy beach just past the rapids.

We were having lunch thirty minutes later when the accident happened. A two-man canoe was coming down the rapids, just like we had done. And just like we had done, it turned over. But this time one of the men in the boat didn't swim out. His friends carried him out. His eyes were closed and his head was bleeding. The rescue services arrived thirty minutes later and carried him away. We don't know what happened to him, but one man from the rescue services said as he carried him away, "Not again! Why don't they give them helmets?"

a) Some teenagers go canoeing and have a bad accident. ☐
b) Some teenagers have fun canoeing in France. ☐
c) Some teenagers go canoeing and find out why helmets are so important. ☐

2 Beantworte stichwortartig folgende Fragen zum Text von Aufgabe 1.

a) How many boats did the friends hire? ____________________

b) How did Jane feel at the beginning? ____________________

c) What could they see above them on the river? ____________________

d) What did they see just before the rapids? ____________________

e) How many boats went down the rapids safely? ____________________

f) What did Jane hurt on the rocks? ____________________

3 In welchen Zeilen findest du die folgenden Informationen? Trage ein.

a) Jane had always been on holiday before with her parents. line ____________

b) Six friends were on holiday together. ____________

c) The water in the river moved slowly. ____________

d) Jane thought the fish looked happy. ____________

e) Jane wasn't worried just before they went down the rapids. ____________

f) Pete came out of the rapids before Jane. ____________

g) Accidents had happened before on the river. ____________

4 Kreuze die richtige Übersetzung für die Wörter aus dem Text von Aufgabe 1 an.

a) to hire (line 7):
- ☐ kaufen
- ☐ mieten
- ☐ vermieten

b) roller coaster (lines 16–17):
- ☐ Karussel
- ☐ Rollschuhe
- ☐ Achterbahn

c) rapids (line 14):
- ☐ Stromschnellen
- ☐ Strudel
- ☐ Wasserfälle

d) to bleed (line 57):
- ☐ sich verletzen
- ☐ bluten
- ☐ verletzen

5 Schreibe die Kurzform der Verben aus dem Text in Aufgabe 1 in der Langform aus.

I'd never been in ... (line 9): ____________________

They'd give us a ... (line 14): ____________________

Let's go ... (line 31): ____________________

It's like going ... (line 16): ____________________

It's just caught a ... (line 27) ____________________

6 Jane zeigt einer Freundin Fotos aus ihren letzten Ferien. Gib ihre Erklärungen wieder, indem du Relativsätze bildest.

a) Look at that girl! We met her in France.

That's the girl ______________________________

b) That boy comes from London. He was in the tent next to us.

____

c) We went to a great festival in this town. It went on until 5 a.m.

____

d) Our tent was really small. And it had holes in.

____

e) And this boy here – his brother played football for France.

This is the boy ______________________________

7 Sieh dir Janes Ferientagebuch an und verfasse aus ihren Notizen einen Text über ihre Erlebnisse. Verwende dabei auch Relativsätze und bilde mithilfe von Konjunktionen Haupt- und Nebensätze. Schreibe in dein Heft.

Friday 10th May	Saturday 11th May	Sunday 12th May
Mum and dad left in car - we caught train to Paris. Changed in Paris and caught train to Avignon. Caught bus to campsite - beautiful Tried to put up tent - couldn't do it - laughed. Slept in sleeping bags under stars - great!	French people helped us with tent - spoke English. Told us about festival in Nîmes - this weekend every year. Went to festival - fantastic - delicious food - music - danced in streets. Left at 2 a.m. - people still arriving.	Very tired - slept till lunchtime. Went swimming in river. Great start to holiday! Parents arrived in car.

8 Harrys Ferien waren schrecklich. Finde heraus, warum, indem du die fehlenden Wörter in seinem Bericht ergänzt.

I had a te__________ holiday this ye__________. I went with my pa__________ to a new ho__________ centre in England. It sounded gr__________ when we read the br__________. It said it was near the be__________ and there were three sw__________ pools there – inside and ou__________. It said th__________ was a big boating l__________ there and a small artificial ri__________ which you co__________ go canoeing on. We could ch__________ whether to stay in wooden ho__________ in the middle of the forest, or a hotel ne__________ the swimming pools. We chose to st__________ in one of the wo__________ houses. It looked be__________ on the pi__________. When we ar__________, we we__________ shocked. The wooden houses were ve__________ small and they h______'___ been cleaned when we arrived. We couldn't co__________ on the oven because it was br__________. The holiday centre wa______'___ near the beach. You ha__________ to drive there or walk fa__________ for over half an hour. There was no wa__________ in the outside swimming po__________ or in the artificial river. When we co__________, the manager said that they were be__________ cleaned and that it was too co__________ to go swimming.

9 Lies dir den Text aus Aufgabe 8 noch einmal durch, dann verfasse einen Beschwerdebrief an den Reiseveranstalter. Benutze die angegebenen Formulierungen und schreibe in dein Heft.

- Remember to write your address (20 East Road, Stratford, E14 2RC) and date on the letter.
- Say why you are writing and when you were at the holiday centre (July 2–11).
- Say what was wrong with your holiday.
- Write that you would like your money back and say why.
- Finish in the correct way.

10 Sieh dir die Bilder an. Welche Sportart würdest du am liebsten machen, welche überhaupt nicht? Begründe, warum. Schreibe jeweils vier bis fünf Sätze in dein Heft.

Beach volleyball

Parachuting

Canoeing

Rock climbing

11 Fortsetzung einer Kurzgeschichte: Wie könnte die folgende Story weitergehen bzw. enden? Verwende entweder die untenstehenden Stichworte oder denke dir selbst eine Geschichte aus. Schreibe in dein Heft.

Why did I decide to jump out of a plane? I still don't know. I've always been terrified of flying and I'm not brave at all. I think I did it to prove to myself that I could overcome my fears. OK. I admit it – I also did it because Caroline was doing it and I've liked Caroline for years. I also thought that the training might be quite fun and that I could stop going before it got to the part where you jump out of a plane.

Stichworte:

- training – great
- date set for jump – terrified
- in plane – scared/couldn't move
- jumped – pulled parachute cord
- parachute didn't open – everything went black
- woke up in bed – a dream

12 Du bist mit deinen Eltern in London. Ihr möchtet ein Theaterstück im Hyde Park sehen. Vermittle zwischen deinen Eltern und dem Mann am Ticketschalter.

Mother: Frag ihn, ob es für "Gigi" noch Tickets für diese Woche gibt.

You: ______________________________

Ticket seller: How many tickets do you need?

You: ______________________________

Father: Wir brauchen fünf, wenn deine Tante und dein Onkel auch mitkommen.

You: ______________________________

Ticket seller: We've got some tickets for Wednesday evening and Thursday afternoon.

You: ______________________________

Mother: Um wie viel Uhr ist denn die Vorstellung am Nachmittag?

You: ______________________________

Ticket seller: It starts at half past two but you always need to be there 30 minutes early.

You: ______________________________

Father: Gut. Frag ihn, was die Tickets kosten.

You: ______________________________

Ticket seller: They cost eight pounds if you're happy to sit on the grass and the others cost twenty-six pounds.

You: ______________________________

____

Mother: Dann nehmen wir die billigeren Tickets. Und frag ihn noch, was passiert, wenn es regnet!

You: ______________________________

____

Ticket seller: Here are your tickets and if it rains you can use the tickets on another day.

You: ______________________________

Mathematik

1 Terme

1.1 Umformen von Termen

1 Vereinfache die Terme, wenn möglich.

a) $y + 6y - 3y + 25y =$ ________________

b) $13x + x - 3x^2 - 5x + 25x^2 - x =$ ________________

c) $5ab - 2a + 6b + 21a^2b - 5ab^2 =$ ________________

d) $15p - 3pq + 9p + 4p^2q + 6pq + 2p^2q =$ ________________

e) $0{,}8xy - 1{,}6x^2y + 0{,}2xy - 0{,}4x^2y =$ ________________

G8 PRAXISTIPP

Du kannst nur die Variablen zusammenfassen, die in Buchstaben **und** Potenz übereinstimmen.
Beispiel: $2x + x^2$ kann man nicht zusammenfassen, aber $2x^2 + x^2 = 3x^2$.

2 Hier ist wohl einiges durcheinandergeraten. Finde äquivalente Terme und ordne sie einander zu, indem du passende Paare durch Pfeile verbindest.

a) $12xy - 4x^2y + 8x - 5xy + 7x^2y - 8x =$	(1) $14x - 6x^2y$
b) $x \cdot (8 - 2xy) + 6x - 4x^2y =$	(2) $14x - 6x^2 - 16$
c) $8x - 2y \cdot (x + xy) + (7 - 4x) \cdot x =$	(3) $7xy + 3x^2y$
d) $8 \cdot (x - 2) + 6x - 6x^2 =$	(4) $8x - 2xy - 2xy^2 + 7x - 4x^2$

3 Vereinfache die Produkte.

a) $x \cdot 3 \cdot x \cdot x \cdot y \cdot x \cdot y \cdot x =$ ______

b) $p \cdot 8 \cdot q \cdot p^2 \cdot (-4) \cdot q \cdot p =$ ______

c) $2 \cdot 7 \cdot a^2 \cdot b \cdot c \cdot a^3 \cdot c \cdot (-a) =$ ______

d) $x \cdot 4 \cdot x \cdot (-5) \cdot y \cdot x^4 =$ ______

e) $x \cdot x^5 \cdot x \cdot x^7 =$ ______

f) $a \cdot 12 \cdot c \cdot c \cdot a^2 \cdot (-2) \cdot c =$ ______

4 Paul hat beim Umformen der Terme einige Fehler gemacht. Finde die Fehler und schreibe die Regeln auf, die nicht beachtet wurden.

a) $3 \cdot (x + 10) - (x^2 + 2x)$ richtig ist:

(1) $= 3x + 10 - x^2 + 2x$ ______ Regel: ______

(2) $= 4x + 10$ ______ Regel: ______

b) $(p + 10) \cdot q - 2 \cdot (q + 5)$ richtig ist:

(1) $= p + 10q - 2q + 5$ ______ Regel: ______

(2) $= 8pq + 5$ ______ Regel: ______

5 Forme die Terme um ...

... durch Ausmultiplizieren:

a) $-2a \cdot (b - 6) + 3b \cdot (5 - a)$

b) $5a \cdot (a + 3b) - 5a \cdot (a - 3b) + 3a^2 \cdot (1 + a)$

c) $(-a - 4b) \cdot (a + b)$

... durch Ausklammern:

d) $4xy - 6x + 14x^2$

e) $81x^2y^3 - 6xy^2$

f) $-15x^2y + 45xy - 225xy^2$

6 Fülle die Lücken.

a) $36x - 18x^2 = 6x \cdot ($ ____ $-$ ____ $)$

b) $27a^3b^3 - 108ab^2 =$ ____ $\cdot (3a^2b -$ ____ $)$

c) $24ab^2 - 48a^2b =$ ____ $\cdot ($ ____ $- 8a)$

d) $-51x^2y^3 - 85xy^3 = 17xy^3 \cdot ($ ____ $-$ ____ $)$

1.2 Binomische Formeln

7 Forme mithilfe der binomischen Formeln um.

a) $(a-5)^2 =$ ______

b) $(7-x)\cdot(7+x) =$ ______

c) $\left(\frac{1}{7}+7y^2\right)^2 =$ ______

d) $\left(3a+\frac{1}{3}b\right)^2 =$ ______

e) $(1+6a)\cdot(1-6a) =$ ______

f) $(b+4y)\cdot(b-4y) =$ ______

g) $(a-17b)\cdot(a+17b) =$ ______

h) $(-3-0{,}8c)^2 =$ ______

i) $\left(\frac{1}{4}x-\frac{1}{5}y\right)\cdot\left(\frac{1}{4}x+\frac{1}{5}y\right) =$ ______

j) $\left(\frac{1}{2}a+3b\right)^2 =$ ______

k) $(-2a+6b)^2 =$ ______

l) $(1{,}2p-7q)^2 =$ ______

G8 PRAXISTIPP

Kannst du dich noch an die binomischen Formeln erinnern?

$(a+b)^2 = a^2+2ab+b^2$ $(a-b)^2 = a^2-2ab+b^2$ $(a+b)\cdot(a-b) = a^2-b^2$

8 Fülle die Lücken.

a) $($ ______ $+1)^2 = x^2 +$ ______ $+1$

b) $(b +$ ______ $)\cdot(b -$ ______ $) =$ ______ -169

c) $(x -$ ______ $)^2 = x^2 -$ ______ $+81$

d) $z^2-22z +$ ______ $= ($ ______ $-11)^2$

e) $(2a +$ ______ $)^2 =$ ______ $+8ab +$ ______

f) $36x^2 -$ ______ $= ($ ______ $-1)\cdot($ ______ $+1)$

g) $(7x +$ ______ $)^2 =$ ______ $+$ ______ $+1$

h) $($ ______ $-$ ______ $)^2 = b^2-8bc +$ ______

i) $(5 -$ ______ $)\cdot($ ______ $+a) = 25-a^2$

J) $($ ______ $+$ ______ $)^2 = 9g^2+90bg +$ ______

9 Faktorisiere mithilfe der binomischen Formeln. Schreibe in dein Heft.
Beispiel: $x^2 + 6x + 9 = x^2 + 2 \cdot 3x + 3^2 = (x + 3)^2$

a) $a^2 - 22a + 121$
b) $64x^2 - 169$
c) $\frac{1}{9}x^2 + 2x + 9$
d) $a^2 + 8abc + 16b^2c^2$
e) $0{,}16a^2 - 0{,}8a + 1$
f) $\frac{1}{36}p^4 - q^2$

10 Klammere zuerst den genannten Faktor aus und faktorisiere anschließend mithilfe der binomischen Formeln. Beispiel: $2x^2 + 4x + 2 = 2 \cdot (x^2 + 2x + 1) = 2 \cdot (x + 1)^2$

a) $5x^2 - 40x + 80$ $= 5 \cdot (\_\_\_\_\_\_\_\_\_\_)$ $= 5 \cdot (\_\_\_\_ - \_\_\_\_)^2$
b) $75 + 60b + 12b^2$ $= 3 \cdot (\_\_\_\_\_\_\_\_\_\_)$ $= 3 \cdot (\_\_\_\_ + \_\_\_\_)^2$
c) $7a^2 - 42ab + 63b^2$ $= 7 \cdot (\_\_\_\_\_\_\_\_\_\_)$ $= 7 \cdot (\_\_\_\_ - \_\_\_\_)^2$
d) $6p^2 - 6$ $= 6 \cdot (\_\_\_\_\_\_\_\_\_\_)$ $= 6 \cdot (\_\_ - \_\_) \cdot (\_\_ + \_\_)$
e) $8x^2 - 18y^2$ $= 2 \cdot (\_\_\_\_\_\_\_\_\_\_)$ $= 2 \cdot (\_\_ - \_\_) \cdot (\_\_ + \_\_)$

11 Hier haben sich beim Umformen einige Fehler eingeschlichen. Finde die Fehler und korrigiere sie.

a) $(a + b)^2 = b^2 + 2ab + a^2$
b) $(a - b)^2 = a^2 + 2ab - b^2$
c) $(2p - 2q)^2 = 4p^2 - 4pq + 2q^2$
d) $(3x - y) \cdot (3x + y) = 3x^3 - y^2$
e) $(s + t) \cdot (s + t) = s^2 - t^2$
f) $(x - y) \cdot (x - y) = x^2 - y^2 + 2xy$

12 Lege die Dominokärtchen aneinander, indem du die richtige Reihenfolge der Nummern auf die Lösungslinie schreibst. Beginne mit Start.

Nr.		
(1)	$25x^2 - 10xy + y^2$	Ende
(2)	$x^2 - 6x + 9$	$(3x + 5)^2$
(3)	Start	$(x - 3)^2$
(4)	$4 + 16y + 16y^2$	$(5x - y)^2$
(5)	$4x^2 - 8xy + 4y^2$	$(2 + 4y)^2$
(6)	$9x^2 + 30x + 25$	$(3x - 5)^2$
(7)	$9x^2 - 30x + 25$	$(2x - 2y)^2$

Lösung: 3, ________________

1.3 Bruchterme

13 Erweitere die Bruchterme mit den angegebenen Zahlen.

	2	−5	x	x−1
$\frac{1}{x}$				
$\frac{-2}{3x-1}$				

14 Fülle die Lücken im Zähler oder Nenner der Bruchterme.

a) $\frac{3}{x} = \frac{9}{\square}$

b) $\frac{x+2}{x-1} = \frac{\square}{2x^2-2x}$

c) $\frac{2a}{5b} = \frac{2ab+2a}{\square}$

d) $\frac{2a}{2a-b} = \frac{\square}{4a^2-b^2}$

15 Bringe die beiden Bruchterme auf den Hauptnenner und bestimme die Definitionsmenge.

		Hauptnenner	1. Term	2.Term	Definitionsmenge
Beispiel:	$\frac{1}{2y}; \frac{1}{7y}$	14y	$\frac{1}{2y} = \frac{7}{14y}$	$\frac{1}{7y} = \frac{2}{14y}$	$D = \mathbb{Q}\setminus\{0\}$
a)	$\frac{3}{x}; \frac{4}{x+1}$				
b)	$\frac{2a}{a+6}; \frac{a+1}{a-6}$				

16 Berechne in deinem Heft.

a) $\frac{2x+5}{5x} + \frac{x-3}{2x}$

b) $\frac{x+2}{x+5} \cdot \frac{x+3}{x-5}$

c) $\frac{3a+8}{a+6b} - \frac{3a-2}{a+6b}$

d) $\frac{5a}{a-1} : \frac{a}{a-3}$

e) $\frac{b}{a-b} - \frac{b}{a}$

f) $\frac{x+1}{2x-11} : \frac{7}{x-1}$

Mathematik 1

1.4 Rechnen mit Quadratwurzeln

17 Berechne die Wurzeln ohne Taschenrechner.

a) $\sqrt{4} =$ ______ b) $\sqrt{64} =$ ______ c) $\sqrt{121} =$ ______ d) $\sqrt{\frac{4}{9}} =$ ______

e) $\sqrt{-9} =$ ______ f) $\sqrt{1{,}44} =$ ______ g) $\sqrt{100} =$ ______ h) $\sqrt{\frac{1}{25}} =$ ______

i) $\sqrt{0{,}81} =$ ______ j) $\sqrt{16} =$ ______ k) $\sqrt{\frac{-1}{49}} =$ ______ l) $\sqrt{\frac{169}{256}} =$ ______

m) $\sqrt{324} =$ ______ n) $\sqrt{0} =$ ______ o) $\sqrt{0{,}16} =$ ______ p) $\sqrt{-25} =$ ______

18 Vereinfache durch teilweises Wurzelziehen. Beispiel: $\sqrt{28} = \sqrt{4 \cdot 7} = \sqrt{4} \cdot \sqrt{7} = 2 \cdot \sqrt{7}$

a) $\sqrt{125} = \sqrt{\_\_\_\_ \cdot 5} = \sqrt{\_\_\_\_} \cdot \sqrt{5} = \_\_\_\_ \cdot \sqrt{5}$

b) $\sqrt{294} = \sqrt{\_\_\_\_ \cdot 6} = \sqrt{\_\_\_\_} \cdot \sqrt{6} = \_\_\_\_ \cdot \sqrt{6}$

c) $\sqrt{288} = \sqrt{\_\_\_\_ \cdot 2} = \sqrt{\_\_\_\_} \cdot \sqrt{2} = \_\_\_\_ \cdot \sqrt{2}$

d) $\sqrt{640} = \sqrt{\_\_\_\_ \cdot 10} = \sqrt{\_\_\_\_} \cdot \sqrt{10} = \_\_\_\_ \cdot \sqrt{10}$

19 Fasse die Wurzelterme zusammen.

a) $6 \cdot \sqrt{15} - 2 \cdot \sqrt{15} + \sqrt{15} =$ ______

b) $2 \cdot \sqrt{7} + 8 \cdot \sqrt{7} - \sqrt{7} + 7 =$ ______

c) $6 \cdot \sqrt{13} + 14 \cdot \sqrt{11} - 11 \cdot \sqrt{13} + \sqrt{11} + 13 \cdot \sqrt{11} =$ ______

d) $12 \cdot \sqrt{x} - 4 + 3 \cdot \sqrt{y} - \sqrt{x} + 4 \cdot \sqrt{y} + 4 =$ ______

G8 PRAXISTIPP

Beim Zusammenfassen von Wurzeltermen gilt folgende Regel: $\sqrt{a} + \sqrt{a} = 2 \cdot \sqrt{a}$. $2 \cdot \sqrt{3} + 4 \cdot \sqrt{2}$ kann man nicht weiter zusammenfassen, aber $2 \cdot \sqrt{3} + 4 \cdot \sqrt{3} = 6 \cdot \sqrt{3}$.

20 Vereinfache die Wurzelterme. Vor dem Zusammenfassen musst du zunächst teilweise die Wurzel ziehen. Beispiel:
$7 \cdot \sqrt{5} - 2 \cdot \sqrt{45} = 7 \cdot \sqrt{5} - 2 \cdot \sqrt{9 \cdot 5} = 7 \cdot \sqrt{5} - 2 \cdot 3 \cdot \sqrt{5} = 7 \cdot \sqrt{5} - 6 \cdot \sqrt{5} = \sqrt{5}$

a) $2 \cdot \sqrt{3} + 2 \cdot \sqrt{12}$
b) $5 \cdot \sqrt{6} + \sqrt{24} - \sqrt{6}$
c) $\sqrt{8} - 2 \cdot \sqrt{8} + \sqrt{2}$
d) $2 \cdot \sqrt{27} + \sqrt{12} - 5 \cdot \sqrt{3}$
e) $\sqrt{4a} + 7 \cdot \sqrt{a} - \sqrt{121a} + 11$
f) $2 \cdot \sqrt{x} + 2 \cdot \sqrt{16x} - 3 \cdot \sqrt{y}$

21 Mache den Nenner rational. Beispiele:

(1) $\frac{2+\sqrt{2}}{\sqrt{3}} = \frac{2+\sqrt{2}}{\sqrt{3}} \cdot \frac{\sqrt{3}}{\sqrt{3}} = \frac{(2+\sqrt{2}) \cdot \sqrt{3}}{3} = \frac{2 \cdot \sqrt{3} + \sqrt{2 \cdot 3}}{3} = \frac{2 \cdot \sqrt{3} + \sqrt{6}}{3}$

(2) $\frac{6}{\sqrt{7}+1} = \frac{6}{\sqrt{7}+1} \cdot \frac{\sqrt{7}-1}{\sqrt{7}-1} = \frac{6 \cdot (\sqrt{7}-1)}{(\sqrt{7}+1) \cdot (\sqrt{7}-1)} = \frac{6 \cdot \sqrt{7} - 6}{7-1} = \frac{6 \cdot \sqrt{7} - 6}{6} = \sqrt{7} - 1$

a) $\frac{1}{2 \cdot \sqrt{10}}$
b) $\frac{5+\sqrt{3}}{\sqrt{7}}$
c) $\frac{7}{\sqrt{11}+2}$
d) $\frac{3}{4 \cdot \sqrt{5}}$
e) $\frac{5+\sqrt{2}}{2\sqrt{2}}$
f) $\frac{\sqrt{2}}{\sqrt{6}-2}$

22 Multipliziere aus oder fasse zusammen.

a) $(\sqrt{3} + 5)^2$
b) $\sqrt{2y} \cdot (\sqrt{3} + 2 \cdot \sqrt{2})$
c) $\sqrt{81y} - 3 \cdot \sqrt{y} + 2 \cdot \sqrt{x} + \sqrt{144x}$
d) $(3 \cdot \sqrt{7} - 7 \cdot \sqrt{3}) \cdot \sqrt{7}$
e) $(\sqrt{3} + 2 \cdot \sqrt{5}) \cdot (\sqrt{3} - 2 \cdot \sqrt{5})$
f) $(\sqrt{2x} + 2 \cdot \sqrt{y}) \cdot (2 - \sqrt{y})$
g) $\sqrt{512a} + 5 \cdot \sqrt{2a} - \sqrt{a}$
h) $(2 - \sqrt{2}) \cdot \sqrt{6 + 4 \cdot \sqrt{2}}$

23 Sind die Gleichungen wahr oder falsch?

a) $\sqrt{6 + \sqrt{20}} = 1 + \sqrt{5}$
b) $\sqrt{7 + 2 \cdot \sqrt{10}} = \sqrt{2} + \sqrt{5}$

Thementest Terme

1 Berechne die Werte der Terme für die Werte von x aus der 1. Tabellenzeile.

Term	$x = 2$	$x = \frac{1}{4}$	$x = -2$	$x = 7$
$9x - 3$				
$2x^2 + 6$				
$\sqrt{x+2} - 1$				
$\frac{5}{x+2}$				

2 Füge auf der linken Seite Klammern ein, und zwar so, dass die Terme auf der rechten und der linken Seite äquivalent sind.

a) $2x + 2 = 2x + 4$

b) $x + 4 \cdot x - 4 = x^2 - 16$

c) $5 - y \cdot 2 = 10 - 2y$

d) $2 \cdot x + 3 \cdot 7 = 14x + 42$

e) $21 + b \cdot 2 - c = 42 - 21c + 2b - bc$

f) $a + 5^2 = a^2 + 10a + 25$

3 Hier ist einiges durcheinandergeraten. Ordne den Termen den passenden Text zu, indem du zusammengehörende Paare mit Pfeilen verbindest.

a) Die Summe aus dem Drittel einer Zahl und ihrer Hälfte	(1) $5 \cdot (x + 8)$
b) Das Dreifache des Quadrates einer Zahl	(2) $\frac{x}{3} + \frac{x}{2}$
c) Das Fünffache einer um 8 vergrößerten Zahl	(3) $(3x)^2$
d) Das Achtfache einer um 5 vergrößerten Zahl	(4) $8 \cdot (x + 5)$
e) Das Quadrat des Dreifachen einer Zahl	(5) $3x^2$

2 Lineare Funktionen und Gleichungen

2.1 Zuordnungen

1 Der Wasserstand des Rheins wurde in den letzten 30 Tagen gemessen und in der folgenden Tabelle festgehalten.

Tag	5	10	15	20	25	30
Wasserstand (in cm)	350	200	180	150	210	460

Zeichne den Graphen der Zuordnung *Tag* → *Wasserstand* in das Koordinatensystem.

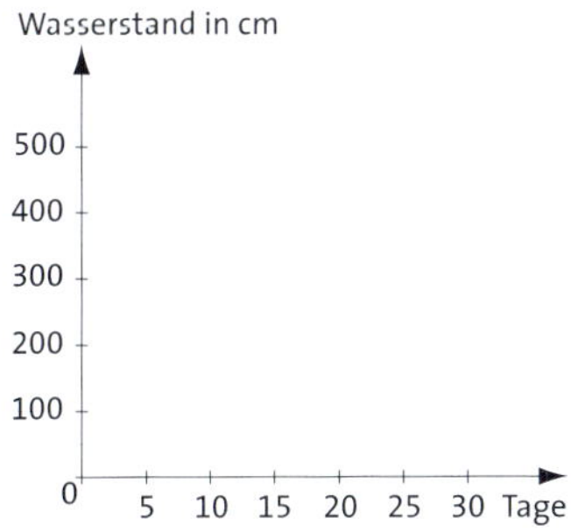

2 Welche der folgenden Zuordnungen sind proportional, welche antiproportional, welche keines von beiden? Begründe deine Entscheidung.

a) Anzahl der Rosen → Preis des Straußes

b) Alter eines Menschen → Anzahl der grauen Haare

c) Anzahl der Fans → Anzahl der freien Plätze im Fußballstadion

d) Anzahl der Besucher → Gesamteinnahmen über Eintrittskarten

3 Die folgende Wertetabelle gehört zu einer proportionalen Zuordnung. Bestimme den Proportionalitätsfaktor m und ergänze die fehlenden Werte.

x	1	3	4	6	14		
y		4,5				27	135

4 Für 10 € erhält man von einer Bank in der Schweiz 16 CHF (Schweizer Franken).

a) Lies ab, wie viele Schweizer Franken man für 20 € (25 €; 30 €; 40 €) erhält.
b) Bestimme die Zuordnungsvorschrift.
c) Berechne, wie viele Schweizer Franken man für 11,50 € (22 €; 375 €; 1025 €) bekommt.

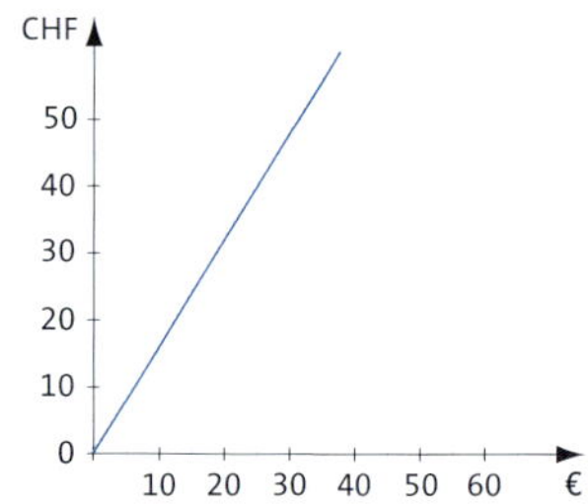

5 Die Wertetabelle gehört zu einer antiproportionalen Funktion. Bestimme den Faktor k und ergänze die fehlenden Werte.

x	1	2	3	4			20
y			40		10	8	

6 Ein Bäcker bietet belegte Brötchen für 1,50 € pro Stück an. Für eine Klassenparty kauft Max belegte Brötchen für insgesamt 75 € ein.

a) Wie viel bezahlt jeder, wenn sich 15 (20; 25; 30) Personen die Kosten teilen?
b) Um welchen Zuordnungstyp handelt es sich bei der Zuordnung *Anzahl der Personen → Kosten pro Person?* Gib die Zuordnungsvorschrift an.
c) Zeichne den Graphen in ein Koordinatensystem.

2.2 Lineare Funktionen

7 Bestimme die Funktionsvorschriften der abgebildeten Geraden.

f: ____________________

g: ____________________

h: ____________________

i: ____________________

j: ____________________

k: ____________________

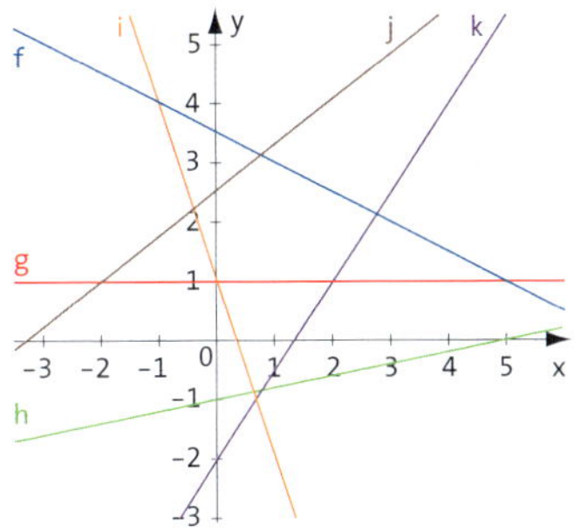

8 Zeichne die Schaubilder der folgenden linearen Funktionen in das Koordinatensystem.

$f(x) = 3x - 2$

$g(x) = x + 5$

$h(x) = -\frac{1}{2}x - 1$

$i(x) = \frac{4}{5}x - 3$

$j(x) = -\frac{5}{3}x + 2$

$k(x) = -x$

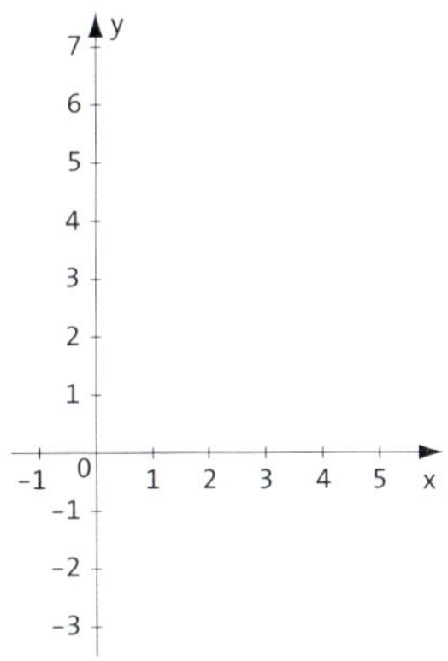

G8 PRAXISTIPP

Eine lineare Funktion hat die Funktionsvorschrift **f(x) = mx + c**. Ihr Schaubild ist eine **Gerade**. Die **Steigung m** bestimmt man mithilfe des Steigungsdreiecks. Der Schnittpunkt der Geraden mit der y-Achse hat die Koordinaten S (0|c). Dabei ist **c** der **y-Achsenabschnitt**.

9 Die lineare Funktion f mit $f(x) = \frac{3}{2}x - 2$ hat als Schaubild eine Gerade. Welche der folgenden Aussagen sind richtig, welche falsch?

	richtig	falsch
a) Die Gerade geht durch den Ursprung.	☐	☐
b) $f(2) = 1$	☐	☐
c) $P\left(-\frac{1}{2} \mid -3\right)$ liegt auf der Geraden.	☐	☐
d) Die Steigung ist –2.	☐	☐
e) $Q\,(0 \mid -2)$ liegt auf der Geraden.	☐	☐

10 Liegen die folgenden Punkte auf der Geraden mit der Steigung –5 und dem y-Achsenabschnitt 1,5? Kreuze die auf der Geraden liegenden Punkte an.

a) $A\,(2 \mid -8{,}5)$ ☐	**b)** $B\,(-2 \mid 10{,}5)$ ☐	**c)** $P\,(0 \mid 1{,}5)$ ☐
d) $Q\,(-1 \mid 6{,}5)$ ☐	**e)** $S\,(1{,}5 \mid -6)$ ☐	**f)** $E\left(0{,}8 \mid -\frac{5}{2}\right)$ ☐
g) $C\left(\frac{1}{5} \mid \frac{1}{2}\right)$ ☐	**h)** $D\left(-\frac{1}{5} \mid 3{,}5\right)$ ☐	**i)** $G\,(-1{,}2 \mid 7{,}5)$ ☐

11 Die Punkte A und B liegen auf dem Schaubild einer linearen Funktion. Bestimme die Funktionsvorschrift.

a) $A\,(1 \mid 7)$ $B\,(0 \mid 5)$ $f(x) =$ ______________________

b) $A\,(2 \mid 1)$ $B\,(-2 \mid -9)$ $f(x) =$ ______________________

12 Eine lineare Funktion hat die Funktionsvorschrift $f(x) = \frac{5}{7}x - 2$.

a) Bestimme die Funktionsvorschrift einer zu f parallelen Geraden g, die durch den Punkt $P\,(7 \mid 10)$ geht.

b) In welchem Punkt schneidet f die x-Achse? In welchem die y-Achse?

2.3 Lineare Gleichungen

13 Löse die Gleichungen mithilfe von Äquivalenzumformungen.

a) $7x - 14 = 35$

b) $8y + 12 = 44$

c) $4{,}8 + 2{,}2x = 10{,}2 + 0{,}7x$

d) $4 \cdot (x + 5) - 5 \cdot (2x - 8) = 12 - 2x$

e) $4x = 4 \cdot \left(x + \frac{1}{4}\right) - 1$

f) $\frac{1}{3}x - \frac{4}{3} = \frac{1}{4}x - \frac{1}{4}$

G8 PRAXISTIPP

Um eine lineare Gleichung zu lösen, bringt man alle Terme mit der Variablen auf eine Seite und alle Zahlen auf die andere Seite (**Äquivalenzumformungen**), z. B.:

$3 \cdot (x - 5)$	$= x + 7$	I Ausmultiplizieren
$3x - 15$	$= x + 7$	I + 15
$3x$	$= x + 22$	I − x
$2x$	$= 22$	I : 2
x	$= 11$	

Lösungsmenge: $L = \{11\}$

14 Verbinde äquivalente Gleichungen miteinander.

a) $4 \cdot (x + 3) - 5 = 13$

b) $8{,}5x - 3{,}6 + 1{,}5x + x^2 = x^2 + 3{,}4$

c) $18x - (8 - x) = 2 \cdot (x + 3)$

(1) $10x = 7$

(2) $-14 = -17x$

(3) $4x = 6$

15 Löse die Zahlenrätsel, indem du jeweils eine Gleichung aufstellst.

a) Das Achtfache einer Zahl ist um 3 kleiner als 99. Wie heißt die Zahl?

b) Die Summe zweier Zahlen ist 144 und die eine der beiden Zahlen ist um 26 größer als die andere Zahl. Wie heißen die beiden Zahlen?

2.4 Lineare Gleichungssysteme

16 Löse das lineare Gleichungssystem zeichnerisch. Bestimme die Lösungsmenge und erkläre den Zusammenhang zwischen der Lösungsmenge und der Lage der Geraden.

a) (I): $2x - 3y = -3$
(II): $x + 6y = 21$

b) (I): $-3x + 2y = 7$
(II): $6x - 4y = -5$

c) (I): $x - 0{,}5y = -0{,}5$
(II): $-4x + 2y = 2$

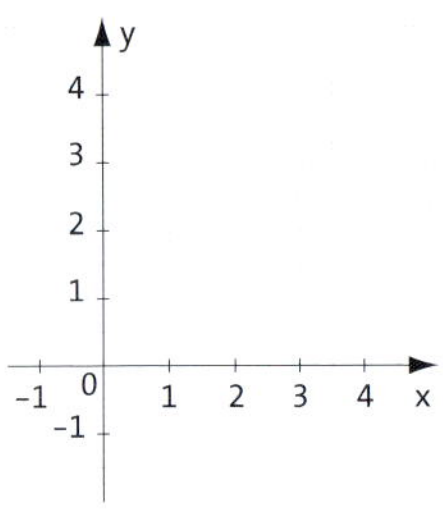

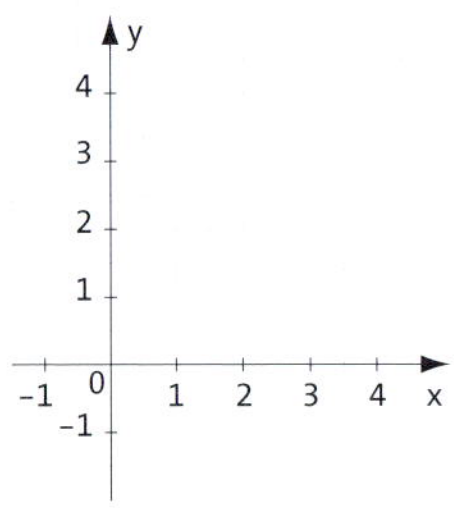

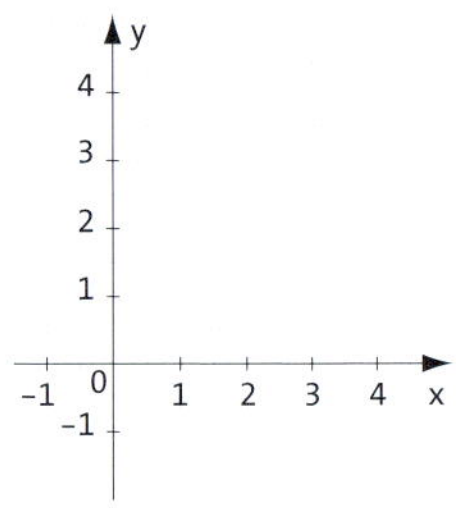

17 Löse die linearen Gleichungssysteme schriftlich. Entscheide dich für das Einsetzungs-, Gleichsetzungs- oder das Additionsverfahren.

a) (I): $-6x + 3y = 3$
(II): $3x + 6y = 21$

b) (I): $2 \cdot (2x + 3y) - 4 = 2y$
(II): $x - \frac{7}{5}y = \frac{13}{5}$

c) (I): $0{,}5y = x - 1$
(II): $y + 4 = 2x$

d) (I): $12x - 6y = 21$
(II): $6y = 8x + 3$

e) (I): $\frac{1}{2}x - 5y = \frac{5}{2}$
(II): $x = 2y - 3$

f) (I): $\frac{1}{2}y = 2x - 4$
(II): $\frac{1}{2}y = \frac{3}{4}x + 6$

18 Die Firma Winphone bietet einen Handyvertrag an, bei dem die Grundgebühr 7,50 € pro Monat beträgt und jede Minute 15 ct kostet. Das Unternehmen E-Minus bietet einen Vertrag an, der keine Grundgebühr hat, jede Minute kostet hier aber 20 ct. Wenn du jemanden beraten sollst: Wem kannst du welchen Tarif empfehlen? Begründe so genau wie möglich.

19 Die abgebildete Gerade stellt die Lösungsmenge einer linearen Gleichung (I) dar.

a) Gib an, wie die Gleichung in der Form $ax + by = c$ lautet.

b) Bestimme drei Zahlenpaare, die eine Lösung der Gleichung (I) darstellen.

c) Bestimme zeichnerisch und rechnerisch eine lineare Gleichung (II) mit 2 Variablen so, dass das entstehende lineare Gleichungssystem (LGS) aus (I) und (II) genau eine Lösung (keine Lösung; unendlich viele Lösungen) hat.

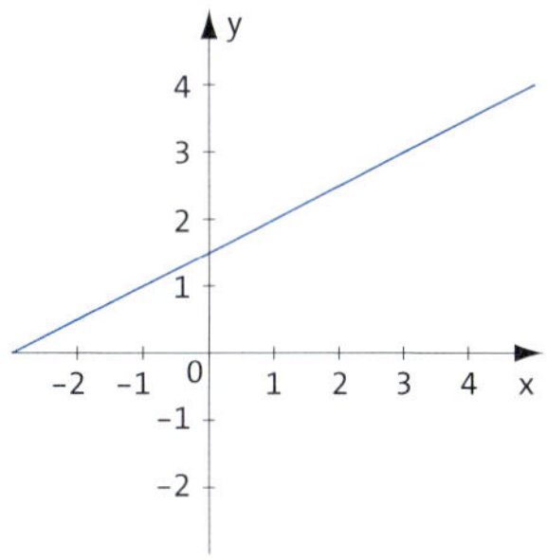

20 Bei einer Talentshow treten die beiden Finalisten am Ende gegeneinander an. Die Zuschauer geben insgesamt 502 678 Stimmen ab. Der erste Kandidat bekommt das Zehnfache der Stimmen des zweiten Kandidaten und kann so das Finale für sich entscheiden. Wie viele Stimmen bekommen beide Kandidaten? Stelle ein LGS auf.

x bezeichnet ______________________ 1. Gleichung: ________________

y bezeichnet ______________________ 2. Gleichung: ________________

Der erste Kandidat bekommt __________ Stimmen, der zweite __________.

21 Ein Chemiker hat zwei Spirituslösungen (Wasser-Alkohol-Lösungen). Mischt er 18 Liter der ersten Lösung mit 10 Litern der zweiten Lösung, so enthält seine Mischung 78 % Alkohol. Bei einer anderen Gelegenheit stellt er eine Mischung mit einem Alkoholgehalt von 82 % her, indem er 15 Liter der ersten Lösung mit 3 Litern der zweiten Spirituslösung mischt.

Wie hoch sind die Alkoholgehalte der ersten und der zweiten Spirituslösung?

x = Alkoholgehalt der ersten Lösung in % 1. Gleichung: ________________

y = Alkoholgehalt der zweiten Lösung in % 2. Gleichung: ________________

Thementest Lineare Funktionen und Gleichungen

1 Welche der Schaubilder gehören nicht zu einer Funktion? Begründe.

1) 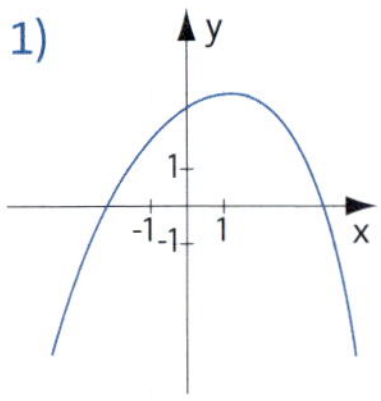

2) 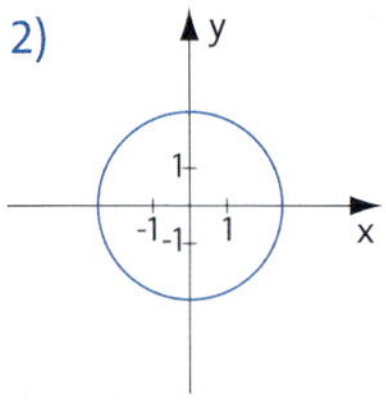

3) 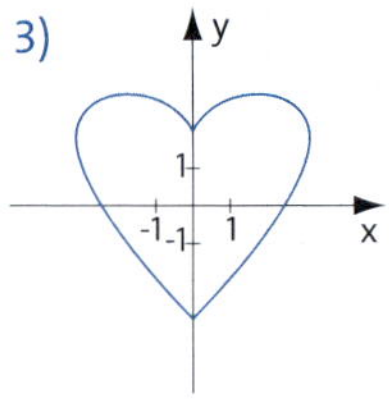

4) 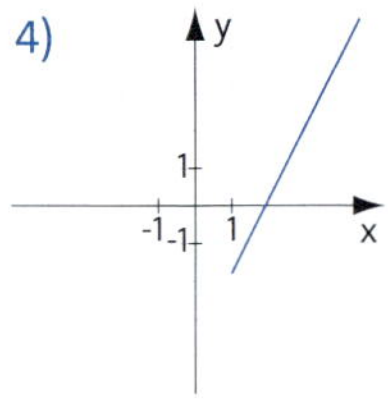

2 Ein Zahlenrätsel führt zu der Gleichung $4x + 8 = 26$. Die gesuchte Zahl ist x. Kreuze an.

	richtig	falsch		richtig	falsch
a) $x = \frac{9}{2}$	☐	☐	b) $x = 4{,}5$	☐	☐
c) $x = 3\frac{1}{2}$	☐	☐	d) $x = 0{,}45$	☐	☐
e) $x = 4\frac{1}{2}$	☐	☐	f) $x = 4\frac{4}{8}$	☐	☐

3 Herr Müller fährt mit seiner Familie in den Urlaub. Er fährt um 6 Uhr los und kommt um 20 Uhr am Ziel an.
Wie viele Liter Benzin hat das Auto auf dieser Fahrt verbraucht? Beschreibe den Fahrtverlauf von Herrn Müller.

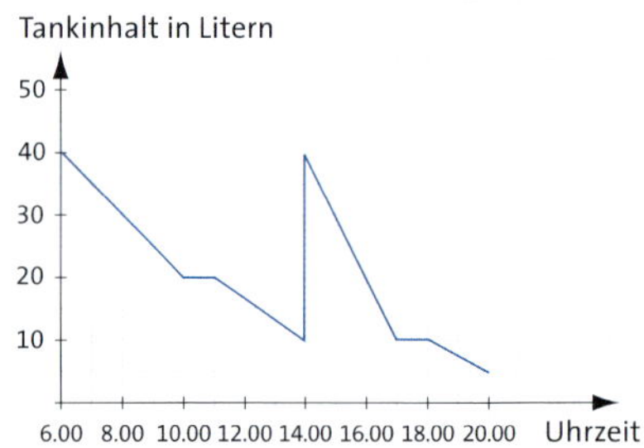

3 Quadratische und gebrochenrationale Funktionen

3.1 Quadratische Funktionen

1 Bestimme jeweils den Scheitelpunkt S und vervollständige den Lückentext. Zeichne anschließend die Schaubilder.

a) $f(x) = x^2 - 2$: S (___ | ___). Das Schaubild ist eine um ______ Längeneinheiten nach ____________ verschobene Normalparabel.

b) $g(x) = \frac{3}{4}x^2$: S (___ | ___). Das Schaubild ist eine um den Faktor ______ gestauchte Parabel, das Schaubild ist also ____________ als eine Normalparabel.

c) $h(x) = (x - 3)^2$: S (___ | ___). Das Schaubild ist eine um ______ Längeneinheiten nach ____________ verschobene Normalparabel.

d) $i(x) = (x - 1)^2 + 1$: S (___ | ___). Das Schaubild ist eine um ______ Längeneinheit nach ____________ und um ______ Längeneinheit nach ____________ verschobene Normalparabel.

e) $j(x) = -(x + 3)^2 - 2$: S (___ | ___). Das Schaubild ist eine um ______ Längeneinheiten nach ____________ und um ______ Längeneinheiten nach ____________ verschobene, nach ____________ geöffnete Normalparabel.

f) $k(x) = 2(x + 2{,}5)^2 + 3{,}5$: S (___ | ___). Das Schaubild ist eine um ______ Längeneinheiten nach ____________ und um ______ Längeneinheiten nach ____________ verschobene und um den Faktor ______ gestreckte Parabel, das Schaubild ist also ____________ als eine Normalparabel.

2 Bestimme zu jedem Graphen den Funktionsterm.

a)

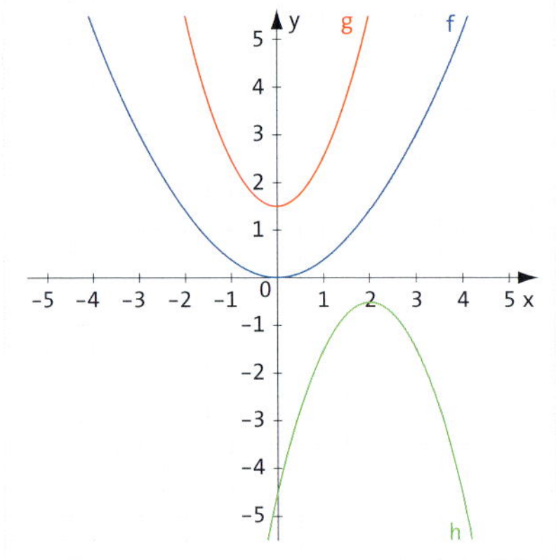

b)

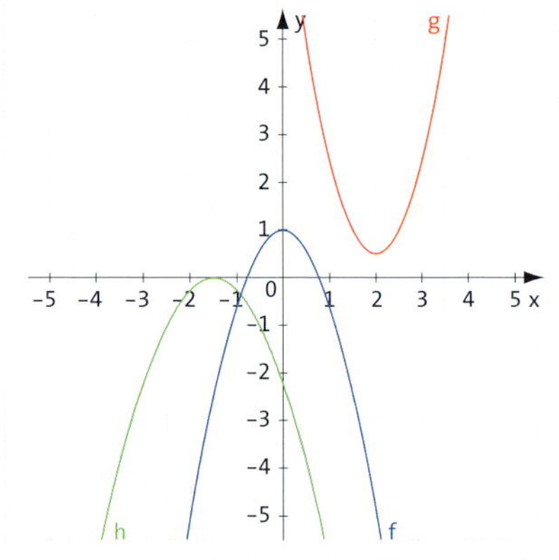

3 Unten ist die Normalenform einer Funktionsgleichung angegeben. Bestimme durch quadratische Ergänzung die Scheitelpunktform und den Scheitelpunkt.

a) $f(x) = 3x^2 + 12x + 3$

$= 3\,(x^2 + \_\_\_\, x + \_\_\_)$

$= 3\,(x^2 + 2 \cdot \_\_\_\, x + \_\_\_^2 - \_\_\_^2 + 1)$

$= 3\,[(x + \_\_\_\_)^2 - \_\_\_\_]$

$= 3\,(x + \_\_\_\_)^2 - \_\_\_\_$

$\Rightarrow S\,(\_\_\_\_ \mid \_\_\_\_)$

b) $f(x) = -2x^2 - 3x + 4 = -2(x^2 + \_\_\_\, x - \_\_\_)$

$= 2\left[x^2 + 2 \cdot \frac{\square}{\square} x + \left(\frac{\square}{\square}\right)^2 - \left(\frac{\square}{\square}\right)^2 - 2\right]$

$= -2\left[\left(x + \frac{\square}{\square}\right)^2 - \frac{\square}{\square}\right]$

$= -2\left(x + \frac{\square}{\square}\right)^2 + \frac{\square}{\square}$

$\Rightarrow S\left(\frac{\square}{\square} \mid \frac{\square}{\square}\right)$

c) $f(x) = x^2 + 4x + 8$

d) $f(x) = 5x^2 - 30x + 20$

4 Das Schaubild der Funktion f ist eine um den Faktor 4 gestreckte, nach unten geöffnete, um 2 Längeneinheiten nach rechts und um 3 Längeneinheiten nach oben verschobene Normalparabel. Bestimme die Funktionsgleichung.

3.2 Quadratische Gleichungen

5 Löse durch Wurzelziehen (möglichst ohne Taschenrechner).

a) $x^2 = 36$
b) $x^2 - 144 = 0$
c) $x^2 + 4 = 0$
d) $-10x^2 = -90$
e) $-3x^2 + 48 = 0$
f) $2x^2 - 72 = 0$

G8 PRAXISTIPP

Quadratische Gleichungen lassen sich besonders leicht lösen, wenn in jedem Glied die Variable x vorkommt (dann kann man faktorisieren, also x ausklammern) oder wenn man eine binomische Formel anwenden kann. Die allgemeine Lösungsformel („Mitternachts"- oder p-q-Formel) kannst du in jedem Fall anwenden!

6 Löse durch Faktorisieren (Ausklammern von x).

a) $x^2 + 7x = 0$
b) $6x^2 = -66x$
c) $-x^2 - 2x = 2x$

7 Löse mithilfe einer binomischen Formel.

a) $x^2 + 10x + 25 = 0$
b) $4x^2 - 28x + 49 = 0$
c) $9x^2 + 36x = -36$

8 Löse mithilfe der allgemeinen Lösungsformel („Mitternachts"- oder p-q-Formel).

a) $x^2 + x - 6 = 0$
b) $4x^2 + 4x - 8 = 0$
c) $-x^2 + 2x + 3 = 0$
d) $3x^2 - 12x = -12$
e) $-2x^2 = x - 6$
f) $x^2 - 6x = -10$

9 Berechne die Nullstellen der Funktionen, d. h., löse die Gleichung $f(x) = 0$.

a) $f(x) = x^2 - 2$
b) $f(x) = \frac{3}{4}x^2$
c) $f(x) = (x - 3)^2$
d) $f(x) = (x - 1)^2 + 1$
e) $f(x) = 2(x + 3)(x - 2)$
f) $f(x) = x^2 - 4x - 21$

10 Bestimme mithilfe der Angaben den Funktionsterm und den Scheitel.

a) Das Schaubild von f ist eine nach oben geöffnete Normalparabel mit den Nullstellen −3 und 4.

b) Das Schaubild von f ist eine um den Faktor 3 gestreckte Parabel, es berührt die x-Achse an der Stelle 1 (d. h., x = 1 ist die einzige Nullstelle).

11 Bestimme jeweils eine Gleichung, deren Lösung hier grafisch dargestellt ist als Schnitt zweier Graphen. Berechne die Lösung deiner Gleichung und bestätige damit, dass du die richtige Gleichung gefunden hast.

a)

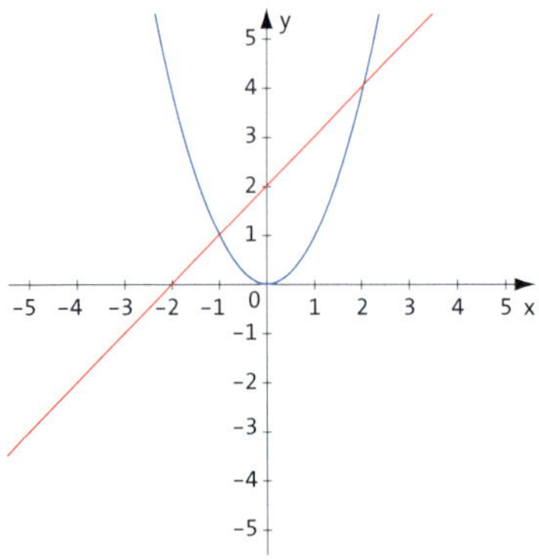

b)

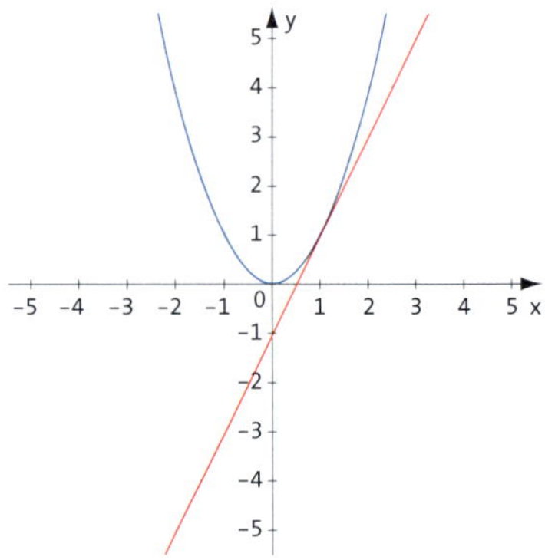

12 Löse die Gleichungen zeichnerisch und überprüfe die Lösungen anschließend mit einem rechnerischen Lösungsverfahren.

a) $4x^2 + 8x = 0$ b) $2x^2 - 2x = 12$ c) $-7x + 8 = (x - 3)^2$

13 Das rechteckige Feld von Bauer Schmitt ist 7800 m² groß, wobei eine Seite 70 m länger ist als die andere. Stelle eine geeignete Gleichung auf und bestimme die Seitenlängen.

3.3 Gebrochenrationale Funktionen

14 Bestimme jeweils die Definitionsmenge der Funktion.

a) $f(x) = \frac{1}{x}$

b) $f(x) = \frac{3}{x-2}$

c) $f(x) = \frac{x}{x^2-9}$

d) $f(x) = \frac{7}{x^2+4}$

e) $f(x) = \frac{x-2}{3x-4}$

f) $f(x) = \frac{5x+3}{x^2-4x+4}$

15 Welche der folgenden Funktionsterme passen zu dem Schaubild? Begründe deine Lösung.

$\frac{2}{x+1}$

$\frac{2}{(x+1)(x-1)}$

$\frac{x^2-1}{2}$

$\frac{2}{x^2-1}$

$\frac{1}{x-1} + \frac{1-x}{(x+1)(x-1)}$

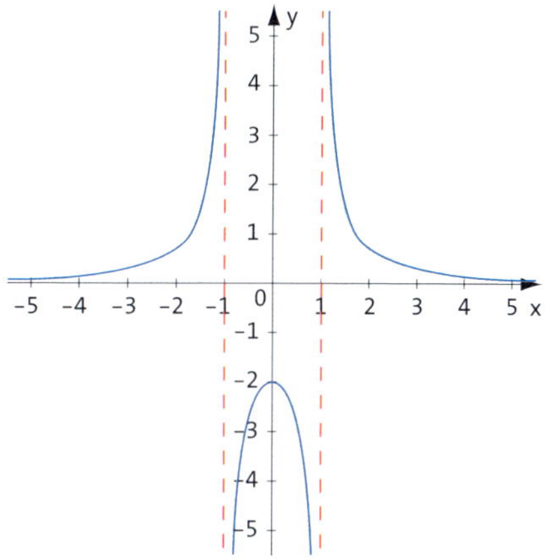

16 Zeichne den Graphen von $f(x) = \frac{1}{x}$. Benutze ihn als Vorlage, um die Graphen von $g(x) = \frac{1}{x} - 1$ und $h(x) = \frac{1}{x-2}$ zu zeichnen. Überprüfe deine Zeichnung, indem du einige Funktionswerte berechnest.

3.4 Bruchgleichungen

17 Gib die Definitionsmengen der folgenden Terme an.

a) $\frac{x-1}{13x}$ b) $\frac{18a}{6a+7}$ c) $\frac{18z}{7z^2-21z}$ d) $\frac{18x-24}{(3x-4)(x+5)}$

18 Kürze so weit wie möglich.

a) $\frac{7x+35}{14x}$ b) $\frac{2y-4}{3y^2-12}$ c) $\frac{3b^2-3}{b-1}$ d) $\frac{5x^2-5}{(x-1)(x+5)}$

19 Fasse zusammen und vereinfache so weit wie möglich.

a) $\frac{-2}{5x}+\frac{1}{x}-\frac{2}{6x}$ b) $\frac{7}{a-b}-\frac{b}{a+b}$ c) $\frac{a-b}{a+b}:\frac{a^2-b^2}{a^2+b^2}$

d) $\frac{5x}{2yz}\cdot 5xyz$ e) $\frac{a-2b}{a^2b}\cdot\frac{8ab}{3a-6b}$ f) $\frac{b}{a^2-b^2}:\frac{a-b}{a+b}$

20 Bestimme jeweils Definitionsmenge und Lösungsmenge.

a) $3x+\frac{3}{x-1}=\frac{3x^2}{x-1}$ b) $\frac{3}{x}+\frac{4x}{x+1}=4$

21 An welcher Stelle nimmt die Funktion $f(x)=\frac{2}{3-x^2}$ den Wert $-\frac{1}{3}$ an? Stelle eine geeignete Gleichung auf und löse sie.

22 Bestimme für die Funktionen $f(x)=\frac{8}{8-4x}$ und $g(x)=\frac{6}{3x+12}$ jeweils die Definitionsmenge. Wo schneiden sich ihre Graphen?

23 Für welche natürlichen Zahlen n gilt: Wenn man den Vorgänger von n^2 durch den Vorgänger von n dividiert, dann erhält man den Nachfolger von n?

Thementest Quadratische und gebrochenrationale Funktionen

1 Bestimme den Scheitel und die Nullstellen der Funktion $f(x) = x^2 - 5x - 14$.

2 Zeichne ein Schaubild der Funktion $g(x) = 2x^2 - 4x + 2$. Bestimme zuvor den Scheitel und die Nullstellen.

3 Eine Normalparabel hat die Nullstellen $x_1 = -1{,}5$ und $x_2 = 2$.

a) Bestimme den Funktionsterm und den Scheitel.
b) Gib eine andere quadratische Funktion an, die die gleichen Nullstellen hat.

4 Bestimme eine Gleichung, deren Lösung hier grafisch als Schnitt zweier Graphen dargestellt ist. Berechne die Lösung deiner Gleichung und bestätige damit, dass deine Gleichung richtig gewählt ist.

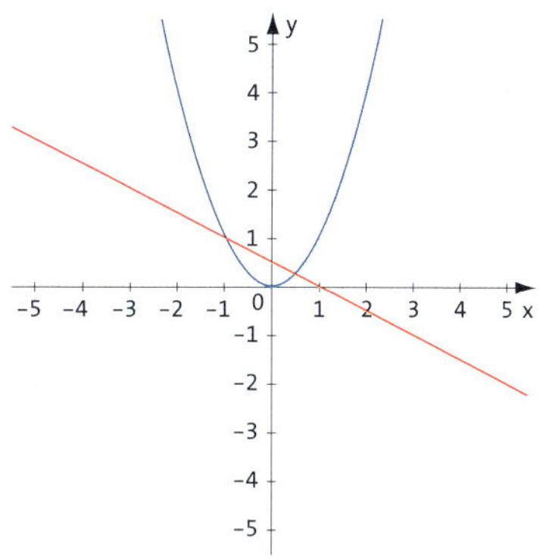

5 Der Graph einer gebrochenrationalen Funktion der Form $f(x) = \frac{a}{x^n}$ geht durch die Punkte $A(1|3)$ und $B(3|\frac{1}{3})$. Bestimme den Funktionsterm.

6 Bestimme Definitions- und Lösungsmenge der Gleichung $\frac{x}{1-2x} - \frac{x}{1+2x} = 1$.

4 Prozent- und Zinsrechnung

4.1 Anteile und Prozente

1 Vervollständige die Tabelle. Gib die Anteile als vollständig gekürzten Bruch, als Bruch mit einer geeigneten Zehnerpotenz im Nenner, in Prozent und als Dezimalzahl an. Schreibe in die letzte Zeile, welcher Winkel in einem Kreisdiagramm zu dem jeweiligen Anteil gehört.

$\frac{1}{4}$	$\frac{\square}{\square}$	$\frac{\square}{\square}$	$\frac{\square}{\square}$	$\frac{7}{8}$	$\frac{\square}{\square}$
$\frac{\square}{100}$	$\frac{\square}{\square}$	$\frac{\square}{1000}$	$\frac{\square}{\square}$	$\frac{\square}{\square}$	$\frac{\square}{\square}$
_____ %	20 %	_____	_____	_____	1,6 %
0,25	_____	0,004	0,4	_____	_____
90°	_____	_____	_____	_____	_____

2 Es wurden 2400 Personen nach der Anzahl Haustiere in ihrem Haushalt befragt: 800 Personen halten kein Haustier, 1000 Personen halten ein und 600 Personen mindestens zwei Haustiere. Berechne zu den Angaben die Anteile und die zugehörigen Winkel und erstelle damit ein Kreisdiagramm.

3 Das Kreisdiagramm zeigt, wie viele von insgesamt 60 Schülern zu Fuß, mit Bus oder Rad zur Schule kommen.

a) Miss die Winkel und berechne die Anteile am Vollkreis.
b) Bestimme die Zahl der Fußgänger, Bus- und Radfahrer.
c) Gib den Anteil der Fußgänger in Prozent an.

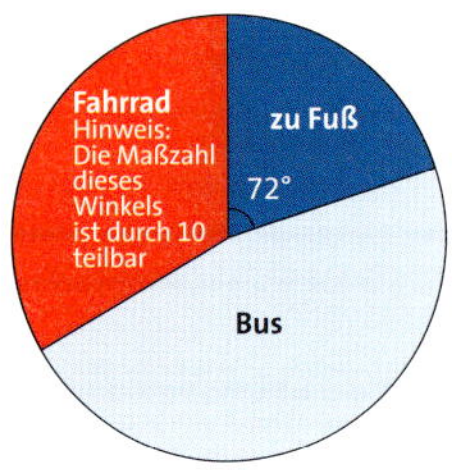

4.2 Prozentrechnung

4 Vervollständige die Formeln. Dabei bezeichnet p % den Prozentsatz, W den Prozentwert und G den Grundwert.

a) $p\,\% = \frac{\square}{\square} \cdot 100\,\%$ b) $W = \frac{\square}{100}$ c) $G = \frac{\square}{\square}$

5 Berechne den Prozentsatz p %.

a) W = 5, G = 25
p % = ______

b) W = 0,3, G = 1,2
p % = ______

c) $W = \frac{1}{2}$, G = 4
p % = ______

6 Berechne den Prozentwert W.

a) p % = 25 %, G = 800
W = ______

b) p % = 80 %, G = 15
W = ______

c) p % = 22 %, G = 1300
W = ______

7 Berechne den Grundwert G.

a) p % = 12 %, W = 24
G = ______

b) p % = 45 %, W = 81
G = ______

c) p % = 17 %, W = 68
G = ______

8 Vervollständige die Rechnung und berechne so W mithilfe des Dreisatzes.

a) Gegeben: p % = 12 %, G = 150

100 %	→	150
1 %	→	______
12 %	→	______

b) Gegeben: p % = 2 %, G = 175

100 %	→	175
______	→	______
______	→	______

9 Berechne G mithilfe des Dreisatzes, indem du die Lücken füllst.

a) Gegeben: p % = 12 %, W = 720

12 %	→	720
1 %	→	______
100 %	→	______

b) Gegeben: p % = 35 %, W = 280

35 %	→	280
______	→	______
______	→	______

10 Eine achte Klasse setzt sich zusammen aus 12 Mädchen und 13 Jungen.

a) Gib den prozentualen Anteil der Mädchen an.
b) Die Parallelklasse hat ebenfalls 25 Schüler. Hier sind 60 % der Klasse Jungen. Wie viele Schüler sind das?

11 Die Klasse 8a besteht aus 30 Schülern.

a) 60 % der Schüler kommen mit dem Rad zur Schule. Wie viele Schüler sind das?
b) Drei Schüler kommen mit dem Bus. Welcher prozentuale Anteil ist das?
c) Wie viele Schüler kommen weder mit dem Rad noch mit dem Bus? Welchen prozentualen Anteil machen sie aus?
d) Berechne die Winkel, die in einem Kreisdiagramm diesen Anteilen entsprechen.
e) Stelle diese Verteilung in einem Kreisdiagramm dar.

12 Christina lädt ein Update für ein Computerprogramm aus dem Internet herunter. Nach anderthalb Minuten zeigt ihr der Computer folgende Grafik an:

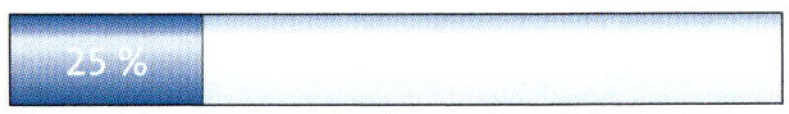

Benötigte Zeit: 90 Sekunden
Bisher empfangen: 1152 kB

a) Die bisher empfangenen Daten machen 25 % der gesamten Datei aus. Wie lange dauert der gesamte Download, wenn die Download-Rate gleich bleibt?
b) Wie groß ist die gesamte Datei?
c) Mit welcher Geschwindigkeit wurde bisher heruntergeladen, d. h., wie viele kB (Kilobyte) wurden pro Sekunde empfangen?

4.3 Zinsrechnung

13 Berechne die fehlende Größe (möglichst ohne Taschenrechner).

Kapital	200 €	3000 €	______	2008 €
Zinssatz	4 %	______	3 %	4,5 %
Jahreszinsen	______	105 €	7,50 €	______

14 Wolfgang legt ein Guthaben in Höhe von 1500 € bei einer Bank an.

a) Nach einem Jahr werden für dieses Kapital 40,50 € Zinsen gutgeschrieben. Wie hoch war der Zinssatz?

b) Eine andere Bank bietet Wolfgang 3 % Zinsen an. Wie viel Zinsen hätte er nach einem Jahr bekommen?

c) Wolfgang nimmt nun sein Kapital in Höhe von 1540,50 € und zahlt es bei der Bank ein, die ihm 3 % Zinsen gibt. Berechne sein Guthaben mit Zinseszins nach weiteren zwei Jahren (d. h., die Zinsen werden ebenfalls verzinst).

15 **Christina hat 500 € gespart. Sie legt das Geld für 4 Jahre bei einer Bank mit einem Zinssatz von 4,5 % an. Die Zinsen werden am Jahresende dem Sparguthaben gutgeschrieben und im nächsten Jahr mit verzinst.**

a) Welches Guthaben hat Christina nach diesen 4 Jahren angespart?

b) Wie viel Euro Zinsen hat sie in diesen 4 Jahren insgesamt erhalten?

c) Ihr Freund Timo hat ebenfalls 500 € zu einem Zinssatz von 4,5 % angelegt. Er hebt sein Geld jedoch bereits nach 60 Tagen wieder ab. Wie viel Euro Zinsen bekommt er dafür?

Thementest Prozent- und Zinsrechnung

1 Beim Eishockey werden bei einem Foul Strafminuten gegen den Sünder ausgesprochen, die dieser dann auf der Strafbank absitzen muss. Von insgesamt 480 Strafminuten, die eine Mannschaft bekam, saß ein Spieler 36 Minuten auf der Strafbank. Für welchen prozentualen Anteil der Strafminuten war der Spieler verantwortlich? Zeichne ein Kreisdiagramm.

2 Uli entdeckt im Kaufhaus, dass der Preis für die DVD seines Lieblingsfilmes um 15 % gesenkt wurde. Sie kostet jetzt 25,49 €. Wie viel kostete sie vorher?

3 Die Nachfrage nach dem Rohstoff Öl steigt zunehmend, und damit auch der Preis. Im Jahr 2008 stieg der Preis auf über 110 $ pro Barrel (das sind ungefähr 159 Liter). Ein Jahr zuvor kostete das Öl 45 % weniger. Wie teuer war es 2007?

4 Das Bundesverkehrsministerium erhöhte zum 1. Januar 2009 die Bußgelder für Vergehen im Straßenverkehr.

a) Ständiges Linksfahren wurde bisher mit 40 € bestraft und die Strafe wurde um 100 % erhöht. Was kostet es nun?
b) Geschwindigkeitsüberschreitungen kosteten bisher bis zu 425 €. Die Strafe hierfür wurde um 60 % erhöht. Wie teuer wird es nun für Raser?
c) Das Ignorieren einer roten Ampel kann nun bis zu 360 € kosten, vorher waren es bis zu 200 €. Um wie viel Prozent wurde dieses Bußgeld erhöht?

5 Moni hat zu Beginn des Jahres 621 € auf dem Sparbuch.

a) Wie viel Zinsen erhält sie nach einem Jahr bei einem Zinssatz von 3,5 %?
b) Welches Guthaben hat sie nach zwei Jahren, wenn sie nichts einzahlt oder abhebt?
c) Wie hoch wäre der Zinssatz, wenn sie 20,49 € Zinsen bekäme?
d) Monis Bruder Werner hat 600 € auf einem Konto, wofür er 3 % Zinsen bekommt. Er hebt sein Geld nach fünf Monaten ab. Wie viel Zinsen werden ihm dafür gutgeschrieben?

5 Wahrscheinlichkeit

5.1 Wahrscheinlichkeit und Häufigkeit

1 Vervollständige die Tabelle. Gib die Anteile als vollständig gekürzten Bruch, in Prozent und als Dezimalzahl an.

Bruch	$\frac{1}{20}$	$\frac{\square}{\square}$	$\frac{\square}{\square}$	$\frac{\square}{\square}$	$\frac{3}{8}$	$\frac{\square}{\square}$
Prozent		35 %				2,4 %
Dezimalzahl			0,18	0,99		

2 Die Umfrage in einer Klasse nach der Lieblingsbeschäftigung ergab:

Freizeitbeschäftigung	absolute Häufigkeit	relative Häufigkeit
Sport	6	
Computer	5	
Fernsehen	4	
Lesen	3	
Freunde treffen	6	
Sonstiges	6	

Berechne die relativen Häufigkeiten.

3 Bei einem Glücksrad mit den Zahlen 1 bis 12 gewinnt man, wenn man eine durch 3 teilbare Zahl trifft. Ein anderes Glücksrad hat die Zahlen 1 bis 20, man gewinnt mit einer zweistelligen Primzahl. Welches Glücksrad wählst du?

4 Marcus hat heute fünf verschiedene Unterrichtsfächer und für jedes ein Heft dabei.

a) Mit welcher Wahrscheinlichkeit zieht er aus seiner Schultasche das richtige Heft, wenn er blind hineingreift?

b) Er benötigt sein Matheheft, das er in einen blauen Umschlag gesteckt hat. Allerdings ist auch sein Physikheft blau. Zwei der anderen Hefte sind rot und eines ist grün. Wenn er nun einen Blick in seine Tasche wirft und daraufhin zieht – mit welcher Wahrscheinlichkeit erwischt er das Matheheft?

5 Bei einer Blutuntersuchung hatten 60 Personen Blutgruppe A, 30 Personen Blutgruppe B, 22 Personen Blutgruppe AB und 48 Personen Blutgruppe 0.

a) Berechne die relativen Häufigkeiten für die Blutgruppen in Prozent.

b) Stelle das Ergebnis in einem Kreisdiagramm dar.

c) In Mitteleuropa haben etwa 17 % der Menschen den Rhesusfaktor positiv. 240 Personen werden in einer Umfrage nach ihrem Rhesusfaktor gefragt. Wie viele Personen mit negativem Rhesusfaktor sind zu erwarten?

6 Ein Würfel wird geworfen. Notiere zu jedem Ereignis die zugehörigen günstigen Ergebnisse und berechne die zugehörige Wahrscheinlichkeit.
Beispiel: p(Augenzahl ist ungerade) = p(1; 3; 5) = 0,5.

a) „Augenzahl ist durch 3 teilbar“.

b) „Augenzahl ist 1“.

c) „Augenzahl ist kleiner als 5“.

d) „Augenzahl ist größer oder gleich 3“.

e) „Augenzahl ist kleiner als 1“.

7 Die Klasse hat in geheimer Wahl ihren Klassensprecher gewählt. Von 26 Schülern haben 10 für Benni gestimmt, 9 für Lara und der Rest für Savita. Der Lehrer zieht nacheinander die Zettel und liest die Namen vor.

a) Mit welcher Wahrscheinlichkeit steht auf dem ersten Zettel nicht „Benni“?

b) Wie viele Zettel muss der Lehrer höchstens ziehen, bis er mit Sicherheit „Lara“ zieht?

5.2 Mehrstufige Zufallsexperimente

8 Patrick und Markus möchten per Münzwurf auslosen, wer heute abspült. Sie werfen dreimal hintereinander eine Münze.

a) Zeichne ein Baumdiagramm.
b) Wie groß ist die Wahrscheinlichkeit, dreimal Kopf (K) zu werfen?
c) Mit welcher Wahrscheinlichkeit wird mindestens einmal Kopf geworfen? (Tipp: Betrachte das Gegenereignis!)

9 Ergänze die fehlenden Angaben im abgebildeten Baumdiagramm.

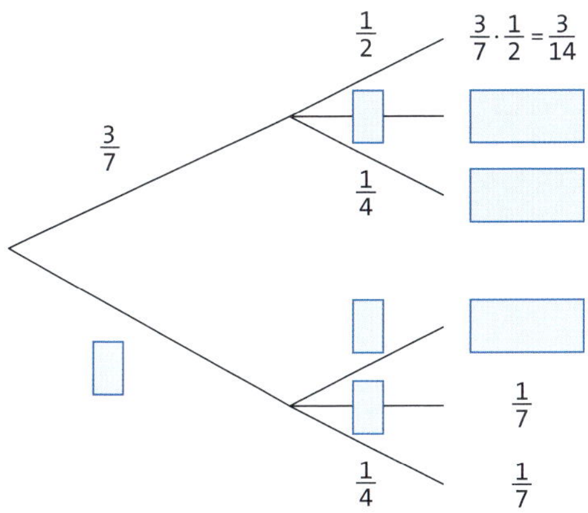

10 Vier Brüder losen aus, wer den Müll hinausbringt. Dazu ziehen sie reihum verdeckt gehaltene Streichhölzer, bis einer das kürzere zieht. Auf die Frage, wer anfängt zu ziehen, entscheidet der Älteste, dass sie nach der Reihenfolge ihres Alters ziehen sollen. Die ersten drei ziehen lange Hölzchen, dem jüngsten bleibt nur noch das kurze. Er beschwert sich lautstark, das Spiel sei unfair gewesen. Hat er Recht? Zeichne ein Baumdiagramm und berechne für jeden Bruder die Wahrscheinlichkeit, den Müll hinausbringen zu müssen.

11 Die Busse der Linien A, B und C halten alle 20 Minuten vor der Gauß-Schule. Die Busse der Linie A kommen immer um 1, 21, 41, die der Linie B um 5, 25, 45 und die der Linie C um 7, 27, 47 Minuten nach einer vollen Stunde.

a) Wie groß ist die Wahrscheinlichkeit, dass Uli – wenn er zu einer zufälligen Zeit an die Haltestelle kommt – den Bus der Linie A nimmt?
b) Uli fährt montags, dienstags und mittwochs mit dem Bus. Wie groß ist die Wahrscheinlichkeit, dass er jedes Mal die gleiche Linie erwischt?
c) Mit welcher Wahrscheinlichkeit fährt er in einer Woche jedes Mal mit einer anderen Linie?

12 In einer Quizshow im Fernsehen können Kandidaten aus drei vorgegebenen Antworten auswählen. Als zusätzlicher Gag sitzt neben den Rate-Kandidaten ein Affe, der rein zufällig eine der drei Antworten auswählt.

a) Mit welcher Wahrscheinlichkeit wählt der Affe eine richtige Antwort, mit welcher eine falsche?
b) Wie groß ist die Wahrscheinlichkeit, dass der Affe von vier Fragen zwei richtig beantwortet?
c) Mit welcher Wahrscheinlichkeit hat er mindestens eine richtige Antwort?

13 Ein Elektronikgroßmarkt feiert sein Jubiläum und verteilt an seine Kunden Rubbelkarten mit je zwölf Feldern. Zwei Felder enthalten das Bild eines Computers, drei Felder enthalten das Bild eines Fernsehgeräts, sieben Felder enthalten das Bild eines Handys. Die Lage der Felder ist zufällig und auf den einzelnen Karten unterschiedlich. Auf jeder Karte müssen genau zwei Felder frei gerubbelt werden. Zeigen beide Felder das Bild eines Computers, so erhält man als Preis ein PC-Spiel, bei zwei Bildern eines Fernsehers eine DVD, bei zwei Handy-Bildern einen Klingelton.

a) Mit welcher Wahrscheinlichkeit gewinnt man ein PC-Spiel?
b) Mit welcher Wahrscheinlichkeit rubbelt man mindestens ein Handy-Bild frei?

14 Anna hat die Zahlenkombination ihres Fahrradschlosses vergessen. Die Kombination besteht aus vier Ziffern. Wie hoch ist die Wahrscheinlichkeit, dass sie durch einmaliges Probieren die richtige Kombination findet?

Thementest Wahrscheinlichkeit

1 Der letzte Mathematik-Test ergab die folgende Notenverteilung:

Note	1	2	3	4	5	6
absolute Häufigkeit	3	11	6	2	1	0

a) Gib die relativen Häufigkeiten der Einzelnoten an und berechne den Notendurchschnitt auf zwei Dezimalen genau.

b) Die Parallelklasse hatte beim gleichen Test einen Notendurchschnitt von genau 2,32. Hat diese Klasse 25 oder 26 Schüler?

2 Ein Baumarkt erhält eine Lieferung von 10 000 Schachteln mit Nägeln, die 45 g pro Schachtel wiegen sollen. Mit dem Lieferanten wurde vereinbart, dass man eine Rabattzahlung erhält, wenn der Anteil der fehlerhaften Schachteln größer als 2 % ist. Ein Mitarbeiter überprüft 150 Dosen, davon haben 4 ein zu geringes Gewicht.

a) Hat der Baumarkt Anspruch auf eine Rabattzahlung?

b) Wie viele fehlerhafte Schachteln wären demnach bei der gesamten Lieferung zu erwarten?

c) Wie viele Schachteln müssen bei einer Stichprobe von 250 Schachteln das korrekte Gewicht haben, damit die Sendung ohne Rabatt bezahlt werden muss?

3 Ingo wirft dreimal eine 1-Euro-Münze. Wie groß ist die Wahrscheinlichkeit, dass er genau zweimal Kopf wirft?

4 In 5 % aller Überraschungskugeln befindet sich eine Schnirpf-Figur. Mit welcher Wahrscheinlichkeit bekommt man mindestens einen Schnirpf, wenn man acht Überraschungskugeln kauft?

6 Dreiecke und Vierecke

6.1 Winkelsätze

1 In der Abbildung sind die Geraden g und h parallel.

a) Färbe alle Winkel in der gleichen Farbe, die gleich groß sind, und begründe, wieso das so ist.
b) Miss nun die Winkelgrößen.
c) Gib jeweils an, um welche Winkelart es sich handelt (spitz, stumpf ...)

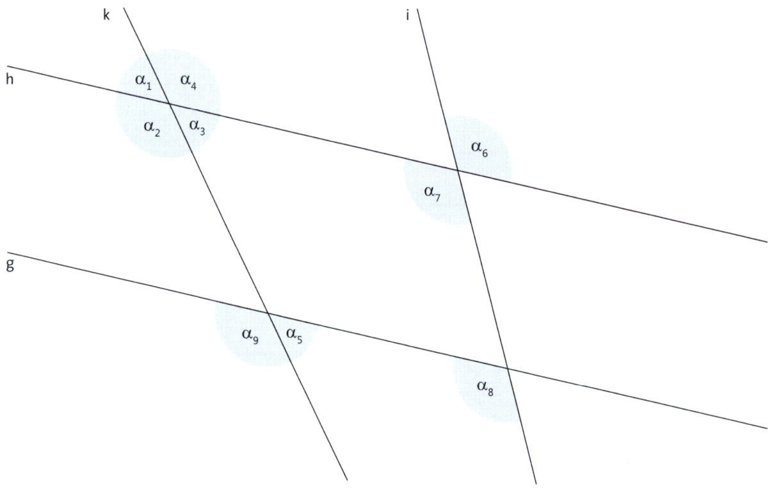

2 Wie groß sind α und β, wenn ...

a) die Winkelgröße von α 27° beträgt und β der Scheitelwinkel zu α ist?
b) die Winkelgröße von α 165° beträgt und β der Nebenwinkel von α ist?
c) α um 15° größer ist als sein Nebenwinkel β?
d) α doppelt so groß ist wie sein Nebenwinkel β?

6.2 Dreiecke

3 Vervollständige den Lückentext.

Nach der Dreiecksungleichung müssen in jedem Dreieck zwei Seiten zusammen ________________ sein als die dritte. Der Innenwinkelsatz für Dreiecke besagt, dass die Summe der Innenwinkel ________________ beträgt. Der größeren Seite liegt immer der ________________ Winkel gegenüber. Ein Dreieck mit zwei gleich langen Seiten nennt man ________________, ein gleichseitiges Dreieck hat ____. Also ist jedes gleichseitige Dreieck auch ein ________________________. In jedem gleichschenkligen Dreieck sind die ________________________ gleich groß. Im gleichseitigen Dreieck ist jeder Innenwinkel ________________________ groß.

4 Berechne Umfang und Flächeninhalt der Dreiecke.

a)

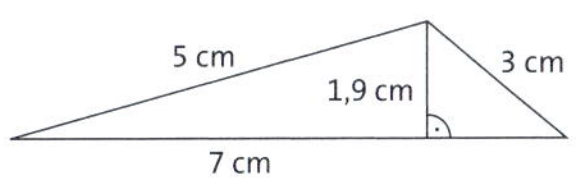

b)

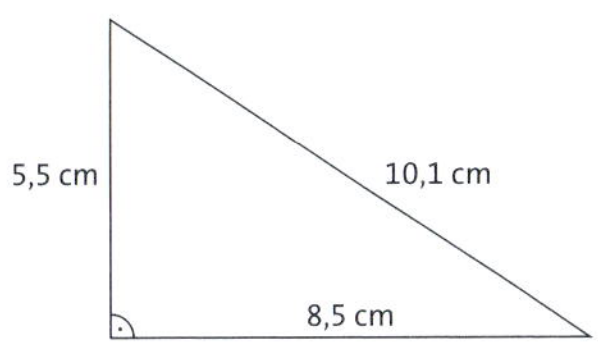

5 Marcus hat sich für einen Skateboard-Trick eine Rampe gebastelt, die von der Seite betrachtet wie in der Abbildung aussieht. Die Rampe ist 70 cm breit. Er will nun diese Rampe mit Sand ausfüllen, damit sie stabil steht.

a) Berechne die Querschnittsfläche.
b) Wie viel Sand benötigt Marcus?

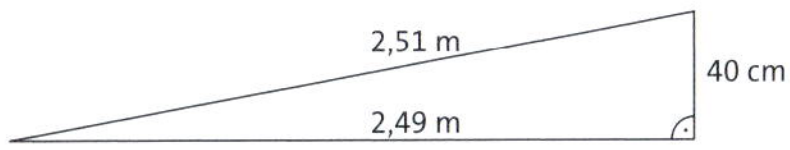

6 Berechne den dritten Winkel eines Dreiecks ABC mit ...

a) $\alpha = 32{,}7°; \beta = 22{,}5°$

b) $\alpha = 47\frac{1}{6}°; \beta = 82°20'$

G8 PRAXISTIPP

Bruchteile von Winkelweiten lassen sich auch in der kleineren Einheit „Minuten" angeben, dabei gilt: $1° = 60'$ (' steht für Minuten) bzw. $1' = \frac{1}{60}°$.

7 Berechne. (Tipp: Wende den Dreisatz an.)

a) Um wie viel Grad dreht sich der Minutenzeiger einer Uhr in 20 Minuten?
b) In welcher Zeit dreht sich der Stundenzeiger einer Uhr um 120°?

8 Vervollständige den Lückentext.

Der Umkreismittelpunkt eines Dreiecks ergibt sich als Schnittpunkt der ______________________. Der Umkreis geht durch ______________________ des Dreiecks. Der Schnittpunkt der ______________________ ergibt den Inkreismittelpunkt. Der Inkreis ________________ alle ________________ des Dreiecks.

9 Übertrage das abgebildete rechtwinklige Dreieck in dein Heft und konstruiere Inkreis und Umkreis.

a) Was fällt auf? Warum ist das so?
b) Berechne die Länge der Hypotenuse (also der Seite, die dem rechten Winkel gegenüberliegt), wenn die Katheten (die Seiten, die den rechten Winkel einschließen) 3 cm und 4 cm lang sind.

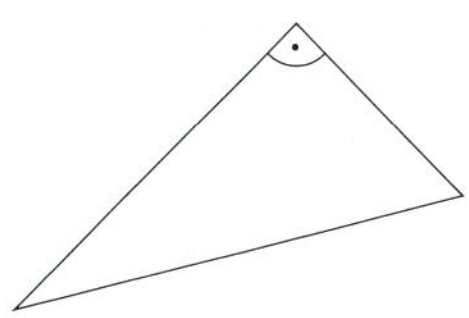

6.3 Kongruenzsätze

10 Vervollständige den Lückentext.

Zwei Figuren heißen kongruent, wenn es eine ______________________ gibt, die die eine Figur auf die andere abbildet. Dazu gehören folgende Abbildungen: ______________________, ______________________, ______________________ und ______________________.

„Kongruent" bedeutet übersetzt ______________________.

11 Verbinde die abgebildeten Planskizzen jeweils mit dem zu ihnen gehörenden Kongruenzsatz und der entsprechenden Abkürzung mit Linien.

Dreiecke sind kongruent zueinander, wenn ...

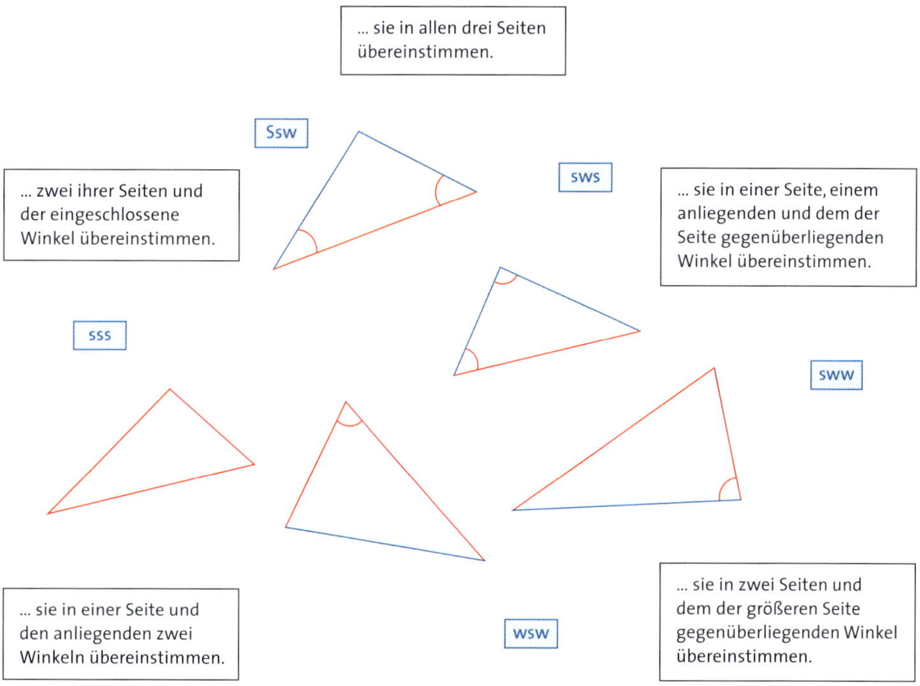

12 Gegeben sind die Planfiguren von zwölf Dreiecken.

a) Welche dieser Dreiecke sind kongruent? Gib den passenden Kongruenzsatz an.

b) Bei welchen Dreiecken kann man mit den vorhandenen Angaben mehrere nicht kongruente Dreiecke konstruieren?

c) In welchen Fällen kann man kein Dreieck mit den angegebenen Maßen konstruieren?

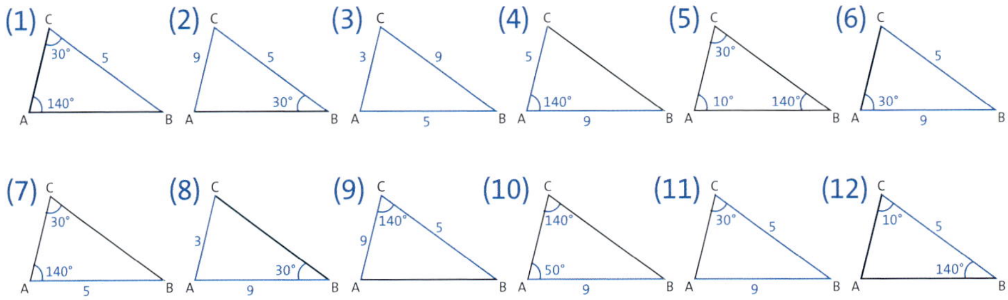

G8 PRAXISTIPP

Fertige bei geometrischen Fragestellungen immer erst eine Handskizze an, in die du die gegebenen Größen einträgst. So bekommst du eine Vorstellung, wie die Figur aussehen soll und wie du sie konstruieren kannst.

13 Konstruiere ein Dreieck mit $c = 7$ cm, $\alpha = 45°$, $b = 3{,}5$ cm. Ist die Konstruktion eindeutig? Begründe mit deinem Wissen über Kongruenzsätze.

14 Ingo gibt seinem Freund Hansi am Telefon die Daten für ein Flugzeug durch, das sie beide basteln wollen. Zu den dreieckigen Flügeln sagt er: „Nimm für die Seite $a = 7$ cm, für $b = 4$ cm und wähle $\beta = 35°$." Hansi stutzt. Ist damit sichergestellt, dass beide das gleiche Flugzeug basteln?

6.4 Vierecke

15 Hier sind einige spezielle Vierecke abgebildet. Trage die Nummer der passenden Figur in die Tabelle ein. Kreuze an, welche Eigenschaften passen und ergänze jeweils eine Formel zur Berechnung des Flächeninhaltes.

(1)

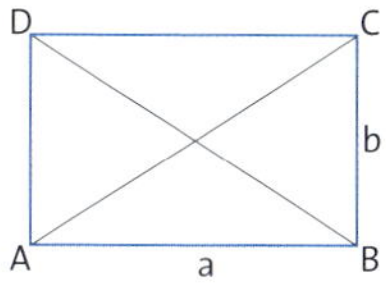

(2)

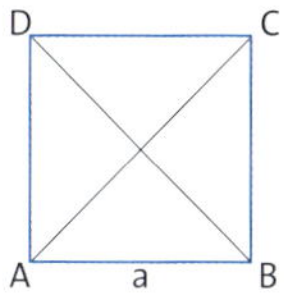

(3)

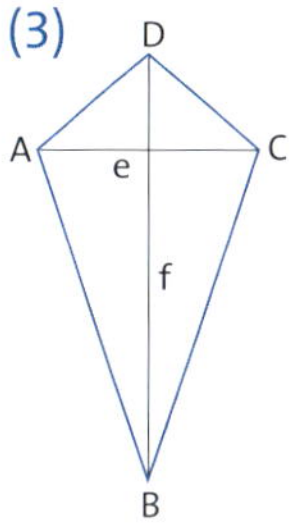

(4)

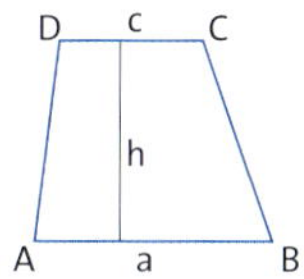

(5)

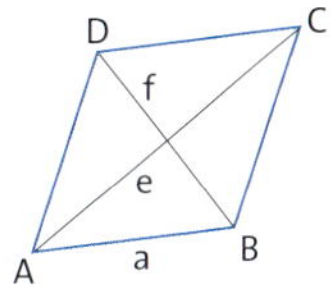

	Trapez	Drachen	Raute	Rechteck	Quadrat
Figur					
mindestens 2 parallele Seiten					
rechte Winkel					
mindestens 2 Symmetrieachsen					
Diagonalen halbieren sich gegenseitig					
Diagonalen stehen senkrecht aufeinander					
gleich lange Seiten					
mindestens 2 gleich große Winkel					
Flächeninhaltsformel					

16 Mirko bastelt einen Drachen, den er fliegen lassen möchte. Er verwendet ein Rundholz mit der Länge 95 cm und dem Durchmesser 1 cm sowie zwei 40,5 cm lange Hölzer, die er an dem langen Holz anbringt. Wie groß wird der Flächeninhalt des Drachen?

17 Von einem Viereck sind folgende Winkel bekannt: $\alpha = 84°$, $\beta = 96°$, $\gamma = 84°$.

a) Wie groß ist der vierte Winkel δ?

b) Um was für ein spezielles Viereck muss es sich dann handeln? Nutze eine Skizze, um die Frage zu beantworten.

c) Nun bekommst du noch die zusätzliche Information, dass benachbarte Seiten gleich lang sind. Was kannst du nun über die Art des Vierecks sagen?

18 Schreibe die Namen der Vierecke in die zugehörigen Kästen und übertrage die Skizzen in die Kreise. Dabei sollen die Vierecke jeweils sämtliche Eigenschaften haben, die an allen Pfeilen stehen, die zu ihrer Position führen. Verwende jedes Viereck genau einmal.

Allgemeines Viereck	Rechteck	Drachen	Raute
Trapez	Quadrat	Parallelogramm	

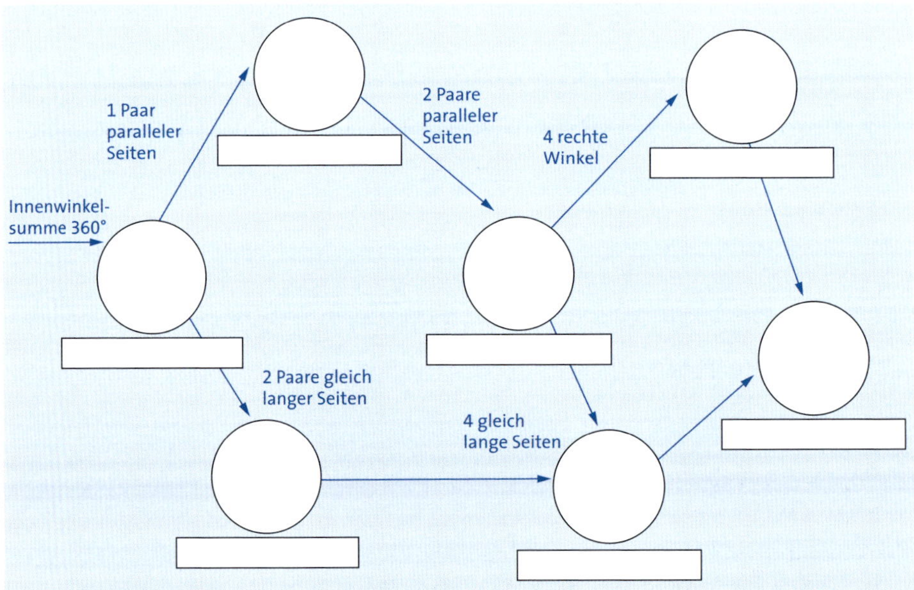

6.5 Strahlensätze

19 In der abgebildeten Figur sind die Geraden g und h parallel zueinander. Bestimme alle möglichen Teilverhältnisse mithilfe der Strahlensätze.

a)

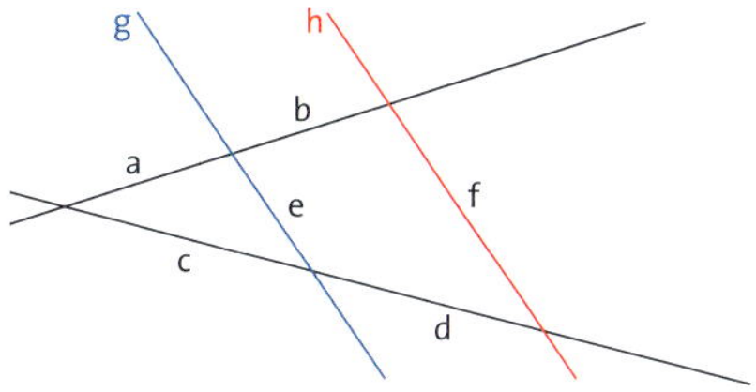

$\frac{a}{b} = \frac{\square}{\square}$ $\frac{a}{a+b} = \frac{\square}{\square} = \frac{\square}{\square}$ $\frac{a}{e} = \frac{\square}{\square}$ $\frac{d}{\square} = \frac{\square}{a}$ $\frac{\square}{a+b} = \frac{d}{\square}$

b)

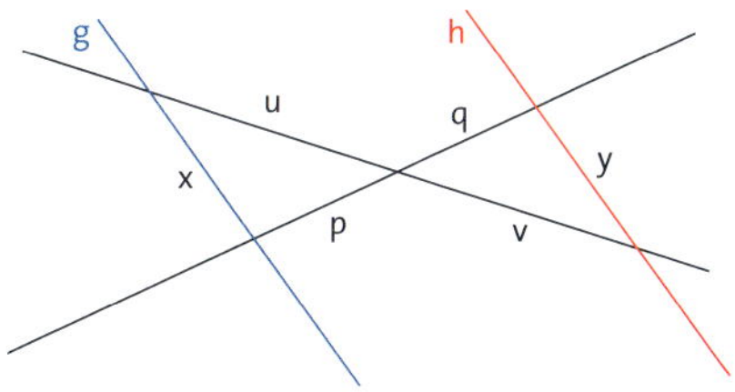

$\frac{u}{u+v} = \frac{\square}{\square}$ $\frac{x}{y} = \frac{\square}{\square} = \frac{\square}{\square}$ $\frac{u}{x} = \frac{\square}{\square}$ $\frac{u}{p} = \frac{\square}{\square}$ $\frac{\square}{u+v} = \frac{q}{\square}$

20 Paul staunt über den 91,5 m langen Schatten des größten Baumes der Welt. Er misst seinen eigenen Schatten, der 1,5 m lang ist, und kann so die Höhe des Baumes berechnen.

a) Trage die gegebenen Größen in die Skizze ein und berechne die Höhe des Baumes.

b) Ist das von Paul und seinem Schatten gebildete Dreieck ähnlich oder kongruent zu dem von dem Baum und dessen Schatten gebildeten Dreieck? Begründe deine Meinung.

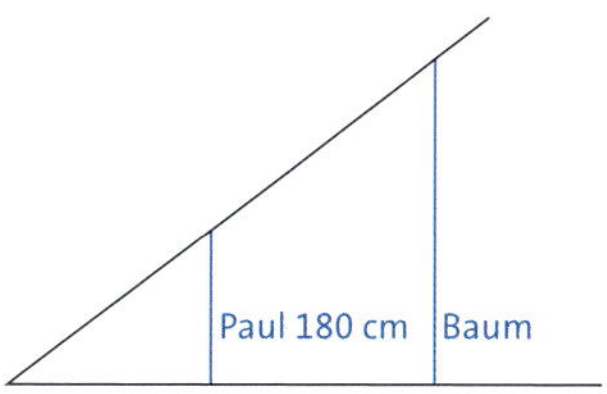

21 Es gelte g II h II k. Berechne die fehlenden Werte x, y und z mithilfe der Strahlensätze.

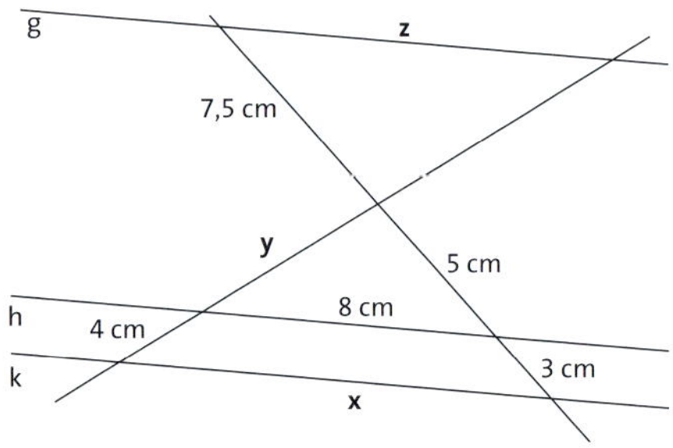

22 Lisa (1,60 m groß) kann mit einem Lineal und ihrem ausgestreckten Arm (50 cm lang) die Höhe des 140 m entfernten Turmes berechnen. Sie peilt den Turm an und misst die scheinbare Höhe von 18 cm des Turmes auf dem Lineal ab.
Wie hoch ist der Turm?

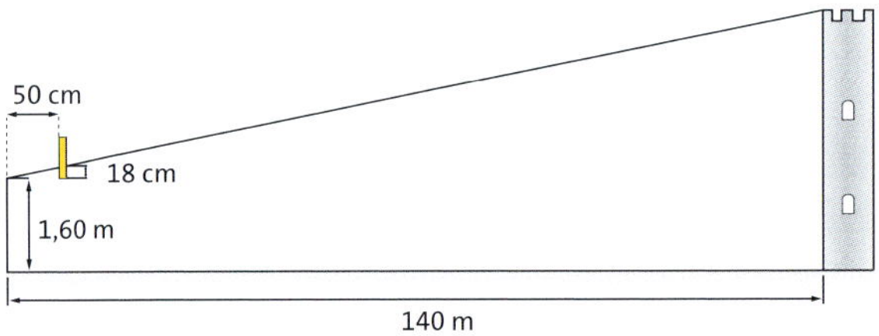

23 Sara, bis zu den Augen 1,55 m groß, steht mit schräg ausgestrecktem Arm (60 cm von den Augen bis zu den Fingerspitzen) vor einem Laternenmast. Sie hält ein 4 cm langes Streichholz so, dass es den 5 m hohen Mast gerade verdeckt. Wie weit steht Sara vom Mast entfernt? Tipp: Du brauchst auch den Satz des Pythagoras zur Berechnung der Entfernung. (Eine Skizze hilft dir.)

24 Herr Müller möchte sein Dach ausbauen, um ein weiteres Zimmer zu erhalten. Das Giebeldreieck des Hauses ist 3,2 m hoch, die äußere Dachkante misst 4,5 m. In der Höhe h = 2,3 m wird eine Decke eingezogen. Wie lang ist die Dachschräge x der oberen Dachnische?

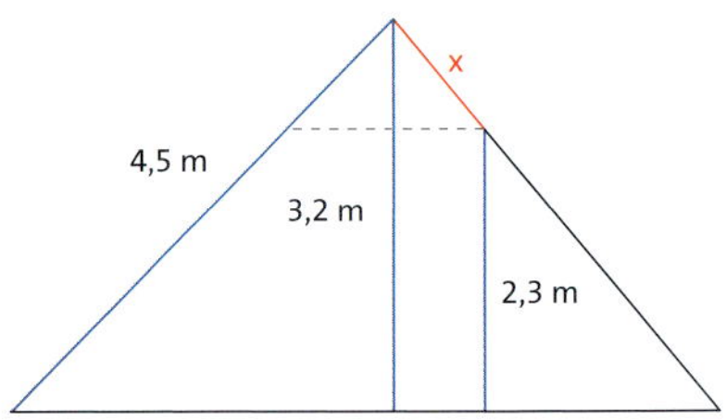

Thementest Dreiecke und Vierecke

1 In der Abbildung sind die Geraden h_2 und h_3 parallel. Entscheide, ob folgende Aussagen wahr oder falsch sind und begründe deine Antwort.

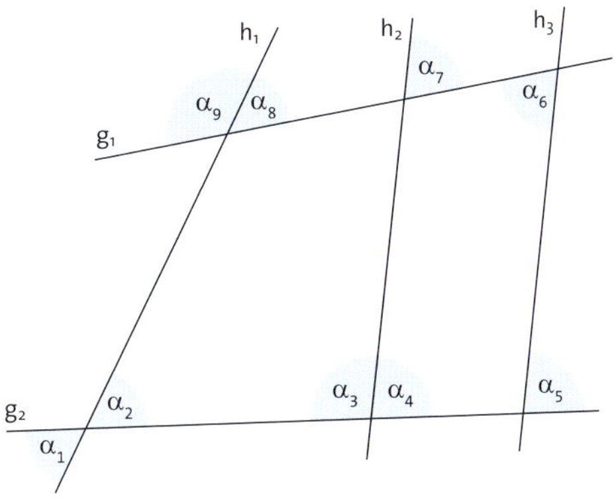

a) $\alpha_7 = \alpha_6$
b) $\alpha_5 = \alpha_6$
c) $\alpha_4 = \alpha_5$
d) $\alpha_2 = \alpha_8$
e) $\alpha_1 = \alpha_2$

2 Berechne den dritten Winkel eines Dreiecks ABC mit

a) $\alpha = 122°; \beta = 12{,}5°$

b) $\alpha = 65\frac{1}{5}°; \beta = 43°15'$

3 Markiere zu jedem Dreieck in einer Planskizze die gegebenen Seiten bzw. Winkel farbig. Entscheide, ohne das Dreieck zu konstruieren, welche der Dreiecke zueinander kongruent sind. Gib jeweils an, mit welchem Kongruenzsatz man dies begründen kann. Zusätzliche Übung: Bestätige deine Lösung, indem du die Dreiecke konstruierst.

(1) $b = 4$ cm, $\alpha = 30°$, $\gamma = 40°$
(2) $c = 4$ cm, $\alpha = 30°$, $\gamma = 40°$
(3) $a = 4$ cm, $\beta = 40°$, $\gamma = 30°$
(4) $b = 4$ cm, $a = 3$ cm, $\gamma = 30°$
(5) $b = 4$ cm, $a = 3$ cm, $\alpha = 30°$
(6) $b = 4$ cm, $c = 3$ cm, $\beta = 30°$
(7) $c = 4$ cm, $a = 3$ cm, $\beta = 30°$
(8) $a = 4$ cm, $c = 3$ cm, $\alpha = 30°$

(1)
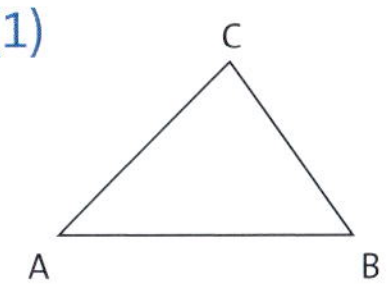

(2)
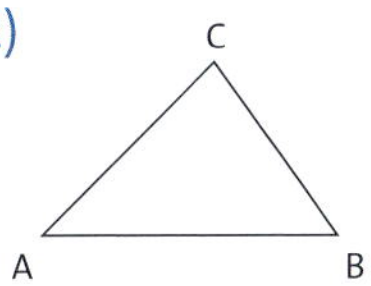

(3)
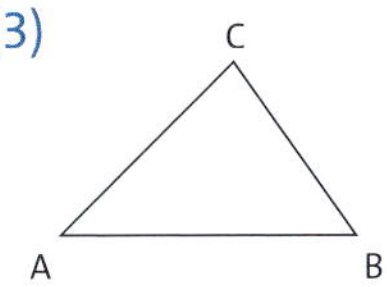

(4)
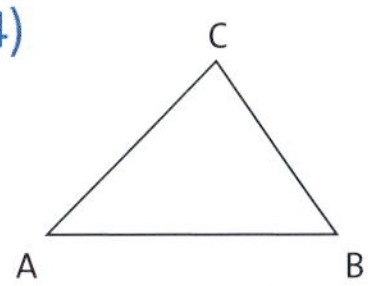

(5)
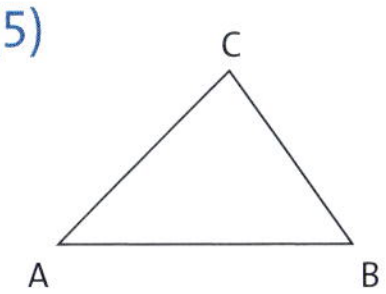

(6)
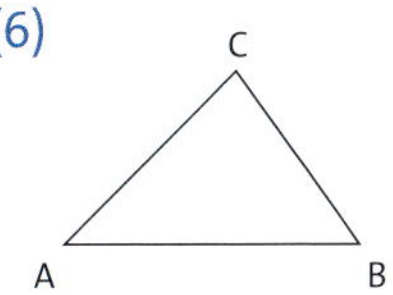

(7)
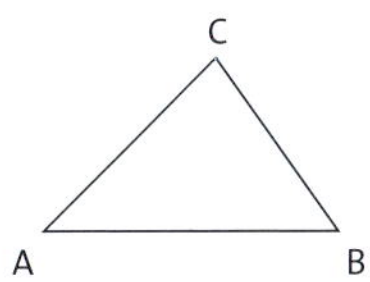

(8)
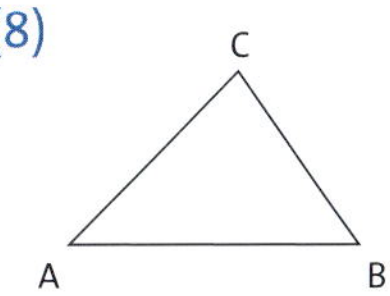

4 Konstruiere eine Tangente an den Kreis k durch den Punkt P. Gib eine Konstruktionsbeschreibung.

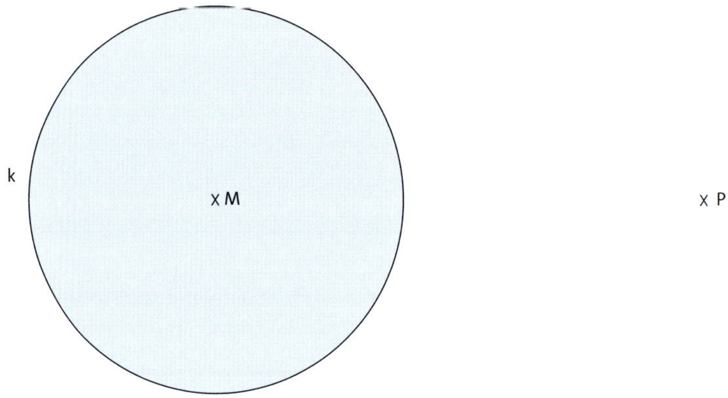

5 Eine Pyramide mit quadratischer Grundfläche wird im Abstand d von einer zur Grundfläche parallelen Ebene geschnitten. Wie lang ist die Seite b der quadratischen Schnittebene?

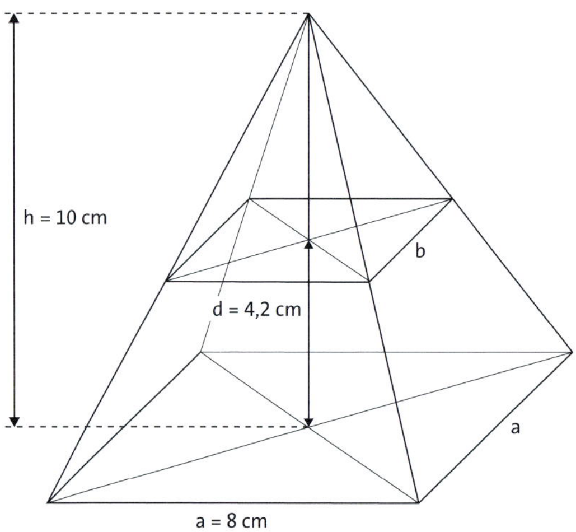

7 Körper

7.1 Schrägbilder

1 Zeichne die korrekten Schrägbilder der abgebildeten Körper.

a) 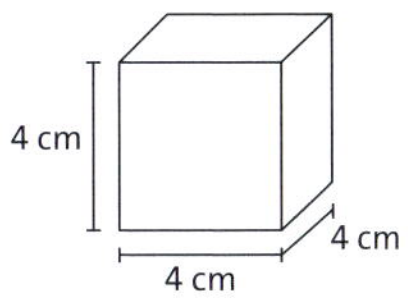

b) 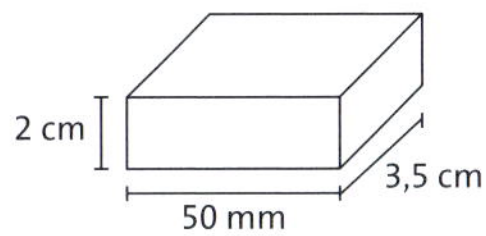

c) 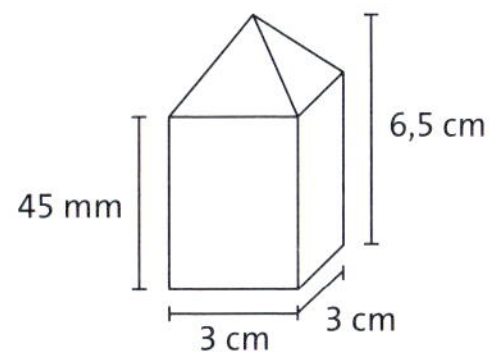

G8 PRAXISTIPP

Bei einem Schrägbild
- stellt man die schräg nach hinten laufenden Kanten in einem Winkel von 45° dar,
- verkürzt man die schräg nach hinten laufenden Kanten um die Hälfte (arbeitet man auf Karopapier, kann man auch vereinfacht eine Kästchendiagonale als 1 cm annehmen),
- zeichnet man die nicht sichtbaren Kanten gestrichelt.

2 Ergänze die Figuren zu einem Schrägbild mit der Tiefe 4 cm. Arbeite auf Karopapier. Ein Kästchen entspricht 0,5 cm, eine Kästchendiagonale 1 cm.

a) 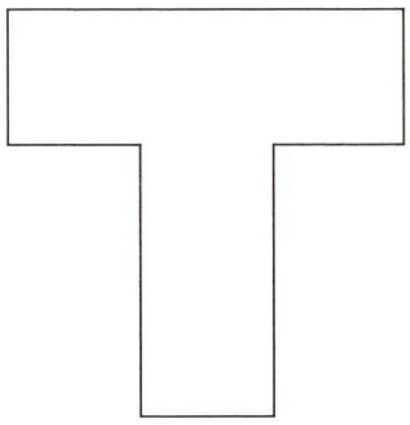

b) 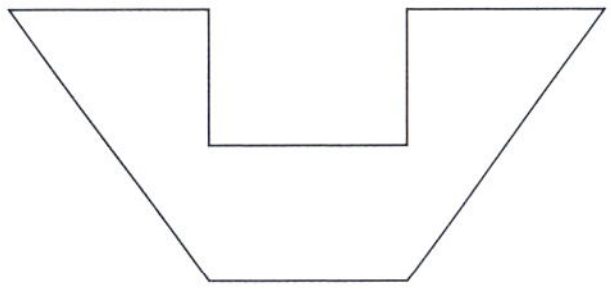

7.2 Oberflächen und Netze

3 Die folgenden Netze enthalten jeweils genau einen Fehler. Beseitige den Fehler und notiere den Namen des Körpers unter das entsprechende Netz.

a)

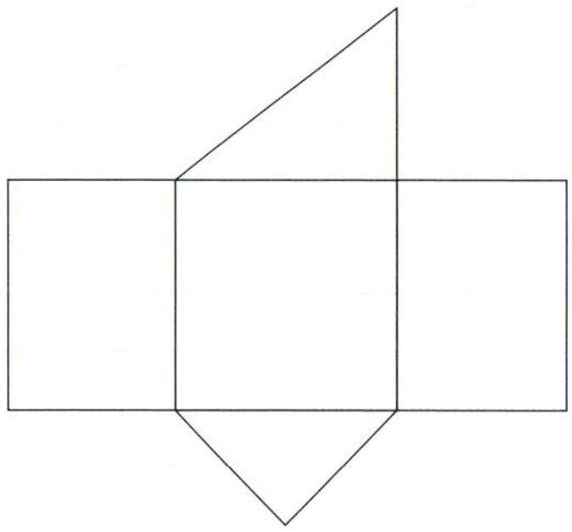

b)

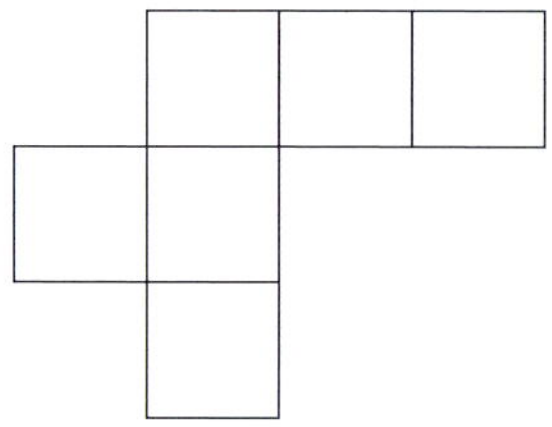

c)

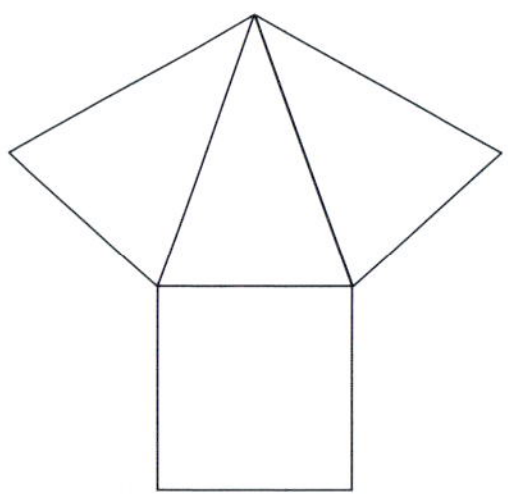

d)

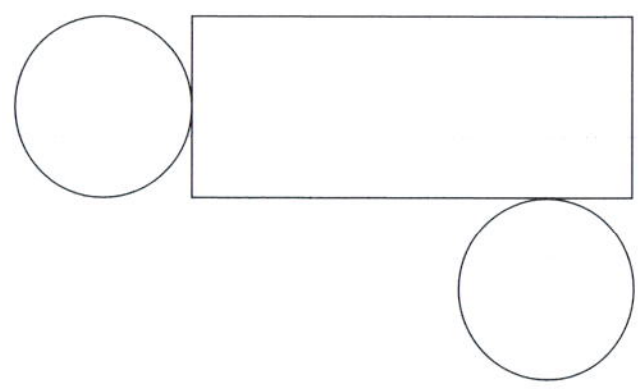

4 Berechne die Oberflächen der abgebildeten Körper.

a)

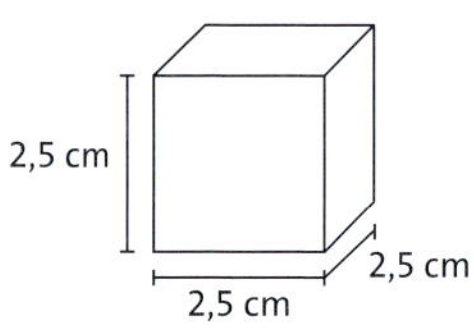

b)

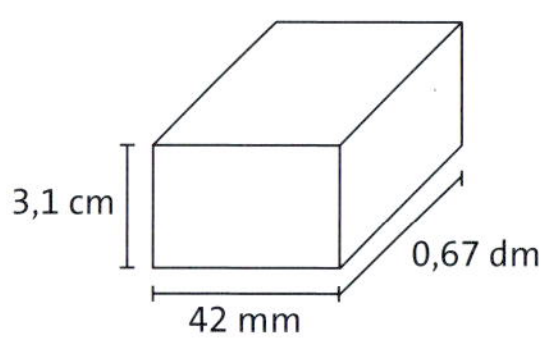

c)

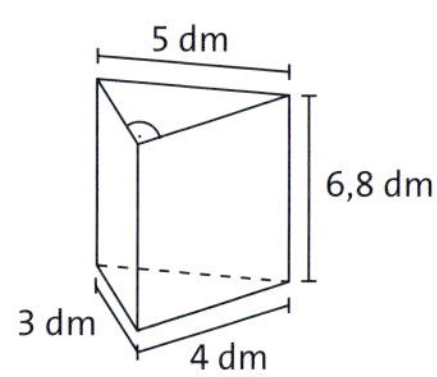

5 Berechne die Oberfläche eines Würfels mit den angegebenen Seitenlängen.

a) a = 5 dm b) a = 7,5 km c) a = x mm

6 Ein Quader besitzt die Länge a, die Breite b und die Höhe c. Mit O wird die Oberfläche bezeichnet und mit G die Grundfläche. Berechne und ergänze die fehlenden Größen in der Tabelle.

a	b	c	G	O
4,1 dm	5,8 dm	1,9 dm		
25 mm		40 mm		72 cm^2

G8 PRAXISTIPP

Der Oberflächeninhalt eines Quaders mit der Länge a, der Breite b und der Höhe c wird mit der folgenden Formel berechnet: **O = 2ab + 2ac + 2bc**

7 Eine Getränkedose ist 12 cm hoch und hat einen Durchmesser von 6 cm. Die Dose soll gelb angemalt werden. Wie viel Farbe benötigt man für den Anstrich von 10 000 Dosen, wenn man pro Quadratdezimeter 9 ml Farbe braucht und die Grundfläche nicht angemalt werden soll?

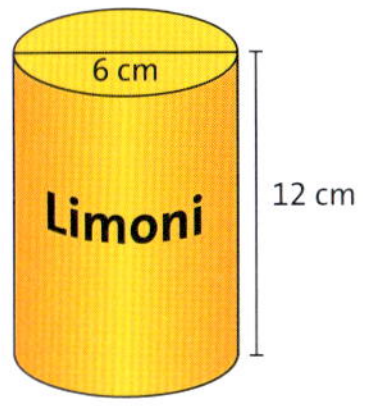

8 Eine Firma für Campingbedarf will ein neues Zelt produzieren, das einen doppelten Boden hat. Wie viel Quadratmeter Zeltstoff muss für ein Zelt mit den angegebenen Maßen eingeplant werden?

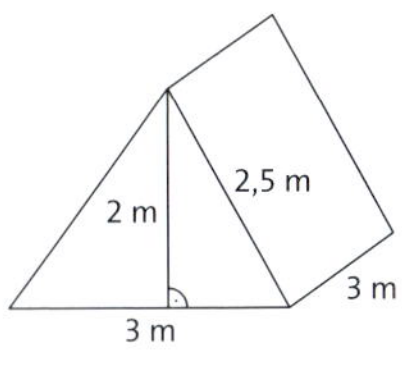

7.3 Volumenberechnung

9 Berechne in deinem Heft das Volumen V eines Würfels mit der Seitenlänge a ($V = a^3$).

a) a = 6,1 dm

b) a = 3,9 m

10 Ein Quader hat die Länge a, die Breite b und die Höhe c, das Volumen V und die Oberfläche O. Berechne und ergänze die fehlenden Größen.

a	b	c	O = 2ab + 2ac + 2bc	V = a · b · c
2,3 m	4,1 m	6,2 m		
5 cm	1,4 dm	0,21 m		
8 dm	2,3 dm			9200 cm^3
2 m		5,8 dm		928 dm^3

G8 PRAXISTIPP

Bevor du rechnest, müssen alle Angaben in die gleiche Längen-, Flächen- oder Raumeinheit umgerechnet werden!

11 Berechne das Volumen eines 12 cm hohen Prismas ...

a) mit einem Kreis mit dem Radius r = 3 cm als Grundfläche.
b) mit einem Quadrat mit der Seitenlänge a = 0,7 dm als Grundfläche.
c) mit einem Halbkreis mit dem Durchmesser d = 0,1 m als Grundfläche.
d) mit einem regelmäßigen Sechseck mit der Seitenlänge a = 2,3 cm als Grundfläche.
e) mit einem Dreieck mit dem Flächeninhalt A = 320 mm^2 als Grundfläche.

12 Wie heißen die abgebildeten Körper? Trage die allgemeine Formel zur Volumenberechnung des jeweiligen Körpers in die Tabelle ein und berechne dann das Volumen des Körpers.

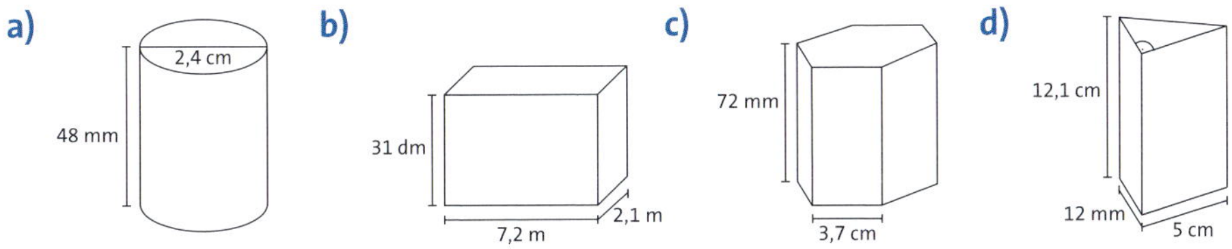

Quader	**Prisma** (dreieckige Grundfläche)	**Zylinder**	**Prisma** (sechseckige Grundfläche)
V = a · b · c	V =	V =	V =
=	=	=	=

13 Eine zylindrische Regentonne mit 0,7 m Innendurchmesser fasst 308 Liter Wasser.

a) Wie hoch ist die Tonne innen?
b) Wie hoch stehen 160 Liter Wasser in der Tonne?
c) Paul möchte die Regentonne außen anstreichen. Wie groß ist die anzustreichende Fläche, wenn er den Boden weglässt und die Tonne 3 mm dick ist?

14 Eine Firma möchte eine neue Verpackung für Milch herstellen. Dabei sollen Boden- und Deckfläche gleich große regelmäßige Sechsecke sein. Wie lang muss eine Seite des Sechsecks sein, damit die Verpackung genauso viele Liter Milch fasst wie ein Tetrapak, dessen quadratische Grundfläche die Kantenlänge 8 cm hat? Beide Verpackungen sollen dieselbe Höhe von 16 cm haben.

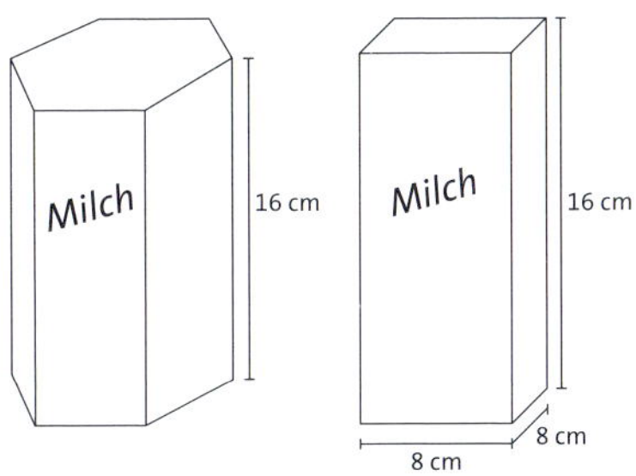

15 Eine zylindrische Marmorsäule wiegt 2272,5 kg.

a) Welches Volumen hat diese Säule, wenn 1 cm^3 Marmor 2,7 g wiegt?
b) Wie hoch ist diese Säule, wenn ihr Durchmesser 0,9 m ist?

16 Berechne das Gewicht einer Schraubenmutter aus Stahl, wenn Stahl die Dichte $7{,}9\,\frac{g}{cm^3}$ hat.

V_{Prisma} = ______________________

$V_{Zylinder}$ = ______________________

$V_{Schraubenmutter} = V_{Prisma} - V_{Zylinder}$ = ____________

Gewicht der Schraubenmutter: ____________

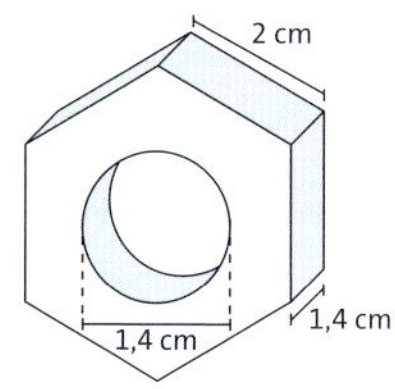

17 Aus einem Holzstamm werden vier gleiche Würfel und fünf gleiche Quader herausgesägt. Die vier Würfel sind genauso schwer wie die fünf Quader. Wie schwer ist ein Quader, wenn die Kantenlänge eines Würfels 22 cm beträgt und 1 dm^3 Holz 900 g wiegt?

18 Eine moderne Vase hat die Form einer geraden Säule, zusammengesetzt aus einem halben Zylinder mit dem Radius 6 cm und einem Quader mit quadratischer Grundfläche.

a) Berechne das Volumen der Vase.
b) Wie hoch stehen 1,8 Liter Wasser in der Vase?

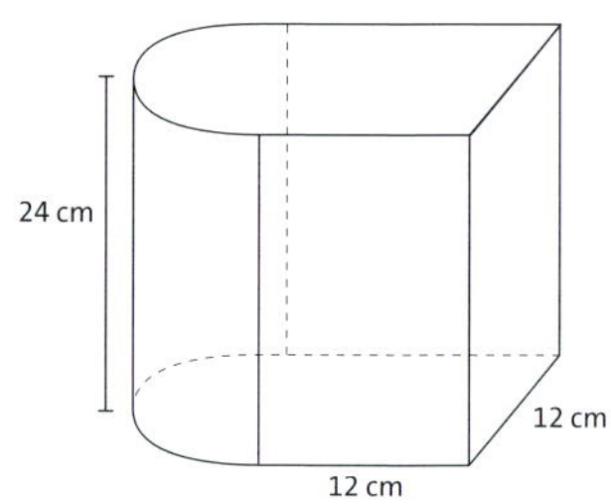

Thementest Körper

1 Die abgebildete senkrechte Pyramide hat eine quadratische Grundfläche. Bearbeite die Aufgaben auf Karopapier.

a) Wie viele Kanten hat diese Pyramide?
b) Berechne die Grundfläche G der Pyramide.
c) Zeichne das Netz der Pyramide.

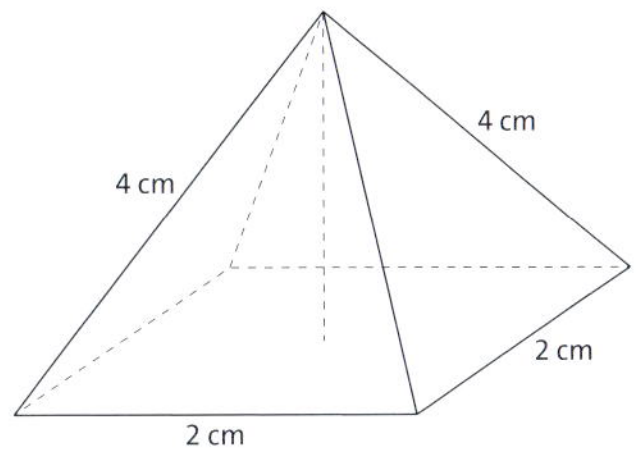

2 Zeichne ein korrektes Schrägbild des Hauses im Maßstab 1 : 100 und berechne das Volumen des Innenraumes.

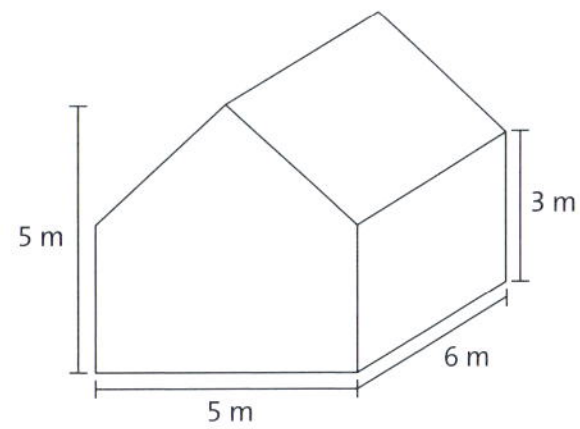

3 Ein Flaschenverschluss aus Stahl hat die Form eines Kegels, der mit einer Kugel zusammengesetzt ist (siehe Abbildung).

a) Berechne das Volumen des Verschlusses.
b) Wie viel wiegt der Flaschenverschluss, wenn Stahl die Dichte 7,9 $\frac{g}{cm^3}$ hat?
c) Wie tief steckt der Flaschenverschluss in einer Flasche mit dem Innendurchmesser 20 mm?
d) Wie viel Prozent des Gesamtvolumens befinden sich außerhalb der Flasche?

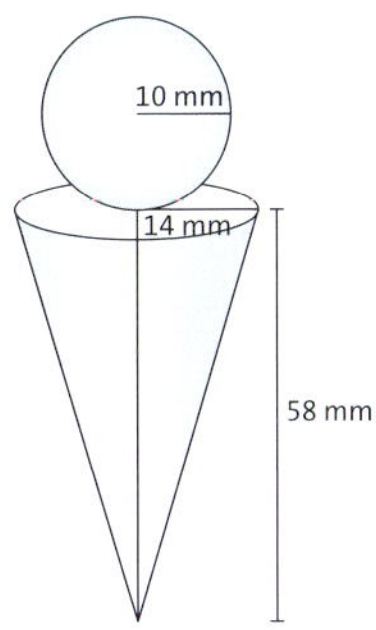

8 Abschlusstests

Test 1

1 Bill möchte sich einen neuen Computer kaufen. Er hat die Wahl: Im ersten Geschäft kostet der Rechner 774,99 €. Im zweiten Geschäft kostet er 899,99 €, Bill erhält hier allerdings 15 % Rabatt. Wo soll er kaufen?

2 Die Kantenlänge eines Würfels bzw. die Seitenlänge eines Quadrats werden jeweils mit x bezeichnet.

(1) $4x$ (2) $4x^2$ (3) $6x^2$ (4) x^3 (5) x^2 (6) $12x$

Welcher dieser Terme berechnet ...

a) den Umfang des Quadrats?

b) das Volumen des Würfels?

c) den Flächeninhalt des Quadrats?

d) die Oberfläche des Würfels?

e) die Summe aller Würfelkanten?

3 Bestimme die Lösung der Gleichungen.

a) $30x + 5 = 10x - 135$

b) $3x - \frac{1}{3} = \frac{3}{4}$ (Rechne mit Brüchen.)

4 In einem Wildwest-Film werfen sich zwei Bankräuber die geraubten Goldbarren mit einer Hand zu. Ein quaderförmiger Goldbarren hat die Kantenlängen 5 cm, 7 cm und 19 cm und Gold hat eine Dichte von 19,3 Gramm pro Kubikzentimeter. Was hältst du von der Darstellung in dem Film?

5 Familie Rau – Eltern und drei Kinder – gehen in den Zoo. Sie zahlen insgesamt 28,50 € Eintritt. Familie Polster zahlt für drei Erwachsene und ein Kind 27 €. Wie viel kostet der Eintritt für einen Erwachsenen und ein Kind?

6 Eine Regenrinne hat die Form eines halbierten Zylinders. Der innere Durchmesser beträgt 12 cm.

a) Wie viel Wasser passt in einen Meter der Regenrinne?

b) Um wie viel Prozent erhöht sich dieses Volumen, wenn der Durchmesser um 3 cm vergrößert wird?

7 Ordne die Funktionsgleichungen den passenden Schaubildern zu.

(1) $f(x) = 2x + 3$ (2) $f(x) = x^2 + 3$ (3) $f(x) = \frac{1}{x^2}$ (4) $f(x) = -x^2 + 3$

(5) $f(x) = -\frac{1}{x}$ (6) $f(x) = \frac{1}{2}x + 3$ (7) $f(x) = -\frac{1}{x^2}$ (8) $f(x) = 3x + 2$

A

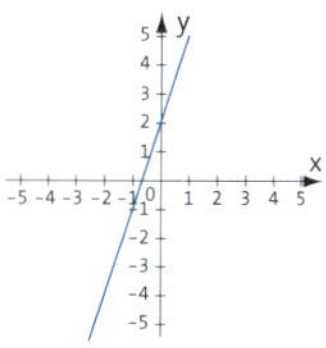

B

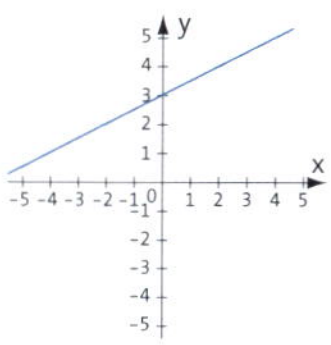

C

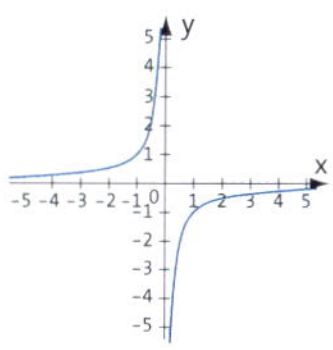

D

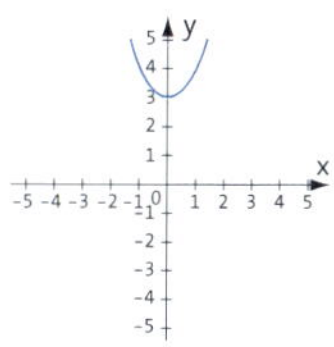

E

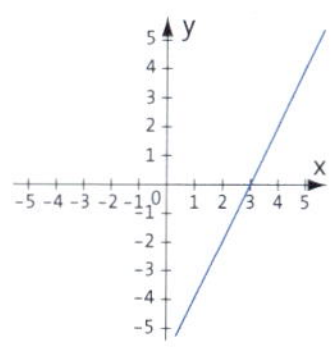

F

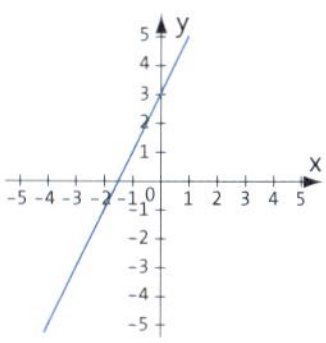

G

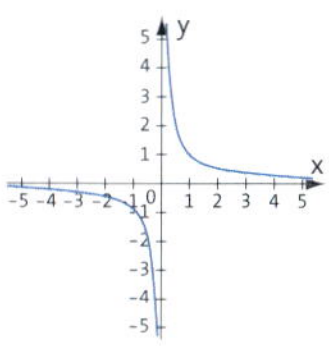

H

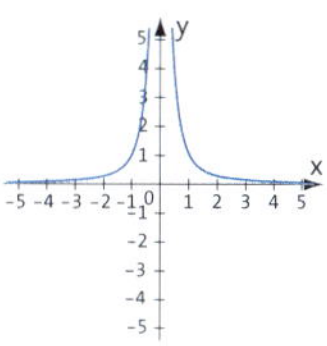

I

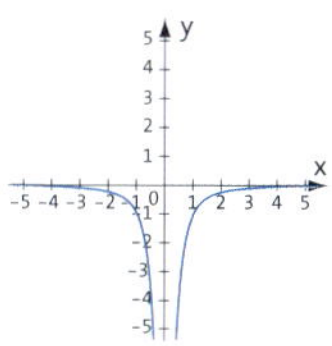

J

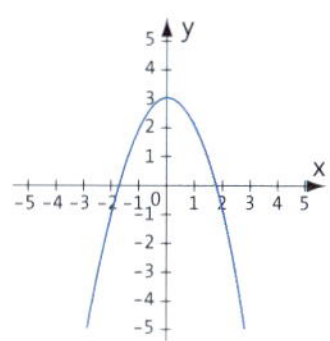

8 Herr Knab bekommt in diesem Jahr für seine Bundesschatzbriefe 12 000 € Zinsen, davon sind 3000 € steuerfrei. Auf die restlichen Zinsen muss er noch 30 % Zinsabschlagsteuer zahlen. Welchen Betrag erhält er somit?

(1) 11 970 € (2) 9300 € (3) 8400 €

(4) 9000 € (5) 3000 € (6) 15 000 €

9 In einem badischen Landkreis gibt es 30 000 schulpflichtige Kinder und Jugendliche. Die Tabelle zeigt die Verteilung der Schülerinnen und Schüler auf die einzelnen Schularten im Schuljahr 2007/2008.

Schulart	Anzahl in %	Anzahl SchülerInnen
Grundschule	15 %	
Hauptschule		3000
Realschule	30 %	
Gymnasium		7500
Sonstige Schularten	20 %	

a) Ergänze die fehlenden Werte in der Tabelle.
b) Veranschauliche die Verteilung in einem Kreisdiagramm.

10 Welcher der Terme passt zu der Beschreibung: „Das Dreifache einer Zahl“?

- ☐ $\frac{12}{4}x$
- ☐ $3x$
- ☐ $\frac{x}{3}$
- ☐ $300\,\% \cdot x$
- ☐ $x \cdot 3$
- ☐ $3 - x$
- ☐ $3 + x$
- ☐ $x : 3$

11 Berechne den Wert des Terms $\frac{a^2 + 2ab + b^2}{(c+d)^2 - (e-f)^2}$ für $a = 8$, $b = -6$, $c = -12$, $d = -3$, $e = 3$, $f = 4$.

12 Vereinfache die Terme.

a) $\frac{24a^3b^2}{6a^2b}$ b) $\frac{-12x^3y^2z}{-36x^2yz^2}$ c) $\frac{9x^2y^3}{3xy^2} + \frac{35x^2y^2}{7xy}$

13 Löse die Gleichung $(3x + 2)(3x - 2) - 3x(3x - 9) = 50$.

14 Welche der Gleichungen sind äquivalent?

(1) $8x + 6 = 34$ (2) $2x - 1 = -x + 6$ (3) $x = 3{,}5$ (4) $8x = 28$

15 Christina liest in einer Zeitschrift folgendes Zahlenrätsel und möchte es mit ihrem Wissen aus dem Mathe-Unterricht lösen: „Die Differenz aus dem Vierfachen der gesuchten Zahl und der Hälfte dieser Zahl ist 42.“ Welche der Gleichungen passt?

(1) $4x : \frac{x}{2} = 42$ (2) $4x - \frac{1}{2}y = 42$ (3) $(x + 4) : \frac{x}{2} = 42$

(4) $4x - \frac{x}{2} = 42$ (5) $x \cdot 4 - 0{,}5y = 42$ (6) $(4 - x) - \frac{1}{2} = 42$

16 Die Schaubilder zweier linearer Funktionen schneiden sich im Punkt (3|2). Die Steigung der ersten Geraden ist 1, die der zweiten Geraden –2.

a) Zeichne die Schaubilder in ein Koordinatensystem.
b) Bestimme die Funktionsgleichungen.
c) Berechne die Nullstellen.

17 In der Abbildung erkennst du einen Weg zur Berechnung der Sichtweite s, wenn sich der Beobachter in der Höhe h über dem Erdboden befindet. (Die Sichtweite bezeichnet dabei die Entfernung, bis zu der man maximal sehen kann, bevor die Erdkrümmung weiter entfernte Bereiche verdeckt.) Der Erdradius R beträgt 6370 km.

a) Zeige, dass $s = \sqrt{(R + h)^2 - R^2}$ gilt.
b) Berechne die Sichtweite s einer 1,70 m großen Person auf einer Wattwanderung und die eines Piloten in einem Flugzeug, das in 2000 m Höhe fliegt.
c) Wie hoch müsste ein Turm sein, damit man eine 20 km weite Sicht hat?

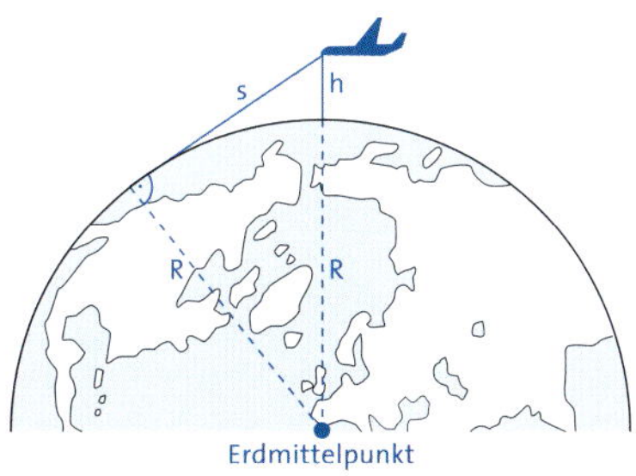

18 Lies den Zeitungsartikel und beantworte die Fragen.

Der schärfste Chili der Welt

Es gibt einen neuen Spitzenreiter in Sachen Schärfe. Der „Bhut Jolokia“ ist der bislang schärfste Chili der Welt. Er übernimmt die Führung vor dem „Dorset Naga“ und dem „Red Savina“, die lange als die schärfsten Chilisorten gehandelt wurden.
Die Schärfe von Chili wird in der so genannten Scoville-Skala gemessen. Scoville-Einheiten messen den Gehalt von Capsaicin, dem Wirkstoff, der die Schärfe der Chilischoten verursacht. Er reizt die Schmerzrezeptoren der Schleimhäute und löst so die Schärfeempfindung aus.
Der amerikanische Pharmakologe Wilbur Scoville erfand 1912 diese Methode, um die Schärfe von Chilischoten zu messen. Damals war der Scoville-Test eine recht subjektive Geschmacksprüfung, heute werden dazu modernste Messmethoden angewandt.
Zum Vergleich: Die Wahrnehmungsschwelle für Schärfe liegt etwa bei 16 Scoville. Peperoni haben zwischen 100 und 500 Scoville, Tabascosoße liegt bei rund 5000 Scoville, während „Bhut Jolokia“ rund 1 000 000 Scoville aufweist. Polizei-Pfefferspray rangiert bei rund 5 Millionen Scoville.

a) Um welchen Faktor ist der „Bhut Jolokia“ schärfer als Tabascosoße?
b) Wie viel Prozent der Schärfe von „Bhut Jolokia“ besitzt „Red Savina“ mit 577 000 Scoville?
c) Barbecue-Experte Ulrik stellt aus der Sorte „Dorset Naga“ (923 000 Scoville) eine Chilisoße her, die auf 150 000 Scoville kommt. Wie viel Prozent dieser Chilisorte sind darin enthalten, wenn die restlichen Zutaten keine Schärfe besitzen?
d) Ulrik möchte nun aus getrockneten Chilischoten der Sorten „Bhut Jolokia“ und „Red Savina“ sein neues Chilipulver mit dem Namen „Höllenfeuer“ mischen. Er möchte 100 g Pulver mit 700 000 Scoville erhalten. Wie viel muss er von jeder Sorte nehmen?

19 Eine 6,20 m lange Leiter lehnt so an einer Mauer, dass sich ihr Ende in 5 m Höhe befindet. Wie hoch reicht eine 4,50 m lange Leiter, die in demselben Anstellwinkel an die Mauer gelehnt wird?

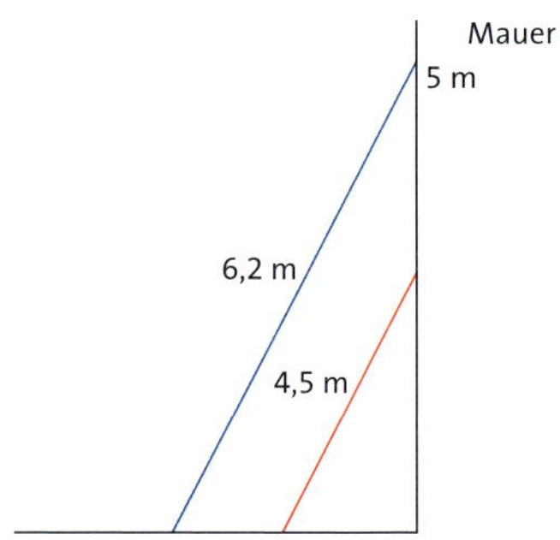

20 **Moni hat ein Rechteck der Länge l = 10 cm und der Breite b = 4 cm auf ein DIN-A4-Blatt gezeichnet. Anschließend fertigt sie von diesem Blatt eine vergrößerte Kopie an, indem sie den Zoom-Faktor beim Kopierer auf 120 % einstellt.**

a) Wie lang sind die Seitenlängen auf der vergrößerten Kopie?
b) Um wie viel Prozent vergrößert sich der Flächeninhalt des Rechtecks beim Kopieren?
c) Werner macht Moni ein Angebot: „Wenn du dein vergrößertes Rechteck mit dem Kopierer wieder auf die ursprüngliche Größe bringen kannst, lade ich dich zum Eis ein." Wie muss Moni den Kopierer einstellen, um die Vergrößerung wieder auf die Originalgröße (Länge 10 cm, Breite 4 cm) zu verkleinern?

21 **Die Wahrscheinlichkeit für die Geburt eines Jungen oder eines Mädchens ist jeweils ungefähr 50 %. Löse die Aufgaben für Familien mit zwei Kindern.**

a) Stelle die verschiedenen Zusammensetzungen des Geschwisterpaares in einem Baumdiagramm dar und beschrifte die Äste des Baums.
b) Wie groß ist die Wahrscheinlichkeit, dass beide Kinder Mädchen sind?
c) Wie groß ist die Wahrscheinlichkeit, dass in einer Familie kein Kind ein Mädchen ist?
d) Wie groß ist die Wahrscheinlichkeit, dass beide Kinder ein verschiedenes Geschlecht haben?
e) Zähle die Wahrscheinlichkeiten von b), c) und d) zusammen. Erkläre das Ergebnis.

22 **In der Abbildung liegen die Punkte B, C und D auf der Geraden g. Die Gerade h halbiert den Winkel α, die Gerade i halbiert den Winkel β. Berechne die Größe des Winkels γ, wenn $\delta = 60°$ ist und $\varepsilon = 40°$.**

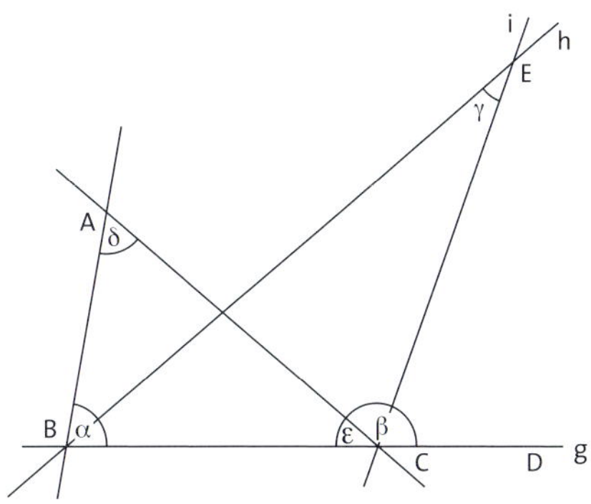

Test 2

1 Löse die Gleichungen.

a) $7(2x-5)=21$ b) $5x+3=\frac{x}{2}$ c) $x-1{,}4=0{,}7x+\frac{1}{10}$

2 Gib eine lineare Gleichung an, welche die Lösungsmenge $L=\{4\}$ hat.

3 Kreuze alle richtigen Lösungen an.

a) $\sqrt{0{,}0081}$

☐ $0{,}9$ ☐ $\frac{9}{100}$ ☐ $0{,}009$ ☐ $\frac{9}{10}$ ☐ $0{,}09$

b) $\sqrt{3}\cdot\sqrt{\frac{2}{3}}-\sqrt{4}+\sqrt{8}$

☐ $\sqrt{2}-4$ ☐ $2\sqrt{3}-\sqrt{4}$ ☐ $3\sqrt{2}-2$ ☐ $\sqrt{3}+\sqrt{4}$ ☐ $\sqrt{2}-2+2\sqrt{2}$

c) $\sqrt{3-\frac{1}{3}}-\sqrt{\frac{2}{3}}$

☐ $2\cdot\sqrt{\frac{2}{3}}-\sqrt{\frac{2}{3}}$ ☐ 0 ☐ $3\cdot\sqrt{\frac{2}{3}}$ ☐ $\sqrt{2}$ ☐ $\sqrt{\frac{2}{3}}$

4 Konstruiere ein gleichseitiges Dreieck mit der Seitenlänge 5 cm. Trage an jedem der Eckpunkte A, B und C gegen den Uhrzeigersinn eine 2 cm lange Strecke entlang der Seite ab und verbinde die Endpunkte der Strecken so miteinander, dass ein Innendreieck entsteht.

a) Zeige: Die äußeren Teildreiecke sind kongruent zueinander.
b) Zeige: Das entstandene Innendreieck ist ebenfalls gleichseitig.

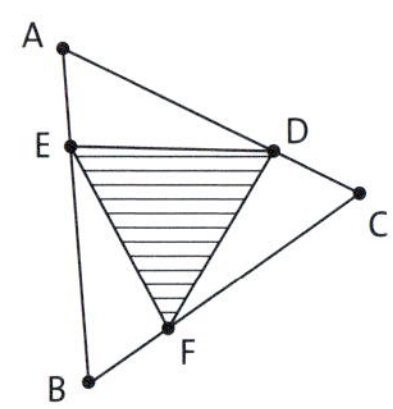

5 Paul studiert in einer Zeitschrift die Handytarife der beiden Telefongesellschaften E-Minus und T Active.

	E-Minus	T Active
Geschäftszeit/Preis pro Minute	7–20 Uhr/0,82 €	7–18 Uhr/0,44 €
Freizeit/Preis pro Minute	0,34 €	0,12 €
Grundgebühr	keine	7,40 €

a) Wie viel bezahlt man jeweils für ein Gespräch? Vervollständige die Tabelle.

Gesprächsdauer in Minuten	**0**	**5**	**10**	**15**	**20**	**25**
E-Minus (Geschäftszeit)						
T Active (Geschäftszeit)						

b) Stelle für beide Telefontarife für die Geschäftszeit eine Gleichung auf:

E-Minus: y = ____________

T Active: y = ____________

c) Zeichne die zugehörigen Schaubilder in das Koordinatensystem.

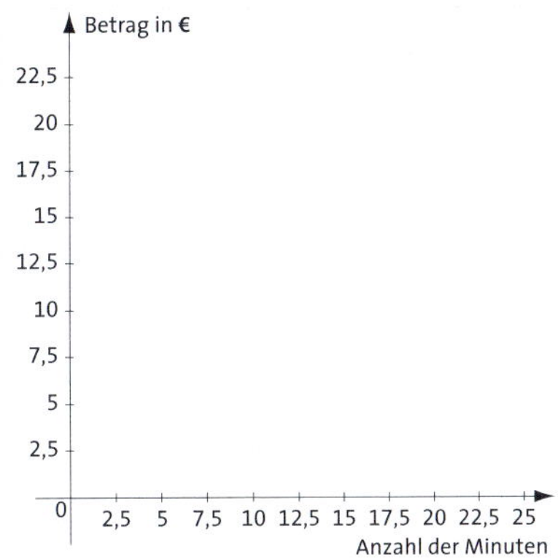

d) Nach wie vielen Minuten muss man bei beiden Tarifen in der Geschäftszeit gleich viel bezahlen? Runde auf eine Dezimale nach dem Komma.

e) Welchen Tarif würdest du empfehlen? Warum? Begründe genau.

f) E-Minus möchte nun auch eine Grundgebühr von 6,50 € einführen, aber trotzdem T Active unterbieten wie bisher. Wie hoch wäre dann der Minutenpreis bei E-Minus in der Geschäftszeit?

6 Ein großes Fass soll mit Wasser gefüllt werden. Lisa stellt fest: „Mit einem 2-Liter-Eimer muss ich 14-mal mehr laufen als mit einem 3-Liter-Eimer, wenn die Eimer jedes Mal voll sind!“ Wie viele Liter passen in das Fass?

7 Das Schaubild zeigt die Geraden f und g.

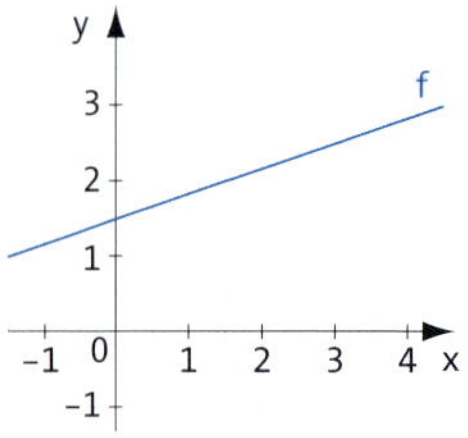

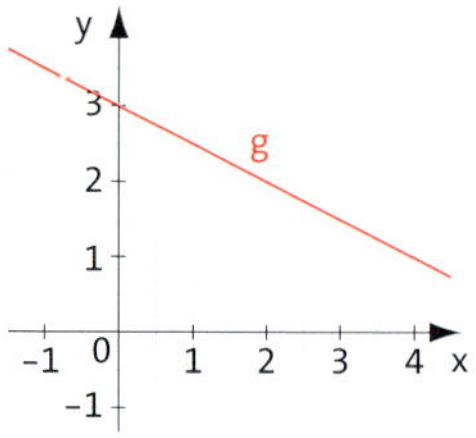

a) Welche der angegebenen Gleichungen gehören zu f und g? Kreuze an.

Gleichung Gerade f	Ja	Nein	Gleichung Gerade g	Ja	Nein
(1) $y = -\frac{1}{3}x + \frac{2}{3}$			(1) $y = -\frac{1}{2}x + 3$		
(2) $y = 3x + \frac{3}{2}$			(2) $y = -2x + 3$		
(3) $y = \frac{1}{3}x + 1{,}5$			(3) $x + 2y = 6$		
(4) $x - 3y = -4{,}5$			(4) $y = \frac{1}{2}x + \frac{3}{2}$		

b) Das Schaubild von f wird an der x-Achse gespiegelt. Bestimme die Funktionsgleichung der gespiegelten Gerade f' und zeichne sie in das erste Schaubild ein.

c) Bestimme zeichnerisch und rechnerisch den Schnittpunkt der Geraden f und g. Nutze für die zeichnerische Bestimmung das zweite Schaubild.

8 Vereinfache die Terme so weit wie möglich.

a) $\frac{x^2 - 10x + 25}{(x-5)^2}$

b) $(a+b)^2 - (ab - b^2) + a^2$

c) $2x^3y + 3xy^3 + 1{,}3x^3y - 4{,}6xy^3$

d) $p^2 \cdot 2 \cdot q \cdot p^4 \cdot (-4) \cdot q^5 \cdot p \cdot 3 \cdot (-p)$

e) $\frac{3(x^2 - 36)}{(x-6)(x+6)}$

f) $\frac{3x^2y^4z}{27x \cdot x \cdot y^7z^3}$

g) $(2x + y)(x - y) + x^2 - 0{,}8xy$

h) $b^3 - b^3 \cdot b + (-b)^4$

9 Welche der folgenden Termumformungen sind falsch? Korrigiere die Fehler rechts vom Gleichheitszeichen, falls notwendig, und vereinfache anschließend so weit wie möglich.

	richtig	falsch	Korrektur
a) $\frac{2x-3}{y} - \frac{x-4}{y} = \frac{x-7}{y^2}$	☐	☐	______________________
b) $\frac{5a+1}{3a} + \frac{a-3}{2a} = \frac{13a-7}{6a}$	☐	☐	______________________
c) $\frac{2b}{b-1} : \frac{b}{b-1} = \frac{2b^2}{(b-1)^2}$	☐	☐	______________________
d) $\frac{x}{x+5} \cdot \frac{3}{x} = \frac{3}{x+5}$	☐	☐	______________________

10 Mario kauft sich im Laufe der Zeit 11 CDs seiner Lieblingsband für insgesamt 165 €. Nach einer Weile gefallen ihm die CDs nicht mehr und er versteigert sie für insgesamt 211 €. Wie viel Prozent beträgt sein Gewinn?

11 Gegeben ist die Parabel f mit $f(x) = -x^2 + 6x - 5$.

a) Bestimme den Scheitelpunkt und zeichne die Parabel.
b) Bestimme die Schnittpunkte mit der x-Achse und der y-Achse.
c) Bestimme b so, dass die Gerade g mit $g(x) = x + b$ die Parabel berührt.

12 Nicole möchte 1500 € bei einer Bank für drei Jahre anlegen. Sie erhält zwei Angebote:
(1) im ersten Jahr 3 %, im zweiten Jahr 3,75 %, im dritten Jahr 4,5 % Zinsen;
(2) gleichbleibend 3,75 % Zinsen mit Zinseszinsen.

a) Welches Angebot ist für Nicole besser?
b) Addiert man die Zinssätze, erhält man für Angebot A und B dasselbe Ergebnis: 11,25 %. Erkläre, warum die Angebote trotzdem verschiedene Ergebnisse haben.

13 Es soll 36%ige Essigsäure so mit Wasser gemischt werden, dass 12 Liter 24%ige Essigsäure entstehen. Wie viele Liter Essigsäure und wie viele Liter Wasser werden für diese Mischung benötigt?

(1) 4 Liter Essigsäure, 8 Liter Wasser
(2) 5 Liter Essigsäure, 7 Liter Wasser
(3) 8 Liter Essigsäure, 4 Liter Wasser
(4) 9 Liter Essigsäure, 3 Liter Wasser

14 Bei einem Schulfest gibt es eine Tombola mit 300 Losen. Es gibt einen Hauptpreis und 30 Trostpreise und der Rest sind Nieten. Julia darf als Erste aus der vollen Lostrommel ziehen. Sie kauft zwei Lose und öffnet sie.

a) Zeichne ein Baumdiagramm und beschrifte alle Pfade mit den dazugehörigen Wahrscheinlichkeiten.
b) Wie groß ist die Wahrscheinlichkeit, dass Julia genau einen Trostpreis, aber nicht den Hauptpreis gewinnt?
c) Wie groß ist die Wahrscheinlichkeit, dass Julia mindestens einen Trostpreis gewinnt?
d) Wie groß ist die Wahrscheinlichkeit, dass Julia nicht nur Nieten zieht?

15 Ein Quader hat die Länge 50 cm, die Breite 7 dm und die Höhe 1,2 m. Ein zweiter Quader hat das 4,5-fache Volumen des ersten Quaders.

a) Berechne das Volumen des ersten Quaders.
b) Berechne das Volumen des zweiten Quaders.
c) Wie hoch ist ein Zylinder mit dem Radius $r = 5$ dm, der dasselbe Volumen wie der erste Quader hat?
d) Berechne die Mantelfläche des Zylinders.
e) Ein dritter Quader hat das Volumen 90 cm^3. Gib mögliche Kantenlängen an.

16 Paul notiert sich drei Winkelgrößen eines gleichschenkligen Dreiecks: $\alpha = 30°$, $\beta = 50°$, $\gamma = 120°$.

a) Genau ein Winkel ist falsch. Welcher? Begründe, warum dieser Winkel nicht zu einem gleichschenkligen Dreieck gehören kann.
b) Konstruiere ein gleichschenkliges Dreieck mit $\gamma = 40°$. Was fällt dir auf?

1 Grammatik

1.1 Die Satzglieder

1 Subjekt = rot; Prädikat = blau; Dativobjekt = gelb; Akkusativobjekt = grün
a) Eine eben gezeichnete Karikatur/gibt/Stefan/Bernd. Gibt Stefan Bernd eine eben gezeichnete Karikatur?
b) Den Fußballtrainer/soll/das Bild/darstellen. Soll das Bild den Fußballtrainer darstellen?
c) Der Fußballtrainer/sieht sich/die Karikatur/ beim Training (adverbiale Bestimmung) lachend (adverbiale Bestimmung) an.
Die Karikatur sieht sich der Fußballtrainer beim Training lachend an.
d) Er/dankt/Stefan. Dankt er Stefan?/Stefan dankt er.

2 Genitivobjekte: a) des Essens; b) der schweren Körperverletzung; c) seiner Kindheit

3 a) Frage: Worauf/Auf was hoffe ich?
PO: auf ein schönes Geschenk
b) Frage: Wovor/Vor was fürchte ich mich?
PO: vor großen Hunden
c) Frage: Woran/An was zweifelt er?
PO: an ihrer Ehrlichkeit

4 a) **Am Sonntag** (1) wollen ... **in einen Vergnügungspark** (2) machen; b) Ich ... **ständig** (3) **im Internet** (4) **wegen des Wetters** (5) nach; c) **Trotz der Kälte** (6) ...; d) **Jeden Abend um 19 Uhr** (7) ... **bei meinen Großeltern** (8) ...
adv. Best. der Zeit: 1, 3, 7; adv. Best. des Ortes: 2, 4, 8; adv. Best. des Grundes: 5; adv. Best. der Einräumung: 6

1.2 Komplexe Satzgefüge, Haupt- und Nebensätze

5 a) Als ich ... kam (Nebensatz), herrschte ... einziges Chaos (Hauptsatz). In meinem Zimmer herrschte ein einziges Chaos, als ich heute Nachmittag nach Hause kam./In meinem Zimmer herrschte, als ich heute Nachmittag nach Hause kam, ein einziges Chaos. b) Während ... verdächtigte (Nebensatz), versuchte ... beruhigen (Hauptsatz). Meine Mutter versuchte mich zu beruhigen, während ich sofort meinen Bruder verdächtigte./Meine Mutter versuchte mich, während ich sofort meinen Bruder verdächtigte, zu beruhigen.

6 a) ..., das ich zu Weihnachten bekommen habe, ..., weil es mir zu klein war. b) Als wir in der Stadt waren, ..., sodass ich nun wieder ein schönes besitze. c) ..., da meine Mutter leider keine Zeit hatte, weil sie mit meinem Bruder zum Arzt musste. d) Obwohl sie es etwas teuer fand, hat ... gelobt, weil ich mir noch nie etwas alleine zum Anziehen gekauft habe.

7 a) Gestern Nacht (Hauptsatz Teil I), als ich ... konnte (Nebensatz 1. Grades), weil ich ... war (Nebensatz 2. Grades), klingelte ... (Hauptsatz Teil II).
b) Ich erschrak so (Hauptsatz), dass ... Decke (Nebensatz 1. Grades Teil I), die ... hängt (Nebensatz 2. Grades), anstieß (Nebensatz 1. Grades Teil II).
c) Das ... Schwester (Hauptsatz), die .... ist (Nebensatz 1. Grades), da ich ... habe (Nebensatz 2. Grades).
d) Sie sollte ... begreifen (Hauptsatz), dass ich ihr Fahrrad (Nebensatz 1. Grades Teil I), das mir eh nicht gefällt (Nebensatz 2. Grades), nicht ... gefahren habe (Nebensatz 1. Grades Teil II).
e) Ich werde es morgen (Hauptsatz Teil I), wenn ich ausgeschlafen habe (Nebensatz 1. Grades), falls ... sollte (Nebensatz 2. Grades), versuchen zu reparieren (Hauptsatz Teil II).

8 Die Appositionen sind in dieser Reihenfolge einzusetzen: Israels Hauptstadt – dem Judentum, dem Christentum und dem Islam – der Epoche zwischen Antike und Neuzeit – das sind „Viertel" – einem Hügel – das berühmteste Wahrzeichen Jerusalems – die drittwichtigste Moschee des Islams

1.3 Adverbialsätze

9 a) ..., **falls doch mehr Gäste kommen** (Konditionalsatz); b) ..., **sodass ich nun sehr müde bin** (Konsekutivsatz); c) ..., **wo die gelbe Laterne vor dem Haus steht** (Lokalsatz); d) **Bevor sie aus dem Haus geht,** ... (Temporalsatz); e) ..., **weil mir körperliche**

Betätigung guttut (Kausalsatz); f) **Indem ich viel lese,** … (Modalsatz).

10 Hier zählt nur deine eigene Lösung. Sieh nochmals nach, ob es sich jeweils tatsächlich um einen Adverbialsatz handelt.

11 b) Da ich reichhaltig gefrühstückt habe, … (Kausalsatz); c) Indem sie sich tief in die Augen blickten, … (Modalsatz); d) Dort, wo die Straße ganz eng wird, … (Lokalsatz).

1.4 Attributsätze

12 a) Napoleon Bonaparte**, der sich im Jahre 1804 selbst zum Kaiser gekrönt hatte,** wurde 1821 … verbannt.
b) Mahatma Gandhi**, dessen „Salzmarsch" zum Arabischen Meer als seine spektakulärste Protestaktion gilt,** rief … auf.
c) Eva Peron**, der Frau des argentinischen Präsidenten Juan Peron,** gelang es, … zu stärken.

Anstelle der Kommas sind jeweils auch Gedankenstriche möglich.

13 **Attributsätze sind:** Karl Marx, **dessen Theorien bis heute kontrovers diskutiert werden**, war … . Jean-Paul Sartre, **der als der bedeutendste französische Intellektuelle des 20 Jh.s gilt,** bekam … .

14 a) Der Papst, der auf Lebenszeit gewählt wird, wird als … angesehen. b) Der Arzt Sigmund Freund, der ein Österreicher war, gilt als … c) Eine der größten Filmlegenden, die Hollywood hervorgebracht hat, ist Greta Garbo. d) John F. Kennedy, der damals 43 Jahre alt war, wurde … ernannt.

1.5 Direkte und indirekte Rede

15 Sebastian kommt schlecht gelaunt aus der Schule. „Was ist denn mit dir los?", fragt die Mutter besorgt. „Ach, Mist, wir mussten heute in Mathe den gemeinsamen Nenner suchen", schimpft er, „und das war so schwer. Ich kann das einfach nicht." „Na, so was", wundert sich die Mutter. „Den haben wir doch damals auch schon gesucht. Haben sie den denn immer noch nicht gefunden?"

16 … sei … hätten … müssen … sei … gewesen … könne … hätten … gesucht … gefunden … hätten

17 Der Physiklehrer fragt bei der Besprechung der Elektrizität, woher der Strom komme. Stefan ruft, dass er es wisse. Der Strom komme aus dem Urwald. Der Lehrer fragt ihn verwundert, wie er denn darauf komme. Stefan meint, sie hätten gestern zu Hause keinen Strom mehr gehabt. Da habe der Vater gemeint, ob die Affen ihnen wieder mal den Strom abgestellt hätten.

1.6 Konjunktiv II

18 ich bin, ich sei, ich war, ich wäre;
er spielt, er spiele, er spielte, er spielte;
sie sitzt, sie sitze, sie saß, sie säße;
es läuft, es laufe, es lief, es liefe;
du gehst, du gehest, du gingst, du gingest;
sie schreibt, sie schreibe, sie schrieb, sie schriebe

1.7 Die Zeitformen des Verbs

19 Präsens – bezeichnet ein Geschehen, das sich gerade ereignet.
Präteritum – bezeichnet ein Geschehen, das vergangen und abgeschlossen ist.
Perfekt – bezeichnet ein Geschehen, das zwar in der Vergangenheit …
Plusquamperfekt – wird fast nur in Verbindung mit dem Präteritum …
Futur I – bezeichnet ein Geschehen, das in der Zukunft liegt.
Futur II – bezeichnet ein Geschehen, das in der Zukunft als bereits …

20 a) Perfekt; b) Präsens; c) Futur II; d) Präteritum; e) Futur I; f) Präsens; g) Plusquamperfekt

21 ziehen, du hast gezogen, du hattest gezogen, du wirst ziehen, du wirst gezogen haben
wiegen, wir haben gewogen, wir hatten gewogen, wir werden wiegen, wir werden gewogen haben
waschen, sie hat gewaschen, sie hatte

gewaschen, sie wird waschen, sie wird gewaschen haben
treten, ihr habt getreten, ihr hattet getreten, ihr werdet treten, ihr werdet getreten haben
streichen, ich habe gestrichen, ich hatte gestrichen, ich werde streichen, ich werde gestrichen haben
reiten, er ist geritten, er war geritten, er wird reiten, er wird geritten sein
pfeifen, ihr habt gepfiffen, ihr hattet gepfiffen, ihr werdet pfeifen, ihr werdet gepfiffen haben

22 a) Ich grub den Garten um. b) Empfingst du ihn? c) Meine Mutter briet das Fleisch an.

1.8 Aktiv und Passiv

23 a) Passiv; b) Aktiv; c) Passiv; d) Passiv

24 a) Das Feuer wurde von einem Brandstifter gelegt. b) Die Feuerwehr wird vom Nachbarn gerufen. c) Die Sirenen werden von den Feuerwehrmännern eingeschaltet. d) Das Feuer wird von fünf tapferen Männern gelöscht. e) Der Brandstifter wird von der Polizei gesucht werden.

25 Gestern ... Zuerst **wurden** die Kartoffeln **geschält**. Dann **wurden** sie ... **geworfen.** Während ..., **wurde** der Salat **geputzt.** Die Salatsoße **wurde** ... **hergestellt.** Nachdem die ..., **wurden** sie ... **geschüttet.** Der Salat **wurde** ... **vermengt.** Nun ... **wurden** von ... **geschnitten.** Öl **wurde in** einer Pfanne **erhitzt.** In ihr **wurden** die ... **angebraten** und ... **bestreut.** Zum Schluss **wurde** ein Becher Buttermilch **geöffnet.**

26 Zuerst schälte Gina die Kartoffeln. Dann warf sie sie in einen Topf mit kochendem Salzwasser. Während die Kartoffeln kochten, putzte Gina den Salat. Sie stellte die Salatsoße ganz alleine her. Nachdem die Kartoffeln gar waren, schüttete ihre Mutter sie in ein Sieb. Gina vermengte den Salat mit der Salatsoße. Nun waren die Kartoffeln etwas abgekühlt und Ginas Mutter schnitt sie in Scheiben. Gina erhitzte Öl in einer Pfanne. Sie briet die Kartoffelscheiben einige Minuten an und bestreute sie mit Salz. Zum Schluss öffnete Gina einen Becher Buttermilch.

27 a) Mein Vater hatte den Rasen gemäht.
b) Meine Mutter hat die Blumen gegossen.
c) Mein Bruder jätet das Unkraut.
d) Meine Tante hat die Kräuter gepflanzt.
e) Ich werde die Terrasse fegen.

Thementest Grammatik

1 a) Meine Oma erzählte uns jeden Abend (adverbiale Bestimmung der Zeit) eine Geschichte.
b) Am liebsten (adverbiale Bestimmung der Art und Weise) hörte ich die Geschichte vom verlorenen Schuh.
c) In dieser Geschichte (adverbiale Bestimmung des Ortes) findet ein kleines Mädchen Aschenputtels Schuh.
d) Mein Bruder findet die Geschichte doof (adverbiale Bestimmung der Art und Weise).

2 Siehe Lösung zu Übung 1.

3 a) Meine Tante (Hauptsatz Teil I), die die Frau ... ist (Nebensatz 1. Grades), der der Bruder ... ist (Nebensatz 2. Grades), ist eine lustige Frau (Hauptsatz Teil II).
b) Ich bin ... zu Besuch (Hauptsatz), weil ... passiert (Nebensatz 1. Grades), womit niemand gerechnet hat (Nebensatz 2. Grades).
c) So hat sie ... aus dem Wald (Hauptsatz Teil I), in dem sie ... geht (Nebensatz 1. Grades), um sich fit zu halten (Nebensatz 2. Grades), mitgebracht (Hauptsatz Teil II).
d) Sie meinte (Hauptsatz), dass er ... wurde (Nebensatz 1. Grades), weil er ... hat (Nebensatz 2. Grades).
e) Es stellte ... heraus (Hauptsatz), dass ... kein Hund war (Nebensatz 1. Grades), obwohl er ... (Nebensatz 2. Grades).
f) Es war ... (Hauptsatz), den wir ... brachten (Nebensatz 1. Grades), aus dem sie ... hatte (Nebensatz 2. Grades).

4 a) **Dadurch, dass er nickte,** ... (Modalsatz); b) ..., **wohin wir wollen** (Lokalsatz);
c) **Wenn du willst,** ... (Konditionalsatz)

5 **Attributsatz:** Jede freie Minute, **die ich habe**, verbringe ich mit ihm.

6 a) Peter sagt, er esse kein Gemüse. b) Daraufhin fragt Sabine, wieso er kein Gemüse möge. c) Peter antwortet, es sei ihm zu gesund.

7 a) Zeitform: Präsens/Das Baby wird von der Mutter gefüttert. b) Zeitform: Futur I/ Das Bild wird morgen vom Maler zu Ende gemalt werden. c) Zeitform: Präteritum/Der Geldbeutel wurde von Timo vergessen.

2 Rechtschreibung und Zeichensetzung

2.1 Substantivierungen

1 a) **Der** Schnellste ...; b) Du bist **mein** Liebster! c) Durch **lautes** Geschrei.... d) Es kam **Neues** (= Subjekt) heraus. e) Es gab **viel** Bekanntes und **wenig** ... f) **Das** Laufen ... g) Ich werde **etwas** Gebackenes ...

2 Es geht ein Pronomen voraus: b).
Es ist ein Attribut vorangestellt: c).
Es geht eine unbestimmte Mengenangabe voraus: e), g).
Es geht ein Artikel voraus: a), f).

3 a) Der Langsamste muss uns allen ein Eis bezahlen. b) Ich habe hier viel Nettes erfahren. c) Sie erzählte von ihrer Traurigkeit über seinen Verlust. d) Das Rauchen ist Jugendlichen unter 18 Jahren nicht gestattet. e) Er hat sich sehr über das soeben Gesagte gefreut.

4 **Richtig:** a) schöne ... die allerschönste; b) Etwas Kreatives ... Freude; c) roten; d) Das Rot; e) ohne Wenn und Aber; f) das gewisse Etwas; g) ein Jemand, in Wirklichkeit, ein Niemand; h) neuer Freund

2.2 Getrennt- und Zusammenschreibung

5 **Wortgruppe:** eisig kalt, baden gehen, sich schwarz ärgern, recht haben, getrennt schreiben, kleiner schneiden

Wortzusammensetzung: wolkenlos, heimkehren, lauwarm, bitterböse, blauäugig, schwarzfahren

6 a) Kuchen backen; b) Klavier spielen; c) Rad fahren; d) spazieren gehen

7 a) leichtfallen/leicht fallen;
b) schönreden/schön reden;
c) gut tun/guttun;
d) festbinden/fest binden

8 feuerrot, kinderlieb, himmelblau, handtellergroß, pechschwarz, meterhoch, wolkenlos, schneeweiß, messerscharf, blütenrein, zuckersüß, butterweich

2.3 Schwierige Konsonanten(verbindungen)

9 a) die Vase; b) der Delfin;
c) der Wasserfall; d) der Verstand;
e) das Fitnesscenter; f) violett;
g) vierfarbig; h) der Farn;
i) einseifen

10 1 Kai; 2 Meise; 3 Kleid; 4 Weise; 5 Laich; 6 Preis; 7 Mai; 8 Laie; 9 Kaiser; 10 Breite; 11 Meile; 12 Hai

11 a) der Endspurt; b) endlich;
c) entlocken; d) die Enthauptung;
e) entfachen; f) enden; g) die Enthaltung;
h) die Endursache; i) endlos

12 *Stadt/stadt:* Stadtrat, Großstadt, Stadtplan, Stadtfahrt, Stadtrand, stadtauswärts, Stadtarchiv, Stadtstreicher,
Statt/statt: stattdessen, stattfinden, stattlich, anstatt, statthaft, stattgeben, Werkstatt, Statthalter

13 a) der Keks; b) der Fuchs; c) die Axt;
d) der Ochse; e) die Box; f) schlaksig;
g) die Büchse; h) die Eidechse; i) die Hexe;
j) das Xylofon; k) das Koks; l) drechseln

2.4 Fremdwörter

14 a) Operation; b) Nation;
c) Ration; d) Information;
e) Pension; f) Konzentration

15 a) exerzieren; b) informieren; c) manövrieren; d) parfümieren; e) explodieren; f) kategorisieren; g) philosophieren; h) motivieren

16 a) Lufthülle; b) Arzneimittel; c) Straßenbelag; d) Zeitabschnitt; e) Denker

17 a) Jeans; b) Masseur; c) Portmonee; d) Fairness; e) Toast

18 a) Delfin; b) Mandarine; c) Vitrine; d) Margarine; e) Maschine; f) Apfelsine; g) Turbine

2.5 Zeichensetzung

19 a) muss; b) muss; c) kann; d) kann; e) muss

20 a) Gestern Abend, ich hatte großen Hunger, aß ich vier Hamburger mit Fritten. b) Mein Freund, wir waren in einem Schnellrestaurant, holte gleich mehrmals Nachschub. c) Er, der kleiner und dünner ist als ich, brachte es sogar auf fünf Burger.

21 Schnell laufe ich aus der Schule, da steht plötzlich jemand vor mir – mein Klassenlehrer! In meiner Eile renne ich ihn – er ist fast zwei Meter groß! – beinahe um. Herr Seifert – so heißt er – schaut mich an. Er ist eigentlich ein sehr netter Mann, aber er hat einen Blick – das kann man gar nicht beschreiben. Wenn er einen ansieht – durchdringend und fest –, dann fängt man an zu zittern. Ich habe oft das Gefühl, dass er in mich hineinschauen kann – und das können noch nicht einmal meine Eltern! Also versuche ich ihn – möglichst ohne mir mein Unbehagen anmerken zu lassen – anzuschauen. „Woher die Eile?“, fragte er – und lächelt dabei! Mit einem Mal fühle ich mich besser – was so ein Lächeln ausmachen kann – und antworte ihm: „Ich habe mein Deutschheft zu Hause liegen lassen. Und heute gibt es doch Noten für den Aufsatz bei Ihnen!“ Herr Seifert nickt, dreht mich bei der Schulter – was ist denn nun los? – und meint: „Jetzt geh mal langsam zurück zur Schule. Du kannst mir deinen Aufsatz auch morgen noch abgeben – bevor du dir in deiner Eile noch sämtliche Knochen brichst!“

22 a) der Hasen- und Kaninchenzüchterverein; b) die Groß- und Kleinschreibung; c) die Wurst- und Käsetheke; d) die Frauen- und Kinderbekleidung

23 b) So'n Schwachsinn!; c) Er hat's hier. d) Das ist auch 'ne Idee.

Thementest Rechtschreibung und Zeichensetzung

1 **Richtig:** a) Das Wenige, geliebte; b) mitbringen; c) schöne Fische, einige unscheinbare; d) etwas Gekauftes, Gebasteltes; e) Schönes

2 a) ruhig bleiben; b) Kaffee trinken; c) das Kaffeetrinken; d) freisprechen; e) wolkenlos; f) lupenrein

3 a) der Samurai; b) der Brotlaib; c) eifrig; d) die Mahlzeit; e) das Detail; f) der Taifun; g) abgeleitet; h) die Reise; i) verwaist; j) das Reimpaar; k) der Hain; l) der Reis

4 a) das Endspiel; b) entsorgen; c) die Entsagung; d) beenden; e) der Entwurf; f) endgültig

5 a) Phänomen; b) Phantombild; c) Physiotherapeut; d) Pharao

6 a) Sandwich; b) Majestät; c) Eleganz

7 a) Sie bemühte sich(,) ihn zu beeindrucken.
b) Er war hier, um nach dem Rechten zu schauen.
c) In diesem Zustand, dreckverschmiert, rappelte sie sich wieder auf.
d) Ich, ein kleiner Junge von acht Jahren, weiß wirklich alles.
e) Er versuchte(,) einen Brief zu schreiben.
f) Gestern, es war ein schöner Tag, waren wir in einem Freizeitpark.
g) Sie rannte weg, ohne sich dabei umzusehen.

3 Ausdrucksvermögen

3.1 Wortbedeutungen

2 **a)** plötzlich auftretende; **b)** Seuche

3 Man machte Juden und manche Frauen für die Pest verantwortlich ...

4 **a)** verursacht; **b)** Hetze gegen Juden/Judenhetze; **c)** auszusprechen/zu benennen/in Worte zu fassen; **d)** ausgegrenzte/benachteiligte

5 **a)** Unter „bezeichnen“ versteht man „etwas benennen, einen Namen geben“. Im vorliegenden Satz bedeutet der Ausdruck, dass man der Pest im Mittelalter den Namen „Schwarzer Tod“ gegeben hat.
b) „übertragen“ bedeutet „infizieren, anstecken“. Die Menschen steckten sich durch Ratten oder durch das Einatmen mit dem Pestbazillus an.
c) Die Pest dehnte sich über ganz Europa aus.
d) Eine „Infektion“ ist das Eindringen von Krankheitserregern. „Infektionskrankheit“ bedeutet, dass die Menschen durch das Eindringen der Krankheitserreger Beschwerden bekamen, krank wurden.

3.2 Ausdrucksfehler erkennen und verbessern

6 **Richtig:** weibliche, ausgestattet, bösem, entstellenden, Wetterbeeinflussung, steigerte, angelegten

7 **a)** Irritationen; **b)** Rassismus; **c)** datiert; **d)** psychisch

8 **Besser:** **a)** Recycling; **b)** cool; **c)** anstößig; **d)** wesentlich

9 Einbringen → Eindringen;
lebendigen → lebenden;
ertragen → übertragen;
Kontext → Kontakt;
Beatmung → (Ein-)Atmung;
viel → mehr;
Erkranktheit → Erkrankung, Krankheit;
Krankheitsverzeichnis → Krankheitsanzeichen

3.3 Redewendungen

10 **a)** unvereinbar, grundverschieden sein; **b)** volles Vertrauen zu jemandem haben; **c)** einen vorhandenen Konflikt zum Ausbruch bringen; **d)** an jedem Gerücht ist etwas Wahres; **e)** für jmdn. alles tun; **f)** verschiedene Möglichkeiten haben

11 **a)** Wer sich verliebt hat, verliert den Blick für die Realität und nimmt die Schwächen des Geliebten nicht mehr wahr. **b)** Liebe und Essen gehören zusammen, außerdem ist Liebe nicht nur über den Verstand, sondern auch über das Gefühl (den „Magen“) erfahrbar und beides gehört zusammen. **c)** Jemanden sehr, sehr traurig machen

12 **a)** nahe am Wasser gebaut haben; **b)** endlich ist Land in Sicht; **c)** einen Frosch im Hals haben; **d)** wie Sand am Meer; **e)** mit jemandem ist nicht gut Kirschen essen; **f)** ein blaues Wunder erleben; **g)** Es ist noch kein Meister vom Himmel gefallen

13 ... Saus und Braus leben; **b)** ... ist das halbe Leben; **c)** ... großem Fuß leben; **d)** ... Hand in den Mund leben; **e)** ... dem Koffer zu leben; **f)** ... Leben in die Bude

Thementest Ausdrucksvermögen

2 **a)** entgegnete; **b)** strudelnden

3 **a)** Mühe; **b)** kleine Brücke

4 Der Ältere sollte zuerst durchgehen dürfen, weil man vor dem Alter Respekt haben soll.

5 **a)** geplante → gebaute; **b)** Gehörner → Hörner; **c)** Weiber → Weibchen; **d)** Gegenteil → Gegensatz

6 **a)** ... Wasser in der Kurve; **b)** ... kalte Wasser geworfen; **c)** ... Wasser bis zum Hals steht; **d)** ... Rotz und Wasser geheult

4 Umgang mit Texten

4.1 Informationen im Text finden

2 a) **Diese Textstellen solltest du markiert haben:** „Die meisten waren natürlich Deutsche ... Sie kamen aus allen Ecken des Erdballs" (Zeilen 2–4);
b) „... das übrige Zehntel trug jedoch Mützen in verschiedenen Farben ... Das berühmte Duellfechten ist übrigens auf die Mitglieder (...) beschränkt." (Zeilen 8–13)

3 a) nein; b) nein; c) nein; d) ja; e) nein; f) ja

4 a) Der Autor traf hauptsächlich Studenten in Heidelberg. b) Das Studium und das Leben in Heidelberg sind billig. c) Der Klub zählte fünfundzwanzig Mitglieder. d) Man kann davon ausgehen, dass der Anglo-American-Club Mitglieder gewinnt, da es im Text heißt „... das Reservoir war noch längst nicht ausgeschöpft" (Zeilen 6–7). e) Neun Zehntel der Studenten trugen keine Abzeichen oder Uniformen. f) Etwa ein Zehntel der Studenten waren Mitglieder in Vereinigungen, sogenannten Korps. g) Das Duellfechten wurde nur unter den Korpsstudenten ausgetragen.

4.2 Texte verstehen

6 einen faulen Lenz haben/schieben

7 Die Textstelle bedeutet, dass der Student zeitlich unbegrenzt studieren darf. Er muss nicht innerhalb einer bestimmten Zeitspanne seine Prüfungen ablegen, sondern darf die Lehrveranstaltungen besuchen, solange er möchte.

8 a) verwundert; b) frei

9 Der Student ist mit dieser Karte an seiner Universität eingetragen und darf dort die Lehrveranstaltungen besuchen.

10 a) Zeilen 3–4: „Jeder ... will."
b) Zeile 10: „... daher ... selten."
c) Zeilen 11–13: „Er ... verleiht"

4.3 Informationen entnehmen und in eigenen Worten wiedergeben

12 1. Abschnitt: Zeilen 1–14: Das Verhalten der Studenten in der Stadt; 2. Abschnitt: Zeilen 14–26: Das Verhältnis zwischen den Studenten und ihren Professoren

13 **Diese Textstellen solltest du markiert haben:** Zeilen 3–14: „Sie spazierten auf den Straßen ... Das war nicht Unhöflichkeit, es gehörte lediglich zu der kunstvollen und strengen Etikette der Korps."

14 Prüfe deine Lösung nochmals dahingehend, ob du ganze Sätze geschrieben hast und deine Charakterisierung zum jeweiligen Stichwort passt.

15 Hier zählt nur deine eigene Lösung. Überlege dir, was dein Leben sorgenfrei machen würde. Wie würdest du gerne leben, wenn du könntest? Schreibe anschaulich.

16 Die Vorschriften der Korps besagten, dass Mitglieder anderer Korps nicht beachtet werden sollten. Es war eine Selbstverständlichkeit, sich an die Korpsvorschriften zu halten.

17 **Dies könnte eingesetzt werden:** erheben sich von ihren Plätzen – nehmen sie ihre Mützen ab – Herr Professor, setzen Sie sich bitte zu uns und trinken Sie einen Krug Bier mit uns – Aber sehr gerne doch – setzt sich zu seinen Studenten – unterhalten sich lustig – trinken Bier miteinander – wünscht – gute Nacht – erheben sich – und ziehen ihre Mützen vor dem Professor – macht sich auf den Heimweg

18 Der Professor ist glücklich und zufrieden. Er hat einen schönen und lustigen Abend mit reichlich Bier in netter Gesellschaft genossen. Es geht ihm gut – etwas beschwingt ist er sicher auch.

4.4 Ein vorgegebenes Schema vervollständigen

20 Siehe Abbildung auf S. 210.

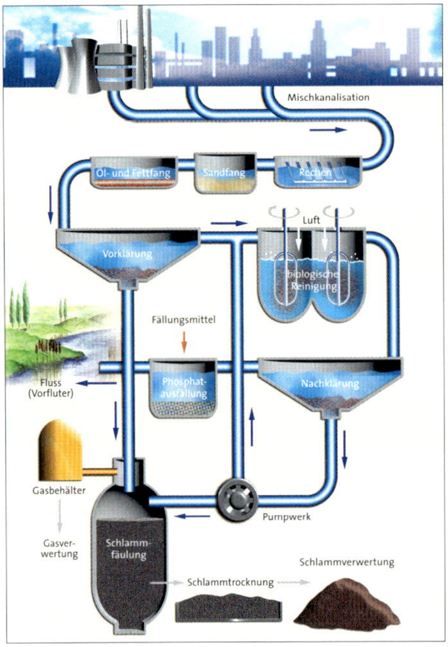

4.5 Eine eigene Meinung entwickeln und begründen

22 Hier zählt nur deine eigene Lösung. Lies nochmals durch, was du geschrieben hast. Beachte, dass der Löwe durch seine Reden auf jeden Fall versucht, die Freundschaft der Stiere zu zerstören.

23 Einigkeit gibt Stärke.

24 a) Hier könntest du zum Beispiel beschreiben, wie eine Person durch Intrigen die Freundschaft oder Partnerschaft anderer zerstört.
b) **Beispiellösung:** Ich war so dumm. Es ist schrecklich, ich könnte nur noch heulen. Anne und ich waren so gut befreundet. Doch seit heute ist alles anders. Petra schwänzelte schon seit einigen Tagen um mich herum. Immer wieder hat sie mir erzählt, wie Anne hinter meinem Rücken über mich geredet hat und dass sie sich nachmittags nun fast nur noch mit ihr treffen würde. Und statt dass ich mit Anne rede – glaube ich Petras Geschwätz! Ich war so enttäuscht, und dann bin ich zu Anne und hab sie angeschrieen. An der Art, wie sie mich angesehen hat, habe ich gemerkt, dass ich sie tief getroffen haben muss. Und blitzartig wurde mir klar, dass ich Petras Intrigen auf den Leim gegangen bin. Es war alles gelogen. Jetzt habe ich Anne verloren ... Was soll ich nur tun?

25 Die Stiere hätten auf ihre Freundschaft vertrauen und dem Löwen nicht glauben sollen.

Thementest Umgang mit Texten

2 **Diese Textstellen solltest du markiert haben:** a) Die Fabel ist eine meist kurze, lehrhafte ... Schlusspointe.“ (Zeilen 1–6).
b) „Am Anfang der europäischen Fabeldichtung ... im 20. Jahrhundert bedeutungslos.“ (Zeilen 7–16)

3 a) Jede seiner Fabeln enthielt eine einleuchtende Aussage. b) Man benutzte die Fabeln im Mittelalter als Schullektüre, weil sie stets belehrte, die Schüler immer etwas aus ihr lernen konnten.

4 Die Fabel will auf Missstände in der Gesellschaft aufmerksam machen.

5 Zwei oder mehrere Tiere sind sich uneins.

6 Die Textstelle besagt, dass der Autor mit der Textgattung Fabel seine Leser in religiöser, moralischer (= sittlicher) oder praktischer Hinsicht eines Besseren belehren oder Missstände kritisieren will.

7 Die Textsorte der Fabel macht immer auf Missstände in der Gesellschaft aufmerksam. Im Zeitalter der Aufklärung fingen die Menschen an, nicht mehr blind alles zu glauben, was ihnen vor allem von Kirche und Staat vorgegeben wurde. Sie stellten eigene Überlegungen an und wagten ihrerseits, Kritik zu üben und Realitäten infrage zu stellen. Dies war mit der Fabel besonders gut möglich.

5 Abschlusstests

Test 1

2 „Man muss Gott nicht versuchen, aber auch die Menschen nicht." (Zeile 1)

3 Gott zu versuchen bedeutet, sich bewusst in große Gefahren zu begeben, in der Annahme, einem selbst würde schon nichts passieren („Gott schützt mich"). In der Bibel steht, dass man Gott nicht versuchen soll. Darauf bezieht sich der erste Teil des Satzes. Der Autor setzt noch hinzu, dass man auch die Menschen nicht versuchen soll, also nicht auf das unbegrenzte Gutmeinen der Menschen setzen sollte.

4 a) Restaurant; b) Tourist; c) perplex; d) barbieren; e) Courage; f) respektlos; g) Existenz

5 a) sofort; b) seltsam

6 a) beherrscht, sehr ruhig und mutig; b) Gleiche

7 Der Fremde schenkte dem Lehrjungen einen Kronentaler extra, weil dieser ihm eine lebenswichtige Lehre erteilt hatte. Durch das Verhalten und das Gesagte des Lehrjungen wurde dem Fremden bewusst, welcher Gefahr er sich schon des Öfteren ausgesetzt hatte und sich wahrscheinlich noch weiterhin ausgesetzt hätte. Eigentlich verdankte er dem Lehrjungen sein Leben.

8 Hier zählt nur deine eigene Lösung. Denke daran, in der Ich-Form zu schreiben und die Ereignisse des Tages aus der Sicht des Jungen aufzuschreiben. Wichtig hierbei sind die Gefühle und Empfindungen, die der Junge bei der Aktion hatte.

9 gemeint → gedacht; zweite → erste; auswerfen → ausprobieren; großen → kleinen; erlesen → erfahren; wirksam → wirklich; Moral → Lehre

10 a) ... Gott in Frankreich; b) ... dir Gott; c) ... Gott und die Welt; d) ... ein junger Gott; e) den lieben Gott einen guten Mann sein

11 a) Im vorigen Spätjahr (1) ... in das Wirtshaus zu Segringen (2); b) soeben (3) aus der Armee (4); c) lautstark (5); d) schnell (6)
adv. Best. der Zeit: 1, 3;
adv. Best. des Ortes: 2, 4;
adv. Best. der Art und Weise: 5, 6

12 **Lösungsvorschlag:** a) ein kräftiger Mann mit sonderbarem Aussehen/den Barbier des Ortes und seinen Gehilfen; b) zu Tode erschrocken; c) ein junger Bursche mit Geldnöten

13 Zwei Barbiere rannten schnell davon, da sie durch den Fremden bedroht wurden (Kausalsatz); b) Nachdem er rasiert worden war, bezahlte der Fremde den Lehrjungen (Temporalsatz).

14 a) Der Fremde fragte den Wirt, ob er keinen Barbier im Ort habe, der ihn rasieren könne. b) Der Fremde erklärte dem Barbier, er solle ihm den Bart abnehmen, aber er habe eine kitzlige Haut. c) Der Fremde drohte dem Barbier, falls er ihn schneide, steche er ihn tot.

15 a) Der Lehrjunge wurde von dem Gesellen geschickt. b) Der Fremde wird vom Lehrjungen rasiert. c) Der Bart ist dem Fremden von dem Lehrjungen glücklich aus dem Gesicht geschnitten worden. d) Kein Barbier wird mehr von dem Fremden bedroht werden.

16 a) Das Versuchen Gottes sollte man unterlassen. b) Das Erteilen der Lehre durch den Lehrjungen ist für den Fremden eine Freude. c) Der Fremde hat etwas Neues erfahren.

17 a) Der Fremde wird mit neuen Erkenntnissen heimkehren. b) Er wird sich nun mit einer anderen Einstellung rasieren lassen. c) Ob ihm dies leichtfallen wird?

18 a) Entscheidung; b) Ende; c) letztendlich; d) Entschluss; e) Endeffekt

19 Anreitz → Anreiz; Moralisch → moralisch; vorgeschriebenen → Vorgeschriebenen; wiederspricht → widerspricht; personiviziert → personifiziert; Begrif →

Begriff; Erfarungen → Erfahrungen; Ihrem → ihrem; gehorsam → Gehorsam; beziehungs-weiße → beziehungsweise

20 Der Fremde war darauf aus, die Barbiere einzuschüchtern. Er, ein mutiger Mann aus der Armee, konnte nichts Kitzliges ertragen. Deshalb versuchte er (,) dem im Vorfeld bereits entgegenzuwirken. Doch an diesem Tag, es war ein schöner Tag im Herbst, kam alles anders als gewohnt. Auch um sich rasieren zu lassen, kam er in das fremde Dorf. Er fragte den Wirt nach einem Barbier. Dieser brachte ihm einen, der allerdings gleich wieder weglief, eingeschüchtert wie er war. Dafür schickte er ihm den Gesellen, der es auch nicht lange aushielt. Nur der Lehrjunge, der war mutig. Er, ein pfiffiger Bursche, hatte sich seine eigenen Gedankengänge, die auch nicht ungefährlich waren, zurechtgelegt. So, in diesem Bewusstsein, rasierte er den Fremden. Er hatte Glück und es lief kein Tröpfchen Blut, nicht einmal ein kleines. Der Lehrjunge war verständlicherweise sehr erleichtert. Und ich (,) als Leser (,) auch. Ich muss nämlich zugeben, dass ich richtig mitgezittert habe.

Test 2

2 Zeile 1–7: Kurze Geschichte des Buches; Zeile 8–13: Der Buchdruck durch Johannes Gutenberg; Zeile 13–17: Entstehung neuer Berufe; Zeile 18–30: Die Gliederung des Buchhandels; Zeile 31–36: Sortiments- und Versandbuchhandel

3 a) Johannes Gutenberg;
b) das Verlagsprogramm

4 a) ja; b) nein; c) nein

5 a) koordinierten; b) Erzeugnis

6 a) Die Textstelle bedeutet, dass sich die Verlage mit ihrem Verlagsprogramm auf bestimmte Sparten festlegen. Dies können zum Beispiel Unterhaltungsliteratur, Sachbuch, Zeitschriften usw. sein.
b) Die frisch gedruckten Bücher kommen aus dem Vertrieb direkt in den Buchhandel. Damit diese Bücher auch bestellt werden, spricht ein Vertreter die Buchhändler an und macht Werbung für die neu erschienenen Bücher.

7 Zeile 28–30: „Durch Maßnahmen der Werbeabteilung wie ... bekannt."

8 Durch die Erfindung des Buchdrucks konnten Texte mehreren Menschen zugänglich gemacht werden. Schriften über z. B. Kritik an der Ständegesellschaft wurden schnell verbreitet und bekannt gemacht. Aus diesem Grund konnten sich immer mehr Menschen ihre eigene Meinung bilden und sich auch gegen vorherrschende Meinungen wehren.

9 Gegenmaß → Gegensatz, Unterfang → Umfang, durcheinander → miteinander, Prozession → Prozesses

10 a) Mönche vervielfältigten die Texte in den Schreibstuben der Klöster.
b) Der herstellende Buchhandel überwacht und übernimmt alle Vorgänge zur Herstellung eines Buches (Druck, Binden usw.).

11

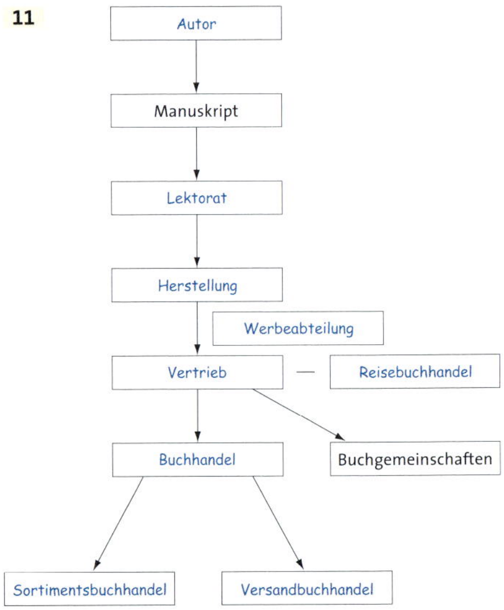

12 a) Präpositionalobjekt; b) adverbiale Bestimmung; c) Präpositionalobjekt

13 a) Der Autor hat sich für sein neues Buch (Hauptsatz Teil 1), das ... erscheinen soll (Nebensatz 1. Grades), da er ... geschrieben hat (Nebensatz 2. Grades), ein ... Thema ausgedacht (Hauptsatz Teil 2).

b) Er will (Hauptsatz Teil 1), da ... interessiert (Nebensatz 1. Grades), weil ... besitzt (Nebensatz 2. Grades), über ... schreiben (Hauptsatz Teil 2).
c) Der Autor (Hauptsatz Teil 1), der ... ist (Nebensatz 1. Grades), da sein Vater ... war (Nebensatz 2. Grades), hat ... bereist (Hauptsatz Teil 2).

14 a) Das Buch, das neu erschienen war, wurde zum Renner. b) Der Autor, der jung geblieben erschien, war bereits 60 Jahre alt.

15 a) hergestellt hatte, begann; b) druckte; c) druckt; d) wird ... herstellen

16 **Richtig:** a) neues, spannend; b) das Schönste; c) in Ruhe lesen; d) Etwas Tolleres, vorstellen

17 a) ..., dass du das Buch, das ich dir gestern gekauft habe, bereits zur Hälfte gelesen hast.
b) Ich lese sehr gerne, da ich auf diese Art und Weise viel Neues lernen kann.
c) In den großen Buchhandlungen findet man eine riesige Auswahl sämtlicher Bücher aller Sparten.

18 a) Produktion; b) explosionsartig; c) Lektor; d) Programm; e) Sortiment

19 Gestern Abend habe ich eine Autorenlesung – also einen Vortrag eines Autors aus seinem Buch – besucht. Der Autor war – glaube ich zumindest – sehr aufgeregt. Bevor er sich überhaupt setzte, stieß er das Wasserglas um, das auf seinem Tisch stand – was für eine Sauerei! Auf dem Tisch lagen nämlich auch noch seine bereits veröffentlichten Bücher – und das waren einige. Ein Mitarbeiter – wo der so schnell herkam, war mir nicht so ganz klar – rannte mit einem Tuch herbei und versuchte zu retten, was zu retten war. Dann konnte die Lesung endlich beginnen. Der Autor setzte sich und öffnete den Mund – aber er konnte nicht sprechen. Er räusperte sich mehrmals – er hatte wohl einen „Frosch im Hals" – und plötzlich ging es. Die Lesung konnte starten (–) und wurde letztlich noch ein großer Erfolg.

20 a) stattliche; b) anstatt; c) Stadtbücherei, Innenstadt; d) Stattdessen, Stadtparks

1 Wortschatz

1.1 Antonyme und Synonyme

1 hate – love; sadness – happiness; truth – falsehood; friendship – enmity; fact – fiction; cold – heat; fear – confidence

2 wrong – boring – left – warm – sat down – soft – easy – went to bed

3 **happy:** cheerful, glad, over the moon, pleased
sad: depressed, fed up, unhappy
nice: beautiful, good, great, pleasant, pretty
awful: bad, frightening, horrible, terrible

4 **a)** over the moon; **b)** cheerful/happy; **c)** pretty/beautiful; **d)** terrible; **e)** depressed/fed up

5 **to say:** to reply, to answer, to tell, to speak, to express, to declare
to walk: to go, to march, to pace, to glide, to shuffle, to wander
I like that: That's great/fantastic, I love/enjoy that

1.2 *Clusters* und *mindmaps*

6 **British towns:** city centre, flat, neighbourhood, shop, taxi, underground
American towns: apartment, cab, downtown, skyscraper, store, subway
the country: cliff, desert, mountain, national park, prairie, valley

7 **Lösungsvorschlag:**
adjectives: frightened, beautiful, breathtaking, tired, afraid, tiring, surprising, enjoyable
nouns: motorway, attraction, sightseeing, airport, railway, coast, mountains, cities, journey, traveller, nature, environment, backpacking, scenery, surrounding
verbs: hitchhike, fly, cycle, go by train, drive, walk, go by bus, stay; go sightseeing, book, hire, hike

8 **Lösungsvorschlag:**
We hiked through a beautiful environment.
We saw some breathtaking scenery as we walked along the coast.
We went by train on a really enjoyable journey.
Cycling through the mountains was very tiring.
We went sightseeing and saw some surprising attractions.

9 (**fett:** Hauptstichwort; unterstrichen: Unterstichwort 1. Ordnung; *kursiv:* Unterstichwort 2. Ordnung)
baseball → base, field, batter (→ *score runs*) bat
tennis → racket, umpire (→ *control game*), server (→ *score points*), court
rugby → pitch, referee, oval ball, player (→ *score tries*)
ice hockey → stick, ice rink, player (→ *score goals*)

10 (**fett:** Hauptstichwort; unterstrichen: Unterstichwort 1. Ordnung; *kursiv:* Unterstichwort 2. Ordnung; normal: Unterstichwort 3. Ordnung)
eating → food (→ *meal* [→ breakfast, lunch, tea, dinner], main course (→ *vegetables, meat* [→ chicken, lamb, beef], *fish, rice, potatoes, pasta, chicken curry, fish pie*), dessert (→ *ice cream, fruit, cake*), starters (→ *soup, salad, spring rolls*)
restaurant → waiter, table (→ *reserve*), menu
home → set the table (→ *knives, forks, plates, glasses, spoons*), clear the table, cook, wash up
takeaway → Chinese, Indian, Italian

1.3 *Collocations*

11 **do:** aerobics – sport; **go:** for a run – jogging – skiing; **play:** football – tennis

12 have a headache/a cold/a fever; hurt your arm; take your temperature/a tablet; see a doctor; catch a cold

13 **a)** catch; **b)** change; **c)** give; **d)** get on; **e)** missed; **f)** take

14 **a)** make a mess; **b)** take a bath; **c)** have breakfast; **d)** take a break; **e)** have a rest; **f)** do the housework; **g)** do the washing-up; **h)** make the bed

15 catch – make – pay – save – find – have – keep – get

1.4 Zwei-Wort-Verben

16 My mum is always **complaining about** my clothes.
Music helps me **concentrate on** my (...).
I'm going to **apply for** a Saturday job.
I've **heard about** a great job in a shop.
We have to **take care of** my grandma.
My grandma always **gets on** the (...).

17 I dreamt **about** Jamie Oliver (...). Have you ever heard **of** him? (...) In England we often hear **about** him. (...) He (...) regularly thinks **of** great new recipes (...). He thinks **about** healthy food a lot (...). Now he's dreaming **of** changing (...) when I hear **from** her next.

18 a) sich kümmern um, aufpassen auf; b) anschauen, ansehen; c) suchen; d) sich freuen auf; e) aussehen wie; f) nachschlagen

19 **keep on:** continue; **bring up:** raise; **turn up:** arrive; **put off:** delay; **think about:** consider; **come back:** return

20 a) Put your coat on. b) *nicht möglich*; c) Don't wake Dad up. d) *nicht möglich*; e) You can try the dress on.

1.5 Wortbildung

21 **dis-:** disappear, disadvantage, dislike; **in-:** indefinite, independent, indirect; **ir-:** irregular, irrelevant, irresponsible; **un-:** unhealthy, unlucky, unusual

22 **to use:** useful/useless; **to help:** helpful/helpless; **to taste:** tasty/tasteless; **to cheer:** cheerful/cheerless

23 a) interesting; b) fascinated; c) bored – boring; d) amazing – amazed

24 to develop, development, developer, developed, undeveloped; to paint, painting, painter, painted, –; to define, definition, definer, defined/definite, undefined/undefinite; to play, play, player, playful, –

25 **head:** headstone, headstrong, headrest, headway, headwind; **arm:** armrest, armchair, armpit, armband; **foot:** football, footpath, footlights, foothill

26 unfortunately – inability – unforgettable – unrealistic – unpleasurable – irreparable

Thementest Wortschatz

1 a) batter *(the others are types of referees)*; b) flat *(the others are geographical features)*; c) taxi *(the others are American English)*; d) frightening *(the others are positive adjectives)*; e) happy *(the others are nouns)*; f) pleasant *(the others describe feelings)*; g) a tablet *(the others are illnesses)*; h) to reply *(the others are ways of thinking)*

2 I got **up** early and **had** a shower. Then I (...) **made** a pot (...) and **ate** my breakfast. (...). I (...) put **off** this day (...). I looked **for** my coat – as usual – put it **on** (...). I usually **go** by bike (...) decided to **take/catch/get** the bus. (...) I might **have** (...). All I could think **about** was (...) concentrate **on** the traffic. I got **off** the bus (...). An advertisement (...) **caught/got** (...). I think I'll apply **for** (...). I walked **on** and got **to** (...) to turn **around** (...). I (...) went **in.** (...)

3 a) greedy; b) aggressive; c) generous; d) reliable; e) obstinate; f) sincere
zugehörige Substantive:
greed – aggression – generosity – reliability – obstinacy – sincerity

4 I don't **watch** TV much **but** there's one **programme** I really **like.** It's a **soap** and it's a **bit** silly really **but** when you **start** watching it, **you** just can't **stop.** I feel **like** the characters **in** the soap **are** my friends **or** my neighbours **and** I just **have** to know **what's** happening to **them.** When somebody **dies,** or somebody's **mum** or dad **leaves** home, I **feel** sad. I **tell** myself that **it's** just a **story,** but I **cannot** stop myself **feeling** unhappy. And **when** a boy **meets** a girl, I **cannot** wait to **find** out what **happens.** Of course, I **never** tell anybody **that** I like **it** and I **always** complain when **my** sister turns **the** TV on. **After** all boys **are** supposed to **like** football.

2 Grammatik

2.1 Zeitformen des Verbs

1 'm – are you doing – do you feel – always feel – don't like – 're missing – is having – smells – are dancing – 's he dancing – doesn't like – looks – 's coming

2 am I doing – 'm flying – leaves – will be sitting – won't be – 'm going to – won't be – 'll have travelled – am I coming

3 **a)** *simple past;* **b)** *past perfect simple;* **c)** *present perfect simple;* **d)** *present perfect progressive*

4 was walking – had walked – had told – had already been – had been walking – started – wasn't – thought – was running – said – 've been calling – did you run

5 John often goes on holiday.
He is travelling around Europe now.
He has already made lots of new friends
Next week they are all going to spend/spending a week in Greece.

6 How long ~~do~~ people ~~speak~~ → **have** people **been speaking/have** people **spoken** (...)? Well, experts ~~are saying~~ → **say** that (...). Of course, (...) it ~~has been~~ → **was** probably more (...) but it ~~has changed~~ → **has been changing** ever since. (...) some languages still ~~influence~~ → **are** still **influencing** it today. (...) the grammar ~~is changing~~ → **changes**, too. So what ~~does~~ English ~~sound~~ → **will** English **sound** like (...)? Well, the experts ~~aren't agreeing~~ → **don't agree** but (...) ~~will change~~ **will have changed** so much that by then they ~~are going to be~~ → **will be** different languages.

2.2 Das Passiv

7 The internet hadn't been invented in 1950. Now the internet is used by many people every day. Modern life has been changed by the internet. Now e-mails are sent and things are bought from people's houses.

8 had been closed – were being closed – be sold – has been found – are being built – are being opened – be closed

9 **a)** We were offered a part in a film./ A part in a film was offered to us.
b) We were lent costumes./Costumes were lent to us.
c) I was sent DVDs of the film later./DVDs of the film were sent to me.
d) All my friends and family were shown the film./The film was shown to all my friends and family.

10 was finished – was trying – was built – be built – had – lost – be made – was going – was given

2.3 Die indirekte Rede

11 **a)** Mum says she likes your new hat.
b) Joe says he met Sue yesterday.
c) Dad says he's bought a new car.
d) Ann says she's meeting her friends.

12 **a)** John said (that) they had lost again.
b) Lisa replied (that) they always lost.
c) John said (that) the week before they had played really well.
d) John added (that) he wasn't going to go there and watch a game ever again.
e) Lisa said (that) she was sure he would be there again the next day.
f) John said (that) he had forgotten that they had a match the next day.

13 **a)** He told me not to sit there. **b)** She asked me to come in. **c)** He told us to open our books. **d)** He asked us not to talk.

14 Mrs Ellis told me to sit down and then asked me if I'd chosen my subjects for next year and I said yes, but I hadn't spoken to you about it. She asked me which subjects I wanted to do and I said that I'd like to take all three sciences. She asked my why I wanted to take those subjects and I answered that I wanted to be a doctor. She told me not to worry about Physics. She said that I didn't have to do Physics to study medicine and I replied that I thought universities preferred it. She said that that might be true but that I wasn't doing very well in Physics at the moment. She said that I had to work harder. I said that I worked hard but that I just couldn't do it. She asked me if I'd like some extra help and I said that I'd ask my dad. She asked if he was good at Physics and I said that he should be and that he was a Physics teacher.

2.4 Der Satz

15 a) What do you usually do at the weekend? b) (On Saturdays) I usually work hard in a diner (on Saturdays). c) (Last weekend) I didn't have to work in the diner (last weekend). d) What did you do then? e) I had to help my mum in the house all afternoon.

16 **Subjekt:** sleep, I, a cow, my brother, we
Objekt: sleep, us, a cow, my brother, him
Hilfsverb: could, doesn't, are going to, must
Verb: sleep, get up, eaten, wanted, read
Adverb/Adverbiale: in the morning, sometimes, early, at all, tomorrow
Konjunktion: if, when, although

17 **Lösungsvorschlag:**
I sometimes get up early in the morning.
Sometimes my brother doesn't want to get up at all.
Tomorrow we are going to go to town in the morning.
We must get up early in the morning because we're going to town.
Although I sometimes go to bed very late, I always get up early.

18 If we use too much energy, we'll have problems soon.
We'll become fitter if we drive less.
We wouldn't have polluted so much if cars hadn't been invented.
If we hadn't polluted our rivers, we'd be able to swim in them.
We'd save energy if we threw fewer things away.
If we drove cars less, we'd use less energy.
We would have changed things sooner if wealth hadn't been so important.

19 didn't have to – wouldn't have been able to – hadn't saved – wouldn't have to – work – wouldn't be able to – won't be able to

20 a) My family is full of people who like to do strange things *(notw.)*. b) One uncle is a postman who works in the Scottish islands *(notw.)*. c) He takes letters by boat from the biggest island, which he lives on, to the other islands *(nicht notw.)*.
d) Another uncle, who is my mum's oldest brother, lives in Australia *(nicht notw.)*.
e) He has a farm which breeds crocodiles *(notw.)*.

21 being *(pres. part.* – making *(pres. part.)* – escaping *(ger.)* – to read – Growing up *(pres. part.)* – taken *(past part.)* – to climb – Climbing *(ger.)* – studying *(pres. part.)* – to reach – hearing *(ger.)*

Thementest Grammatik

1 a) I have never been to a dance course. b) Yesterday I saw an advertisement for a dance course. c) Tomorrow I'm going/I'm going to go to my first class. d) Nobody will probably want to dance with me.
e) But if I don't go, I'll never know.

2 Mother asked if Rita had had a good flight.
Rita said that she had had a good journey there. She asked if she was allowed to phone her parents.
Mother said yes and told her to use the phone whenever Rita liked. She asked what she would like to eat.
Rita told her not to worry about her and that she would eat anything.
Mother said that they were going to have an Indian takeaway.

3 was originally built – bought – using – became – had been changed – was – had lived – made – has hardly been changed – was made – have always invited – has been opened – can be visited

4 **a)** As I was walking through a room, I saw the Queen. **b)** A few minutes later I met Robbie Williams in another room.
c) Had I been invited to a fantastic party?
d) No, my friends had persuaded me to visit Madame Tussauds.

3 Lesen

3.1 *Skimming*

1 **a)** Blackpool; **b)** Edale; **c)** Castlefield; **d)** Didsbury

2 **a)** Shock for Police; **b)** Teachers Work too Hard; **c)** Gene Tests Can Help; **d)** Lazy Burglar

3 B – C – A – D

3.2 *Scanning*

4 **a)** *true;* **b)** *false;* **c)** *true;* **d)** *false;* **e)** *true;* **f)** *false;* **g)** *true*

5 **Yosemite:** *state:* California; *activities:* walking, rock climbing, cycling, skiing; *wildlife/nature:* mountains, waterfalls, streams, trees
Yellowstone National Park: *state:* Wyoming; *activities:* hiking, fishing, boating, snow mobiles; *wildlife/nature:* volcano, geyser, wolves, grizzly bears
Bryce Canyon National Park: *state:* Utah; *activities:* watching wildlife, observing the stars, skiing; *wildlife/nature:* rocks, canyon, mountain lions, foxes, antelope, birds

6 **a)** 15; **b)** at a youth club and a summer camp; **c)** for four weeks; **d)** from July to September; **e)** sail, windsurf, paddle a kayak, table tennis, badminton; **f)** a nursery teacher; **g)** that it is for younger children

3.3 *Intensive reading*

7 **a)** an advertisement; **b)** all day long; **c)** mostly by speaking; **d)** almost every interest; **e)** everyone; **f)** by e-mail or phone

8 **a)** *true;* **b)** *not in the text;* **c)** *false;* **d)** *true;* **e)** *false;* **f)** *true;* **g)** *not in the text*
Verbesserung c): They run long distances to find water or food; *Verbesserung e):* They feel nervous when they give interviews.

9 **a)** 6–7; **b)** 14; **c)** 18; **d)** 22–23; **e)** 27; **f)** 21; **g)** 22

Thementest Lesen

2 **b)**

3 **a)** *false;* **b)** *not in the text;* **c)** *true;* **d)** *false;* **e)** *true;* **f)** *false*

4 **a)** Jamie could go to the casting because he was good at acting.
b) Another actor at the casting was unfriendly to Jamie.
c) Jamie hadn't wanted to become an actor because his father was a famous actor.
d) Because he didn't want other people to know who his father was.

4 Schreiben

4.1 Das *summary*

1 **Lösungsvorschlag:**
Manga are Japanese comics. They are for everybody. There are manga about lots of different subjects, for example, romance, business, sports or science fiction. They started becoming popular after World War II and have become more popular since then. They are read all around the world. Japanese manga are written from top to bottom and from right to left. Translated versions must be opened at the back.

2 **Lösungsvorschlag:**
There's much more to do in towns than in the country but the country is more relaxed. It's easier to do lots of sports in towns but the country is healthier. It's easier to get around towns but the country is safer because the air is better and there's less traffic. There's a wider variety of people in the town which means that you can always find people with your interests but in the country you always

know the people who live around you which can be a big advantage.

4.2 Schreiben nach Vorgaben

3 Lösungsvorschlag:

Hi Jake,

Yes, I'd heard that you're coming. That's great. I'm really looking forward to seeing you again. I am on holiday in August and the weather is usually nice and warm so bring your swimming things with you. There's a great open-air swimming pool in Tübingen and there are lots of lakes nearby where you can go swimming. There's lots of things to do in Tübingen. We can row on the river or go cycling and then have barbecues in the forest.

I want to do a windsurfing course on Lake Constance this summer. Do you want to come with me? I don't think it's expensive and I think it'll be great fun.

Write soon.

Paul

4 Lösungsvorschlag:

Dear Sir/Madam,

I saw your advertisement in a horse riding magazine last week and I'd like to do a riding course in August.

Could you please send me some more information about the course? How much does a riding course for a week cost? How long are the riding lessons?

I'd like to stay in a tent but do you have to bring a tent with you or do you have them there? How much does it cost to stay in a tent and how much to stay in the farmhouse?

Can you also please send me information on how to get to the farm? Thank you.

Yours sincerely, ...

5 Lösungsvorschlag:

I interviewed Annie Codger who lives next door to James Rusty. She said that she'd heard an argument last night at about 10 p.m. and that Mr Rusty and his girlfriend often argued. She said that she heard a bang at 11 p.m. and had thought it was the door. She went to bed at 11.15, heard a door bang and looked out of the window. She said that she saw a woman, who looked like Mr Rusty's girlfriend, running down the street. But when I asked her what she was wearing, she said that she hadn't been able to see.

I also interviewed Alan Hodgson, who lives at number 8. He said that he had got home at 11.00 and had seen Mrs Codger going back into her house. He saw lights on in Mr Rusty's house and heard the television but he didn't hear any other noises. When the television didn't go off, he phoned Mr Rusty and knocked on his door. When nobody answered, he phoned the police. He said that he thought Mr Rusty and his girlfriend had a good relationship and wanted to marry next year.

I later interviewed Mr Rusty's girlfriend, Sheryl Bird. She said that she had met Jamie in a pub after work and that they had gone back to Mr Rusty's house at about 9.30 and watched a video. Ms Bird said she had left at 10.30 and that they hadn't had an argument. She thought that Mrs Codger liked Mr Rusty a lot.

Ms Bird's and Mr Hodgson's stories agree with each other and disagree with Mrs Codger's. It is possible that Mrs Codger murdered Mr Rusty. We need to search her apartment quickly.

4.3 *Creative Writing*

6 Lösungsvorschlag:

Alice was angry with herself for leaving home and she decided to take the short cut across the moor. It was easy as long as no fog came down. But it was evening now and getting dark. Then the fog came down and she couldn't see anything. She had no idea which way to go. If she went the wrong way, she could die in the moor.

She stopped and then she heard her brother's voice, "Alice, it's this way. This way!" She ran in that direction. She must be nearly home and her brother must be feeling a bit better if he could shout. She felt a bit happier and

ran as fast as she could. After ten minutes she was home.
She ran in the door but heard her mum crying. "Mum, Mum. What's wrong?" she cried. She ran into her brother's room. "He's dead, he's dead," cried her mother. "But he can't be," shouted Alice. "He just called me. He helped me get across the moor."
Her mother stopped and looked at her. "You must have imagined it," said her mother, "Rob died an hour ago."

7 Lösungsvorschlag:

a) I like the picture of Bryce Canyon best. It shows a part of the canyon and the country behind. The rocks and cliffs in the canyon are beautiful shades of red and you cannot see any signs of people at all. I like the picture because of the beautiful colours.

b) I don't like the picture of New York. There are too many buildings and I think that there are probably too many people there and that everything is hectic and chaotic. It isn't beautiful.

c) I would like to go to California where the surfer is surfing because I would really like to learn to surf. I think California sounds really interesting and I'd also like to go walking in the mountains.

8 Lösungsvorschlag:

It was a beautiful day but Jane wasn't feeling very happy. She'd had an argument with her boyfriend, Mark, again. And her friends had taken her boyfriend's side – again! It wasn't fair, she thought. She was angry with all of them and she didn't know what to do. And the day had started so well.
They'd met in town and gone shopping. She'd seen a beautiful necklace but it was too expensive for her. She never had enough money. Her friends didn't buy anything either but they had all laughed a lot and enjoyed themselves. Then they all went to the park and Mark had given her the necklace as a present. She was so happy but then she said, "When did you buy it? I didn't see you go to the till?" And he laughed, "I didn't buy it, I stole it – just for you."
Her friends had laughed, too, as though it was a joke but she'd thrown the necklace back at him and ran away in tears.
Jane just sat on the floor with her head in her hands and cried but she still heard how her friends had followed her and sat near her. They were talking about her she knew. She hoped they were saying something nice.
She didn't want to lose her friends but she couldn't hang around with them if they stole things, could she?
She heard footsteps behind her and turned round. It was Mark. What was he going to say? "Jane. I'm sorry. It was silly of me. I'm going to take it back to the shop. Will you come with me?"

Thementest Schreiben

1 Lösungsvorschlag:

... They were playing quite well except for this one girl with red hair who wasn't really concentrating on what she was doing. She had red hair and looked a bit eccentric.
She looked over at me a couple of times and she smiled. She had the most beautiful smile and I wanted to watch a bit more when this other girl, Joanne, came over to talk to me. She was really nice and friendly and it was great to have somebody to talk to again.
We were talking when the red-haired girl fell over a chair. I thought she would have really hurt herself because she had been running so fast, but when she got up again she was still smiling.
I really wanted to talk to her and I almost had my chance later when it was time for a snack. I saw her getting a drink and some biscuits and I was just about to walk over to her when she started walking towards me. She had her hands full of biscuits and drinks and when somebody asked her the time, she forgot to put the drink down first. She poured orange juice all over herself and ran out.
It was really funny but I still couldn't talk to her. Then I asked somebody what she was called and I went to find her. She was sitting

at the computer and shouting at it when I walked in.
I was just about to ask her if she wanted to play badminton with me some time when Joanne came in and offered me a lift home. But it doesn't matter because Joanne gave me Jill's telephone number and I'm going to phone her up now.

2 Lösungsvorschlag:
I think cats make the best pets because they aren't very expensive and they're easy to look after. Cats are very independent and they don't need somebody to be at home with them all day. You can leave them at home when you go on holiday. All you need is somebody who will give them some food twice a day. They are also very interesting to watch. You can play games with them and they will come when you call them. They become your friends.

3 Lösungsvorschlag:
Hi Brady,
Thanks for your invitation and the photos. The place looks great and I'd love to come. I'd love to visit L.A. and Hollywood and learn how to surf, too. I must ask my mum and dad first, though. Do you think it will be very expensive?
Anyway I'll write as soon as I've asked my parents – I've got to wait until they're both in a very good mood.
CU
Jane

5 Sprechen

5.1 Vom Englischen ins Deutsche vermitteln

1 Willkommen in unserem Haus! Hier sind ein paar Tipps, damit der Urlaub schön wird. Bei der Ankunft: Strom einschalten – unter der Treppe. Dann den Kühlschrank und die Tiefkühltruhe anschalten. Der Hauptschalter für die Heizung und das heiße Wasser ist in der Küche neben der Tür.
Während Ihres Urlaubs: Telefonbuch und eine Liste von wichtigen Telefonnummern befinden sich in dem Schrank unterm Telefon. Sie können gern anrufen, wenn Sie etwas brauchen. Sie können den Kamin im Wohnzimmer benutzen, sollten ihn aber vor der Abfahrt wieder saubermachen. Kohle und Holz finden Sie im Gartenhaus.
Falls etwas kaputtgeht, bitte ersetzen und notieren. Falls es nicht ersetzbar ist, bitte Bescheid sagen.
Vor der Abreise: Alle Geräte ausschalten und das Haus wieder in den ursprünglichen Zustand bringen, hoffentlich sauber. Verlassen Sie das Haus bitte bis 12 Uhr, außer es ist etwas anderes vereinbart.

2 Mit der Fähre./Vom Battery Park./Nein, wir brauchen ein „Monument Access"-Ticket./ Wir können es versuchen, aber es wird empfohlen, die Tickets vorher zu besorgen./ Nein, mit einem Privatboot darf man nicht anlegen./Doch, Liberty Island oder Ellis Island kann man schon besichtigen.

5.2 Vom Deutschen ins Englische vermitteln

3 We can go for hikes or visit other castles in the area./No, the tour lasts for 35 minutes./ We can get a ticket in the village below but it says it's better to buy one before our visit./ Eight euros.

4 Yes, he thought it was great./He thought you were all enthusiastic, your acting was good and it was funny./Yes, he could./Yes, he thought you were great./Yes, he did.

5.3 Zwischen Deutsch und Englisch vermitteln

5 We want to go to the centre. How much is the cheapest ticket?/Er möchte wissen, ob wir nur hin- oder auch wieder zurückfahren möchten./What's the difference in price, please?/Ein einfacher Fahrschein kostet drei Pfund fünfzig, ein Tagesfahrschein kostet fünf Pfund dreißig./And what's an Oyster Card?/ Das ist eine aufladbare Karte. Man zahlt eine

Kaution für die Karte und dann zum Beispiel zehn Pfund für die Fahrten, bis das Geld aufgebraucht ist. Er sagt, es sei praktischer, weil man dann nicht jeden Tag ein neues Ticket kaufen muss; außerdem ist es billiger. Aber es lohnt sich nur, wenn man mehrere Tage damit fahren will./Could we have one, please?

6 He wants to know which train you used./Mit der U1 vom Schlossplatz./What time did you get on?/Ungefähr um zwölf Uhr zwanzig./What does your rucksack look like?/Er ist blau und hat vorn zwei Taschen und ein paar Aufkleber an den Seiten./What was in your bag?/Sein Fotoapparat, ein Buch und ein bisschen Geld./They don't have it but he says they might still get it. Maybe this evening.

Thementest Sprechen

1 What's the best way to get around in Banff National Park?/Sie sagt, er sei recht groß, daher sollen wir am besten ein Auto mieten, wenn wir viel sehen wollen./Do we have to pay to drive into the park?/Ja, wenn wir dort übernachten wollen, müssen wir einen Pass kaufen./Is it true that you can see grizzly bears in the park?/Sie sagt ja, außerdem soll es Schwarzbären, Wölfe, Elche und viele Vögel zu sehen geben./Is it dangerous?/Nein, aber wir sollen unbedingt vorsichtig sein. Hier ist ein Buch, wo drinsteht, wie man sich im Park verhalten muss.

6 Abschlusstests

Test 1

1 a) 4.; b) 1.; c) 2.; d) 3.

2 a) helps children cross the street; b) angry drivers; c) have to stop; d) to the stop signs

3 a) *true;* b) *false;* c) *false;* d) *not in the text;* e) *true;* f) *false*
Verbesserung b): You can see video cameras in shopping centres, too. *Verbesserung c):* They've shown that they aren't very useful. *Verbesserung f):* Not many people want to become lollipop men or ladies.

4 approach: **get near;** offensive: **bad;** prevent: **stop;** subway: **underground tunnel**

5 a) People have always thought well of them until now; b) which puts everybody's lives in danger; c) because they wanted to lower the amount of crime; d) will be happy to work as lollipop people

6 a) She said she had worked for years as a lollipop lady and nobody had ever been aggressive to her. b) He said he had already walked into the middle of the road when somebody had driven straight at him.
c) She said that if they didn't do anything soon, a lollipop man was going to be killed.
d) Another man asked what they were going to do with the cameras. He hadn't heard anything about it.

7 **Lösungsvorschlag:**
I agree with "Shocked!" I can't believe that people drive so aggressively. Why is everybody in a hurry all the time? Surely people understand that they have to stop for children. I think video cameras are a good idea. People who don't do anything wrong have got nothing to worry about. I don't agree though that aggressive drivers should have to go to prison. There are too many people in prison.

8 came – 've visited – 're sitting – 've been sitting – haven't got – don't work – 'll need – know – didn't listen – met – had never wanted

9 **Lösungsvorschlag:**
It's going dark now. It's cooler and we have to put some more clothes on. Now it's cooler, I feel I can think again.
We can't give up. We're supposed to be at the sheep farm tomorrow and if we don't arrive, they'll probably send somebody to find us.
We have to stay alive until then.
How long can you survive without drinking?
I don't know. Then we see a bird.
Suddenly I realise that if there's a bird near here, there must be water near here, too.

Birds need water, too.
We follow the bird and eventually see some birds and some very small plants but no water. We watch the birds. They seem to be eating the plants. We go nearer and then see that some water has collected in the leaves of the plants. We drink some, too. There's not much there but it's enough.
We sleep near the plants and in the morning drink some water from the plants. Before the sun gets to its highest we hear the noise of a plane. We've got to make them see us. How can we do it? We could make a fire but we don't have any matches. Then we have an idea and we make a fire with some paper and my glasses.
We wave and shout but they fly past. Haven't they seen us? We sink onto the floor and I fall into a deep sleep. I think it's going to be my last but when I wake up again, some people are lifting me into a jeep. We've been saved. The plane had seen us but couldn't land so they gave our position to the sheep farmer and they came and rescued us.

10 If the wheel hadn't been invented, we wouldn't be able to travel very far.
If we didn't have computers, would life be very different?
We wouldn't have polluted our seas if steam power hadn't been invented.
People wouldn't live as long if we didn't have our new medicines.
If we continue inventing things so fast, will life get better or worse?
Life will carry on changing if we want it to or not.

11 Lösungsvorschlag:
I think the wheel and the computer are the two most important inventions. If the wheel hadn't been invented, we couldn't have invented very much else either. The wheel is needed for all transport and for producing almost everything in factories.
The computer is also very important because it has changed almost every part of our life. Most forms of transport now depend on the computer. Most jobs need computers. Even farmers use them nowadays. And our free time has been changed by computers, too.

12 Er sagt, dass er den Ball mit dem neuen Schläger viel weiter schlagen kann und dass sein Team vielleicht Meister wird. Deswegen müssen sie gerade viel üben./Er findet, dass Cricket viel weniger aufregend ist als Baseball./Es läuft gut. Er glaubt, er wird gute Noten bekommen, aber sein Vater meint, er sollte mehr lernen und nicht so viel Baseball spielen./Weil er es erst seit acht Monaten in der Schule lernt und sein Vater versäumt hat, mit ihm zu Hause auf Deutsch zu sprechen – das behauptet jedenfalls seine Mutter.

Test 2

1 c)

2 a) four; b) worried; c) birds, cliffs, people; d) boats; e) two; f) her leg

3 a) line 2; b) line 8; c) line 13; d) line 29; e) line 34; f) line 51; g) line 60

4 a) mieten; b) Achterbahn; c) Stromschnellen; d) bluten

5 I **had** never been in …/They **would** give us a …/Let **us** go …/It **is** like going/It **has** just caught a …

6 a) That's the girl (who) we met in France. b) That boy, who was in the tent next to us, comes from London. c) We went to a great festival in this town, which went on until 5 a.m. d) Our tent, which had holes in, was really small. e) This is the boy whose brother played football for France.

7 Lösungsvorschlag:
My parents drove down to the campsite in their car but we went by train. We caught a train to Paris, changed and went to Avignon and then caught a bus. We arrived at the campsite, which was really beautiful, on Friday evening and then tried to put up our tent. We'd never done it before and it was really difficult. It was so funny that we couldn't stop laughing and in the end we

just slept in our sleeping bags under the stars. It was great!
On Saturday some French people, who spoke English really well, helped us to put up our tent and they told us about a great festival which takes place every year on that weekend in Nîmes. We went to the festival on Saturday evening and it was fantastic. We ate delicious food which was sold on stalls in the streets and we listened to music and danced in the streets, too. We left at 2 a.m. but lots of people were still arriving.
On Sunday we slept until lunchtime and then went swimming in the river. What a great start to a holiday! Our parents arrived in their car today.

8 I had a **terrible** holiday this **year.** I went with my **parents** to a new **holiday** centre in England. It sounded **great** when we read the **brochure.** It said it was near the **beach** and there were three **swimming** pools there – inside and **outside.** It said **there** was a big boating **lake** there and a small artificial **river** which you **could** go canoeing on. We could **choose** whether to stay in wooden **houses** in the middle of the forest, or a hotel **near** the swimming pools. We chose to **stay** in one of the **wooden** houses. It looked **beautiful** on the **picture.**
When we **arrived,** we **were** shocked. The wooden houses were **very** small and they **hadn't** been cleaned when we arrived. We couldn't **cook** on the oven because it was **broken.** The holiday centre **wasn't** near the beach. You **had** to drive there or walk **fast** for over half an hour. There was no **water** in the outside swimming **pools** or in the artificial river. When we **complained,** the manager said that they were **being** cleaned and that it was too **cold** to go swimming.

9 Lösungsvorschlag:
Harry Windsor,
20 East Road,
Stratford E14 2RC
July 14th 2008

Dear Sir/Madam,
I am writing to complain about your holiday centre. We went on holiday there from July 2nd to 11th and it was nothing like we expected from the brochure.
Our wooden house was very small and dirty and the oven didn't work. The holiday centre was not near the beach; it took over thirty minutes to walk there. There was no water in the outside swimming pools or in the artificial river and when we complained to the manager, he was very unhelpful and unfriendly.
We would like all of our money back, please, because the terrible facilities spoilt our holiday. We also had to go out to eat every day because we couldn't cook on our oven.
Yours sincerely,
Harry Windsor

10 Lösungsvorschlag:
Most of all I would love to go climbing. I love walking up mountains because I love being at the top of them. I think climbing would be even more enjoyable. When you climb, you have to use every muscle in your body and you need to use your head and I would love the challenge.
The thing I would least like to do is parachuting. I'm scared of going in planes and I cannot imagine jumping out of one, although I can imagine that falling slowly through the sky must be a great feeling.
I also think that parachuting is dangerous.

11 Lösungsvorschlag:
The training was fun. I loved it. You had to practise jumping off things and landing on soft cushions. You also learned about winds, planes, how to pack a parachute, how to change direction and where to land. I even began to think that I could jump out of a plane, too.
After about three months we were already to jump out of a plane and the date was set for the first jump. I was terrified. I didn't sleep for three days before.

I was so scared when I was in the plane that I thought that everybody would be able to hear my heart beating. Caroline and the others were nervous, too, but they could still laugh about things. Eventually we were high enough and the first ones jumped.
When the door opened, I froze. I couldn't move and I couldn't even think. We all sat on a bench and when one person jumped out, we all moved up. I didn't move; I was just pushed along. Then I was at the door. I don't know how I got there. And I didn't jump but suddenly I was falling through the air. I screamed but no noise came out. I pulled my parachute cord but the parachute didn't open. I was falling faster and faster and then everything went black.
I woke up in bed and looked at the clock. I had been dreaming. It was the day of the jump but I had decided not to go. My mum had said that you don't have to be able to do everything and there's nothing wrong with being scared of a few things. I was happy now and this evening I was going to meet Caroline.

12 Do you have any tickets for "Gigi" this week?/Er möchte wissen, wie viele Tickets wir gern hätten./We'd like five, please./Sie haben Tickets für Mittwochabend oder Donnerstagnachmittag./What time does it start on Thursday afternoon?/Er sagt, es geht um 14.30 Uhr los, aber wir müssen eine halbe Stunde vorher da sein./What do the tickets cost?/Acht Pfund, wenn wir auf dem Boden im Gras sitzen wollen, sonst 26 Pfund./We'd like five tickets for the grass, please. And what happens if it rains?/Wenn es regnet, können wir die Tickets bei einer anderen Vorstellung einlösen.

1 Terme

1.1 Umformen von Termen

1 a) $29y$; b) $8x + 22x^2$; c) $5ab - 2a + 6b + 21a^2b - 5ab^2$; d) $24p + 3pq + 6p^2q$; e) $xy - 2x^2y$

2 a) → (3); b) → (1); c) → (4); d) → (2)

3 a) $3x^5y^2$; b) $-32p^4q^2$; c) $-14a^6bc^2$; d) $-20x^6y$; e) x^{14}; f) $-24a^3c^3$

4 a) richtig: (1) = $3x + 30 - x^2 - 2x$, Distributivgesetz, Minusklammer; (2) = $x - x^2 + 30$, zusammenfassen; b) richtig: (1) = $pq + 10q - 2q - 10$, Distributivgesetz, Minusklammer; (2) = $pq + 8q - 10$, zusammenfassen

5 a) $-5ab + 12a + 15b$; b) $30ab + 3a^2 + 3a^3$; c) $-a^2 - 5ab - 4b^2$; d) $2x\,(2y - 3 + 7x)$; e) $3xy^2\,(27xy - 2)$; f) $15xy\,(-x + 3 - 15y)$

6 a) 6, $3x$; b) $9ab^2$, 12; c) $6ab$, $4b$; d) $-3x$, 5

1.2 Binomische Formeln

7 a) $a^2 - 10a + 25$; b) $49 - x^2$; c) $\frac{1}{49} + 2y^2 + 49y^4$; d) $9a^2 + 2ab + \frac{1}{9}b^2$; e) $1 - 36a^2$; f) $b^2 - 16y^2$; g) $a^2 - 289b^2$; h) $9 + 4{,}8c + 0{,}64c^2$; i) $\frac{1}{16}x^2 - \frac{1}{25}y^2$; j) $\frac{1}{4}a + 3ab + 9b^2$; k) $4a^2 - 24ab + 36b^2$; l) $1{,}44p^2 - 16{,}8pq + 49q^2$

8 a) x, $2x$; b) 13, 13; c) 9, $18x$; d) 121, z; e) $2b$, $4a^2$, $4b^2$; f) 1, $6x$, $6x$; g) 1, $49x^2$, $14x$; h) b, $4c$, $16c^2$; i) a, 5; j) $3g$, $15b$, $225b^2$

9 a) $(a - 11)^2$; b) $(8x - 13)(8x + 13)$; c) $\left(\frac{1}{3}x + 3\right)^2$; d) $(a + 4bc)^2$; e) $(0{,}4a - 1)^2$; f) $\left(\frac{1}{6}p^2 - q\right)\left(\frac{1}{6}p^2 + q\right)$

10 a) $x^2 - 8x + 16$, $(x - 4)^2$; b) $25 + 20b + 4b^2$, $(5 + 2b)^2$; c) $a^2 - 6ab + 9b^2$, $(a - 3b)^2$; d) $p^2 - 1$, $(p - 1)(p + 1)$; e) $4x^2 - 9y^2$, $(2x - 3y)(2x + 3y)$

11 a) kein Fehler; b) $(a - b)^2 = a^2 - 2ab + b^2$; c) $(2p - 2q)^2 = 4p^2 - 8pq + 4q^2$; d) $(3x - y)(3x + y) = 9x^2 - y^2$; e) $(s + t)(s - t) = s^2 - t^2$; f) $(x - y)(x - y) = x^2 - 2xy + y^2$

12 Start: (3), (2), (6), (7), (5), (4), (1)

1.3 Bruchterme

13

	2	–5	x	x – 1
$\frac{1}{x}$	$\frac{2}{2x}$	$\frac{-5}{-5x}$	$\frac{x}{x^2}$	$\frac{x-1}{x^2-x}$
$\frac{-2}{3x-1}$	$\frac{-4}{6x-2}$	$\frac{10}{-15x+5}$	$\frac{-2x}{3x^2-x}$	$\frac{-2x+2}{3x^2-4x+1}$

14 a) $3x$; b) $2x^2 + 4x$; c) $5b^2 + 5b$; d) $4a^2 + 2ab$

15

a)	$x(x+1)$	$\frac{3x+3}{x(x+1)}$	$\frac{4x}{x(x+1)}$	D = $\mathbb{Q}\setminus\{0;-1\}$
b)	$a^2 - 36$	$\frac{2a^2-12a}{a^2-36}$	$\frac{a^2+7a+6}{a^2-36}$	D = $\mathbb{Q}\setminus\{-6;6\}$

16 a) $\frac{9x-5}{10x}$; b) $\frac{x^2+5x+6}{x^2-25}$; c) $\frac{10}{a+6b}$; d) $\frac{5a-15}{a-1}$; e) $\frac{b^2}{a(a-b)}$; f) $\frac{x^2-1}{14x-77}$

1.4 Rechnen mit Quadratwurzeln

17 a) 2; b) 8; c) 11; d) $\frac{2}{3}$; e) –; f) 1,2; g) 10; h) $\frac{1}{5}$; i) 0,9; j) 4; k) –; l) $\frac{13}{16}$; m) 18; n) 0; o) 0,4; p) –

18 a) $\sqrt{25 \cdot 5} = 5 \cdot \sqrt{5}$; b) $\sqrt{49 \cdot 6} = 7 \cdot \sqrt{6}$; c) $\sqrt{144 \cdot 2} = 12 \cdot \sqrt{2}$; d) $\sqrt{64 \cdot 10} = 8 \cdot \sqrt{10}$

19 a) $5 \cdot \sqrt{15}$; b) $9 \cdot \sqrt{7} + 7$; c) $28 \cdot \sqrt{11} - 5 \cdot \sqrt{13}$; d) $11 \cdot \sqrt{x} + 7 \cdot \sqrt{y}$

20 a) $2 \cdot \sqrt{3} + 2 \cdot \sqrt{4 \cdot 3} = 6 \cdot \sqrt{3}$; b) $5 \cdot \sqrt{6} + \sqrt{4 \cdot 6} - \sqrt{6} = 6 \cdot \sqrt{6}$; c) $-\sqrt{8} + \sqrt{2} = -\sqrt{4 \cdot 2} + \sqrt{2} = -\sqrt{2}$; d) $2 \cdot \sqrt{9 \cdot 3} + \sqrt{4 \cdot 3} - 5 \cdot \sqrt{3} = 3 \cdot \sqrt{3}$; e) $2 \cdot \sqrt{a} + 7 \cdot \sqrt{a} - 11 \cdot \sqrt{a} + 11 = 11 - 2 \cdot \sqrt{a}$; f) $2 \cdot \sqrt{x} + 8 \cdot \sqrt{x} - 3 \cdot \sqrt{y} = 10 \cdot \sqrt{x} - 3 \cdot \sqrt{y}$

21 a) $\frac{\sqrt{10}}{20}$; b) $\frac{5 \cdot \sqrt{7} + \sqrt{21}}{7}$; c) $\sqrt{11} - 2$;
d) $\frac{3 \cdot \sqrt{5}}{20}$; e) $\frac{5 \cdot \sqrt{2} + 2}{4}$; f) $\sqrt{3} + \sqrt{2}$

22 a) $3 + 10 \cdot \sqrt{3} + 25$; b) $\sqrt{6y} + 4 \cdot \sqrt{y}$;
c) $6 \cdot \sqrt{y} + 14 \cdot \sqrt{x}$; d) $21 - 7 \cdot \sqrt{21}$;
e) -17; f) $2 \cdot \sqrt{2x} + 4 \cdot \sqrt{y} - \sqrt{2xy} - 2y$;
g) $21 \cdot \sqrt{2a} - \sqrt{a}$; h) 2

23 a) wahr: $1 + \sqrt{5} = \sqrt{(1 + \sqrt{5})^2} = \sqrt{1 + 2 \cdot \sqrt{5} + 5} = \sqrt{6 + \sqrt{20}}$;
b) wahr: $\sqrt{2} + \sqrt{5} = \sqrt{(\sqrt{2} + \sqrt{5})^2} = \sqrt{2 + 2 \cdot \sqrt{10} + 5} = \sqrt{7 + 2 \cdot \sqrt{10}}$

Thementest Terme

1

Term	$x = 2$	$x = \frac{1}{4}$	$x = -2$	$x = 7$
$9x - 3$	15	$-\frac{3}{4}$	-21	60
$2x^2 + 6$	14	$6\frac{1}{8}$	14	104
$\sqrt{x+2} - 1$	1	$\frac{1}{2}$	-1	2
$\frac{5}{x+2}$	$\frac{5}{4}$	$\frac{20}{9}$	–	$\frac{5}{9}$

2 a) $2 \cdot (x + 2)$; b) $(x + 4) \cdot (x - 4)$;
c) $(5 - y) \cdot 2$; d) $2 \cdot (x + 3) \cdot 7$;
e) $(21 + b) \cdot (2 - c)$; f) $(a + 5)^2$

3 a) → (2); b) → (5); c) → (1); d) → (4);
e) → (3)

2 Lineare Funktionen und Gleichungen

2.1 Zuordnungen

1

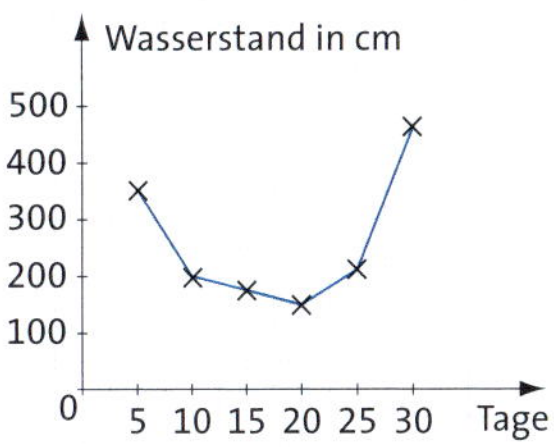

2 a) proportionale Zuordnung;
b) wachsende Zuordnung, aber nicht proportional, da bei jedem Menschen unterschiedlich;
c) antiproportionale Zuordnung;
d) proportionale Zuordnung

3 $m = 1{,}5$

x	1	3	4	6	14	18	90
y	1,5	4,5	6	9	21	27	135

4 a) 20 € → 32 CHF; 25 € → 40 CHF;
30 € → 48 CHF; 40 € → 64 CHF;
b) $y = 1{,}6 \cdot x$;
c) 11,50 € → 18,40 CHF; 22 € → 35,20 CHF;
375 € → 600 CHF; 1025 € → 1640 CHF

5 $k = 120$

x	1	2	3	4	12	15	20
y	120	60	40	30	10	8	6

6 a)

Personen	15	20	25	30
Kosten in €	5	3,75	3	2,5

b) antiproportionale Zuordnung: $y = \frac{75}{x}$
c)

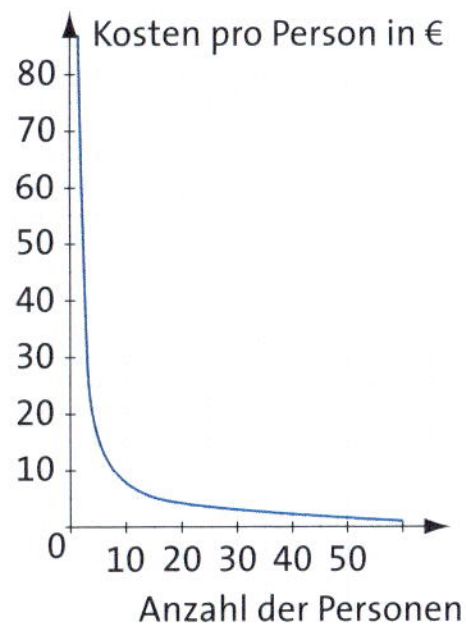

2.2 Lineare Funktionen

7 $f(x) = -\frac{1}{2}x + 3{,}5$; $g(x) = 1$; $h(x) = \frac{1}{5}x - 1$;
$i(x) = -3x + 1$; $j(x) = \frac{4}{5}x + 2{,}5$; $k(x) = \frac{3}{2}x - 2$

8

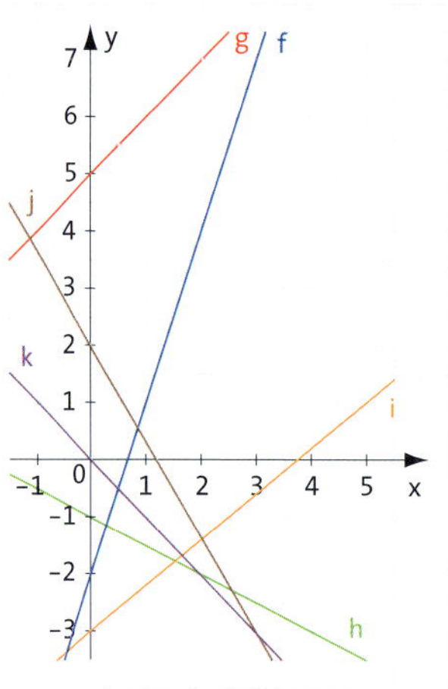

9 Richtig sind: b), e).

10 Auf der Geraden liegen a), c), d), e) f), g), i).

11 **a)** $f(x) = 2x + 5$; **b)** $f(x) = \frac{5}{2}x - 4$

12 **a)** $g(x) = \frac{5}{7}x + 5$; **b)** Schnittpunkt mit der x-Achse: P(2,8|0); Schnittpunkt mit der y-Achse: Q(0|–2)

2.3 Lineare Gleichungen

13 **a)** $x = 7$; $L = \{7\}$; **b)** $y = 4$; $L = \{4\}$; **c)** $x = 3{,}6$; $L = \{3{,}6\}$; **d)** $x = 12$; $L = \{12\}$; **e)** $L = \mathbb{Q}$ (bzw. $\mathbb{R}$); **f)** $x = 13$; $L = \{13\}$

14 **a)** → (3); **b)** → (1); **c)** → (2)

15 **a)** $8x + 3 = 99 \Leftrightarrow x = 12$;
b) $x + y = 144$ und $y = x - 26$
$\Rightarrow x + (x - 26) = 144 \Leftrightarrow x = 85 \Rightarrow y = 59$

2.4 Lineare Gleichungssysteme

16

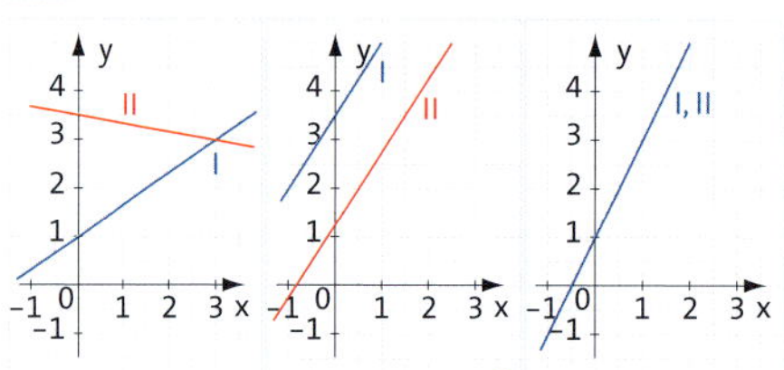

a) L = {(3|3)} (Geraden schneiden sich);
b) L = { } (Geraden verlaufen parallel – kein Schnittpunkt);
c) $L = \mathbb{Q}$ (bzw. $\mathbb{R}$); (Geraden sind identisch – unendlich viele Lösungen)

17 **a)** L = {(1|3)}, Additionsverfahren;
b) $L = \{(\frac{5}{3}|-\frac{2}{3})\}$, Additionsverfahren;
c) L = { }, Einsetzungsverfahren;
d) L = {(6|8,5)}, Einsetzungsverfahren;
e) L = {(–5|–1)}, Einsetzungsverfahren;
f) L = {(8|24)}, Gleichsetzungsverfahren

18 (I): $y = 0{,}15x + 7{,}5$ (Winphone), (II): $y = 0{,}2x$ (E-Minus); L = {(150|30)}, d. h. nach 150 min Gesprächszeit muss man bei beiden Anbietern 30 € bezahlen. Telefoniert man weniger als 150 min, ist der E-Minus-Vertrag günstiger; bei mehr als 150 min Gesprächszeit ist der Winphone-Vertrag der günstigere.

19 **a)** $y = 0{,}5x + 1{,}5 \Leftrightarrow$ z. B. $-x + 2y = 3$;
b) z. B.: (0|1,5); (1|2); (3|3); (–1|1);
c) genau eine Lösung, z. B.:
(II): $y = -x + 4 \Leftrightarrow x + y = 4$;
keine Lösung, z. B.:
(II): $y = 0{,}5x + 4 \Leftrightarrow -x + 2y = 8$;
unendlich viele Lösungen, z. B.:
(II): $y = 0{,}5x + 1{,}5 \Leftrightarrow -x + 2y = 3$

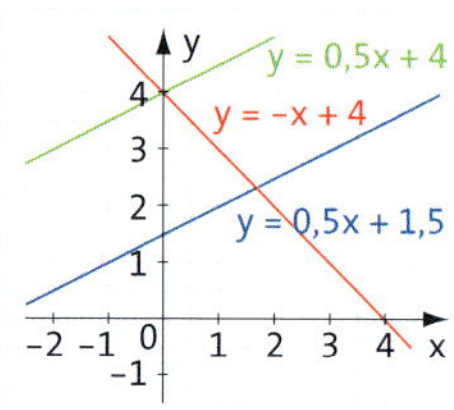

20 x bezeichnet *die Anzahl der Stimmen des ersten Kandidaten*, y bezeichnet *die Anzahl der Stimmen des zweiten Kandidaten*.
1. Gleichung: $x + y = 502\,678$;
2. Gleichung: $x = 10y$;
Der erste Kandidat bekommt 456 980 Stimmen, der zweite 45 698.

21 1. Gleichung: $18x + 10y = 0{,}78 \cdot 28$;
2. Gleichung: $15x + 3y = 0{,}82 \cdot 18$;
x = 85,5 % Alkohol, y = 64,5 % Alkohol

Thementest Lineare Funktionen und Gleichungen

1 Die Schaubilder 2 und 3 gehören nicht zu Funktionen, da jedem x-Wert zwei Funktionswerte zugeordnet werden.

2 Richtig sind: a), b), e), f).

3 Das Auto von Herrn Müller verbraucht 65 Liter Benzin. Er macht von 10.00 bis 11.00 Uhr und von 17.00 bis 18.00 Uhr je eine Stunde Pause und tankt um 14.00 Uhr 30 Liter.

3 Quadratische und gebrochenrationale Funktionen

3.1 Quadratische Funktionen

1 **a)** S(0|−2). 2, unten; **b)** S(0|0). $\frac{3}{4}$, weiter; **c)** S(3|0). 3, rechts; **d)** S(1|1). 1, rechts, 1, oben; **e)** S(−3|−2). 3, links, 2, unten, unten; **f)** S(−2,5|3,5). 2,5, links, 3,5 oben, 2, enger

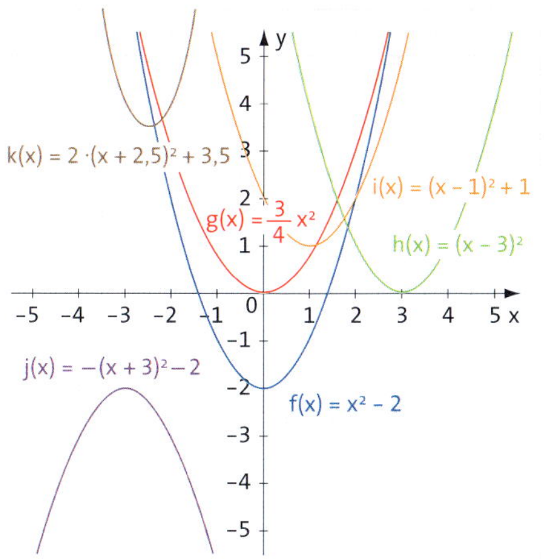

2 **a)** $f(x) = \frac{1}{3}x^2$; $g(x) = x^2 + 1{,}5$; $h(x) = -(x-2)^2 - 0{,}5$;
b) $f(x) = -1{,}5\,x^2 + 1$; $g(x) = 2(x-2)^2 + 0{,}5$; $h(x) = -(x+1{,}5)^2$

3 **a)** $f(x) = 3x^2 + 12x + 3 = 3(x^2 + 4x + 1)$
$= 3(x^2 + 2 \cdot 2x + 2^2 - 2^2 + 1)$
$= 3[(x+2)^2 - 3] = 3(x+2)^2 - 9$
$\Rightarrow S\,(-2|-9)$;
b) $f(x) = -2x^2 - 3x + 4 = -2(x^2 + \frac{3}{2}x - 2)$
$= -2\left(x^2 + 2 \cdot \frac{3}{4}x + \left(\frac{3}{4}\right)^2 - \left(\frac{3}{4}\right)^2 - 2\right)$
$= -2\left[\left(x + \frac{3}{4}\right)^2 - \frac{41}{16}\right] = -2\left(x + \frac{3}{4}\right)^2 + \frac{41}{8}$
$\Rightarrow S\left(-\frac{3}{4} \middle| \frac{41}{8}\right)$;
c) $f(x) = (x+2)^2 + 4$; S (−2|4);
d) $f(x) = 5(x-3)^2 - 25$; S (3|25)

4 $f(x) = -4(x-2)^2 + 3$

3.2 Quadratische Gleichungen

5 **a)** L = {−6; 6}; **b)** L = {−12; 12}; **c)** L = {}; **d)** L = {−3; 3}; **e)** L = {−4; 4}; **f)** L = {−6; 6}

6 **a)** $x(x+7) = 0 \Rightarrow L = \{-7; 0\}$; **b)** $6x(x+11) = 0 \Rightarrow L = \{-11; 0\}$; **c)** $-x(x+4) = 0 \Rightarrow L = \{-4; 0\}$;

7 **a)** $(x+5)^2 = 0 \Rightarrow L = \{-5\}$; **b)** $(2x-7)^2 = 0 \Rightarrow L = \{3{,}5\}$; **c)** $(3x+6)^2 = 0 \Rightarrow L = \{-2\}$

8 **a)** L = {−3; 2}; **b)** L = {−2; 1}; **c)** L = {−1; 3}; **d)** L = {2}; **e)** L = {−2; 1,5}; **f)** L = {}

9 **a)** $L = \{-\sqrt{2}; \sqrt{2}\}$; **b)** L = {0}; **c)** L = {3}; **d)** L = {}; **e)** L = {−3; 2}; **f)** L = {−3; 7}

10 **a)** $f(x) = (x+3)(x-4) = x^2 - x - 12$; S (0,5|−12,25); **b)** $f(x) = 3(x-1)^2$; S (1|0)

11 **a)** $x^2 = x + 2$; L = {−1; 2}; **b)** $x^2 = 2x - 1$; L = {1}

12 **a)** $x^2 = -2x \Rightarrow L = \{-2; 0\}$; **b)** $x^2 = x + 6 \Rightarrow L = \{-2; 3\}$; **c)** $x^2 = -x - 1 \Rightarrow L = \{\}$;

13 $x(x+70) = 7800 \Rightarrow x = 60$ ($x = -130$ ist nicht sinnvoll: $x > 0$, da es keine negativen Streckenlängen gibt). Die eine Seite ist also 60 m, die andere 60 m + 70 m = 130 m lang.

3.3 Gebrochenrationale Funktionen

14 **a)** $D = \mathbb{R} \setminus \{0\}$; **b)** $D = \mathbb{R} \setminus \{2\}$; **c)** $D = \mathbb{R} \setminus \{-3; 3\}$; **d)** $D = \mathbb{R}$; **e)** $D = \mathbb{R} \setminus \left\{\frac{4}{3}\right\}$; **f)** $D = \mathbb{R} \setminus \{2\}$

15 Es passen
$\frac{2}{(x+1)(x-1)}$, $\frac{2}{x^2-1}$ und $\frac{1}{x-1}+\frac{1-x}{(x+1)(x-1)}$,
da sie zwei Definitionslücken bei −1 und 1 haben, Punktproben die Werte des Schaubildes bestätigen und die Terme äquivalent sind.

16

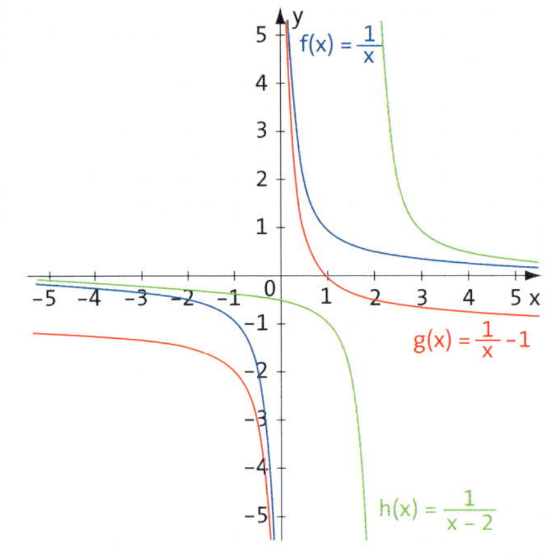

3.4 Bruchgleichungen

17 a) $D = \mathbb{R}\setminus\{0\}$; b) $D = \mathbb{R}\setminus\left\{-\frac{7}{6}\right\}$;
c) $D = \mathbb{R}\setminus\{0; 3\}$; d) $D = \mathbb{R}\setminus\left\{-5; \frac{4}{3}\right\}$

18 a) $\frac{7(x+5)}{7\cdot 2x} = \frac{x+5}{2x}$;
b) $\frac{2(y-2)}{3(y+2)(y-2)} = \frac{2}{3(y+2)}$;
c) $\frac{3(b+1)(b-1)}{(b-1)} = 3(b+1)$;
d) $\frac{5(x+1)(x-1)}{(x-1)(x+5)} = \frac{5(x+1)}{(x+5)}$

19 a) $\frac{-12+30-10}{30x} = \frac{4}{15x}$;
b) $\frac{7(a+b)-b(a-b)}{(a-b)(a+b)} = \frac{7a+7b-ab+b^2}{a^2-b^2}$
c) $\frac{a-b}{a+b}\cdot\frac{a^2+b^2}{a^2-b^2} = \frac{a-b}{a+b}\cdot\frac{a^2+b^2}{(a+b)(a-b)} = \frac{a^2+b^2}{(a+b)^2}$;
d) $\frac{25x^2}{2}$;
e) $\frac{a-2b}{aab}\cdot\frac{8ab}{3(a-2b)} = \frac{8}{3a}$;
f) $\frac{b}{(a+b)(a-b)}\cdot\frac{a+b}{a-b} = \frac{b}{(a-b)^2}$

20 a) $D = \mathbb{R}\setminus\{1\}$; $L = \{1\}$;
b) $D = \mathbb{R}\setminus\{-1; 0\}$; $L = \{3\}$

21 $\frac{2}{3-x^2} = -\frac{1}{3}$; $D = \mathbb{R}\setminus\{-\sqrt{3}; \sqrt{3}\}$; $L = \{-3; 3\}$

22 $D_f = \mathbb{R}\setminus\{2\}$; $D_g = \mathbb{R}\setminus\{-4\}$;
Schnittpunkt $(-1|\frac{2}{3})$

23 $\frac{n^2-1}{n-1} = n+1$. Das gilt für alle natürlichen Zahlen außer der 1.

Thementest Quadratische und gebrochenrationale Funktionen

1 S (2,5|−20,25); Nullstellen bei x = −2 und x = 7

2 Nullstelle (Berührpunkt) und Scheitel bei (1|0)

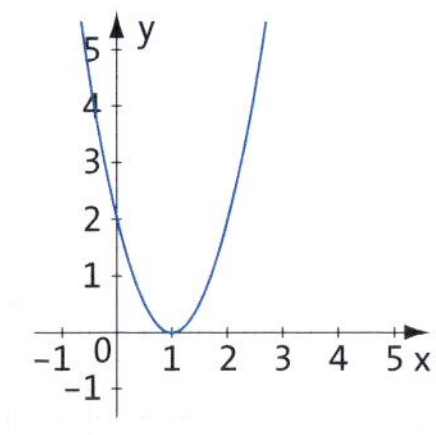

3 a) $f(x) = (x+1{,}5)(x-2)$
$= x^2 - 0{,}5x - 3$; $S\left(\frac{1}{4}\middle|3\frac{1}{16}\right)$;
b) $g(x) = a(x+1{,}5)(x-2)$
$= a(x^2 - 0{,}5x - 3)$ für jede Zahl $a \neq 0$

4 $x^2 = -0{,}5x + 0{,}5$; $L = \{-1; 0{,}5\}$

5 $f(x) = \frac{3}{x^2}$

6 $D = \mathbb{R}\setminus\{-0{,}5; 0{,}5\}$;
$L = \left\{-\sqrt{\frac{1}{8}}; \sqrt{\frac{1}{8}}\right\} = \left\{-\frac{1}{2}\sqrt{\frac{1}{2}}; \frac{1}{2}\sqrt{\frac{1}{2}}\right\}$

4 Prozent- und Zinsrechnung

4.1 Anteile und Prozente

1

$\frac{1}{4}$	$\frac{1}{5}$	$\frac{1}{250}$	$\frac{2}{5}$	$\frac{7}{8}$	$\frac{2}{125}$
$\frac{25}{100}$	$\frac{2}{10}$	$\frac{4}{1000}$	$\frac{4}{10}$	$\frac{875}{1000}$	$\frac{16}{1000}$
25 %	20 %	0,4 %	40 %	87,5 %	1,6 %
0,25	0,2	0,004	0,4	0,875	0,016
90°	72°	1,44°	144°	315°	5,76°

2 Kein Haustier: $\frac{800}{2400} = \frac{1}{3} \Rightarrow 120°$;
ein Haustier: $\frac{1000}{2400} = \frac{5}{12} \Rightarrow 150°$;
mindestens zwei Haustiere: $\frac{600}{2400} = \frac{1}{4} \Rightarrow 90°$

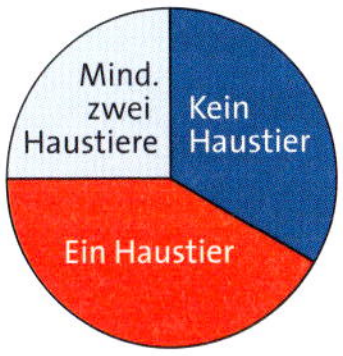

3 **a)+b)** zu Fuß: $72° \Rightarrow \frac{72}{360} = \frac{1}{5} \Rightarrow$ 12 Schüler; Bus: $168° \Rightarrow \frac{168}{360} = \frac{7}{15} \Rightarrow$ 28 Schüler; Fahrrad: $120° \Rightarrow \frac{120}{360} = \frac{1}{3} \Rightarrow$ 20 Schüler; **c)** 20 % Fußgänger

4.2 Prozentrechnung

4 **a)** $p\,\% = \frac{W}{G} \cdot 100\,\%$; **b)** $W = \frac{p \cdot G}{100}$; **c)** $G = \frac{W}{p} \cdot 100$

5 **a)** p % = 20 %; **b)** p % = 25 %; **c)** p % = 12,5 %

6 **a)** W = 200; **b)** W = 12; **c)** W = 286

7 **a)** G = 200; **b)** G = 180; **c)** G = 400

8

a)

100 % → 150
1 % → 1,5
12 % → 18

b)

100 % → 175
1 % → 1,75
2 % → 3,5

9

a)

12 % → 720
1 % → 60
100 % → 6000

b)

35 % → 280
1 % → 8
100 % → 800

10 **a)** 48 %; **b)** 15 Jungen

11 **a)** 18 Schüler; **b)** 10 %; **c)** 9 Schüler, also ca. 30 %; **d)** Rad: 216°, Bus: 36°, sonstige: 108°
e)

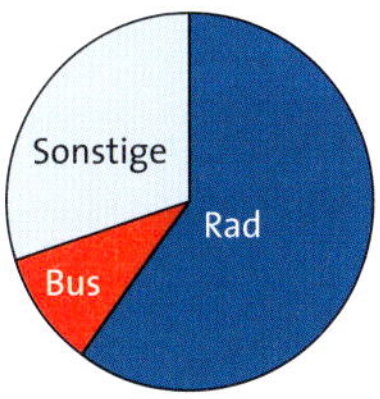

12 **a)** 6 min; **b)** 4608 kB; **c)** 12,8 kB/s

4.3 Zinsrechnung

13

200 €	3000 €	250 €	2008 €
4 %	3,5 %	3 %	4,5 %
8 €	105 €	7,50 €	90,36 €

14 **a)** 2,7 %; **b)** 45 €; **c)** Nach dem 1. Jahr hat er 1586,72 €, nach dem 2. Jahr 1634,32 €.

15 **a)** 596,26 €; **b)** 96,26 €; **c)** ca. 3,7 €

Thementest Prozent- und Zinsrechnung

1 **a)** 7,5 % ; **b)** $\alpha = 27°$

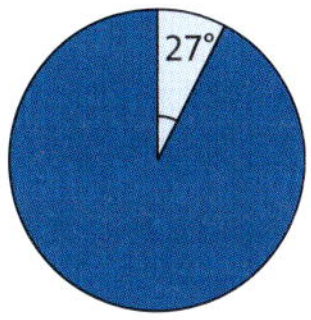

2 Vorher kostete die DVD 29,99 €.

3 2007 kostete ein Barrel 60,50 $.

4 **a)** 80 €; **b)** 680 €; **c)** um 80 %

5 **a)** 21,74 €; **b)** 665,23 €; **c)** 3,3 %; **d)** 7,50 € Zinsen

5 Wahrscheinlichkeit

5.1 Wahrscheinlichkeit und Häufigkeit

1

$\frac{1}{20}$	$\frac{7}{20}$	$\frac{9}{50}$	$\frac{99}{100}$	$\frac{3}{8}$	$\frac{3}{125}$
5 %	35 %	18 %	99 %	37,5 %	2,4 %
0,05	0,35	0,18	0,99	0,375	0,024

2 relative Häufigkeiten: Sport 0,200; Computer 0,167; Fernsehen 0,133; Lesen 0,100; Freunde treffen 0,200; sonstiges 0,200

3 P(Gewinn 1. Glücksrad) = P(3; 6; 9; 12) = 0,33; P(Gewinn 2. Glücksrad) = P(11; 13; 17; 19) = 0,2. Die Gewinnchance beim ersten Glücksrad ist also höher.

4 **a)** P(richtiges Heft) = 0,2;
b) P(Mathe-Heft) = 0,5.

5 **a)** Blutgruppe A 37,5 %; Blutgruppe B 18,75 %; Blutgruppe AB 13,75 %; Blutgruppe 0 30 %;
b)

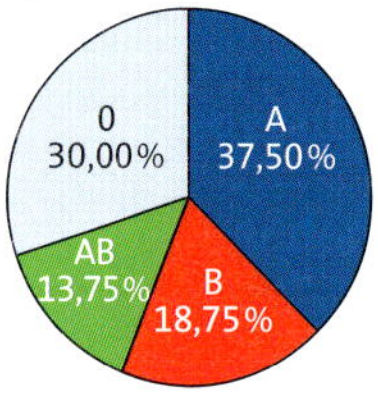

c) 199 Personen

6 **a)** $P(3; 6) = \frac{1}{3}$; **b)** $P(1) = \frac{1}{6}$;
c) $P(1; 2; 3; 4) = \frac{2}{3}$; **d)** $P(3; 4; 5; 6) = \frac{2}{3}$;
e) $P(<1) = 0$ (unmögliches Ereignis)

7 **a)** $P(\text{nicht Benni}) = \frac{16}{26} = 0{,}615$;
b) 18 Zettel

5.2 Mehrstufige Zufallsexperimente

8
a)

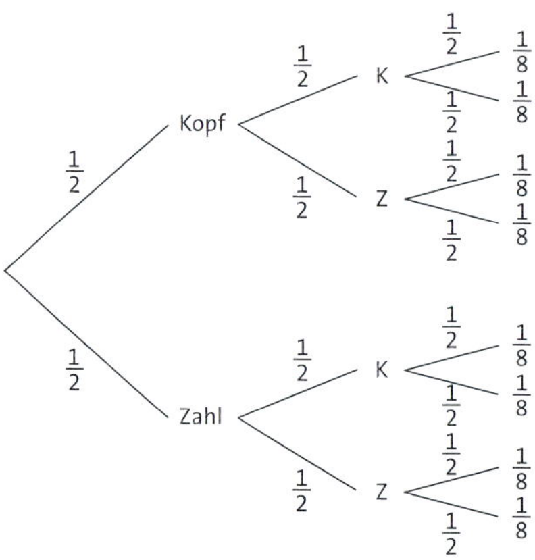

b) $P(KKK) = \left(\frac{1}{2}\right)^3 = \frac{1}{8}$;
c) P(mindestens einmal Kopf) = 1 – P(niemals Kopf) = 1 – P(ZZZ)
$= 1 - \left(\frac{1}{2}\right)^3 = \frac{7}{8}$

9

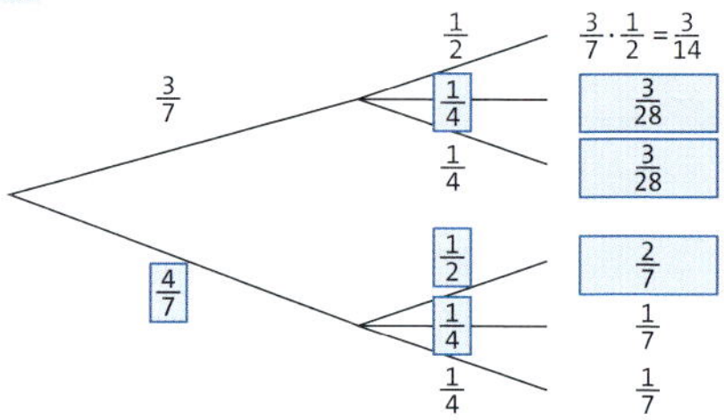

10

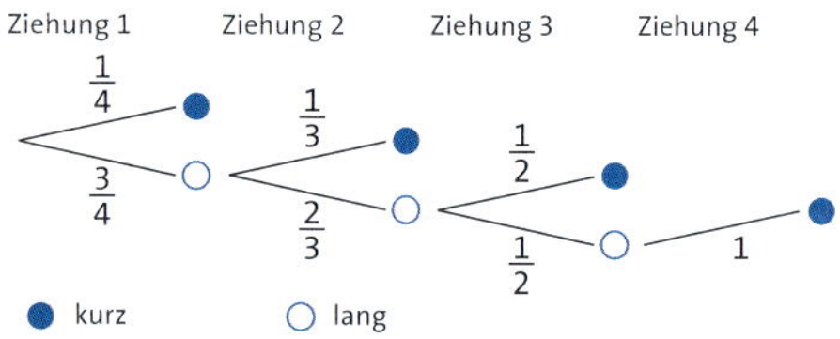

Das Spiel ist fair, jeder verliert mit der Wahrscheinlichkeit 0,25, unabhängig davon, wann er zieht.

11 **a)** $P(A) = \frac{1}{3}$; **b)** P(3 × die gleiche Linie) $= P(AAA) + P(BBB) + P(CCC) = 3 \cdot \left(\frac{1}{3}\right)^3 = \frac{1}{9}$;
c) P(jedes Mal eine andere Linie) $= P(ABC) + P(ACB) + P(BAC) + P(BCA) + P(CAB) + P(CBA) = 6 \cdot \left(\frac{1}{3}\right)^3 = \frac{2}{9}$

12 **a)** $P(\text{richtig}) = \frac{1}{3}$, $P(\text{falsch}) = \frac{2}{3}$;
b) P(2 von 4 richtig) = P(rrff) + P(rfrf) + P(rffr) + P(frrf) + P(frfr) + P(ffrr)
$= 6 \cdot \left(\frac{1}{3}\right)^2 \cdot \left(\frac{2}{3}\right)^2 = \frac{8}{27} = 0{,}296$;
c) P(mindestens 1 × richtig)
$= 1 - P(4 \times \text{ falsch}) = 1 - \left(\frac{2}{3}\right)^4 = \frac{65}{81} = 0{,}802$

13 **a)** $P(\text{PC-Spiel}) = \frac{2}{12} \cdot \frac{1}{11} = 0{,}015$;
b) P(mindestens 1 Handy)
$= 1 - P(\text{kein Handy}) = 1 - \frac{5}{12} \cdot \frac{4}{11} = 0{,}152$

14 P(einmal probieren) = 0,0001

Thementest **Wahrscheinlichkeit**

1 a)

Note	1	2	3	4	5	6
relative Häufigkeit	0,130	0,478	0,261	0,087	0,043	0

Notendurchschnitt = 2,44

b) Den Notendurchschnitt ermittelt man durch Division der Summe aller Noten durch die Gesamtzahl der Schüler.
$2{,}32 \cdot 25 = 58$ ist ein ganzzahliges Ergebnis, während $2{,}32 \cdot 26 = 60{,}32$; also muss die Klasse 25 Schüler haben.

2 a) $\frac{4}{150} = 0{,}027 = 2{,}7\,\%$. Der Baumarkt hat also Anspruch auf eine Rabattzahlung.
b) $\frac{4}{150} \cdot 10\,000 = 266\frac{2}{3} \approx 267$; c) 98 %, also 245 Schachteln, müssen das korrekte Gewicht haben.

3 $P(2 \times \text{Kopf}) = P(KKZ) + P(KZK) + P(ZKK) = 3 \cdot \left(\frac{1}{2}\right)^3 = 0{,}375$

4 P(mindestens 1 Schnirpf) = 1 – P(kein Schnirpf) = $1 - 0{,}95^8 = 0{,}337$

6 Dreiecke und Vierecke

6.1 Winkelsätze

1

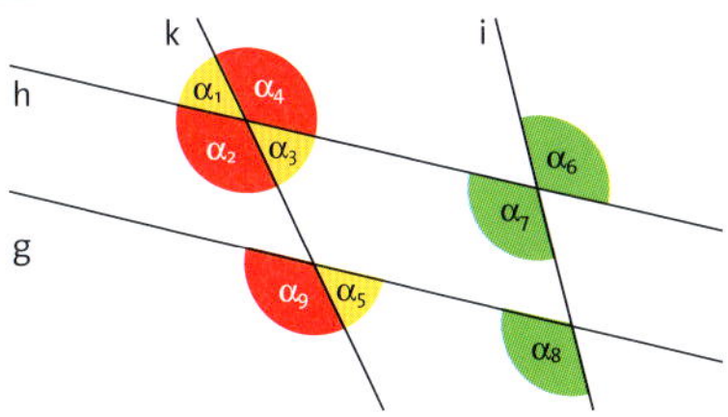

a) Farbe	Begründung	b) Winkelgröße	c) Winkelart
gelb	$\alpha_1 = \alpha_3$ Scheitelwinkel $\alpha_3 = \alpha_5$ Stufenwinkel an Parallelen $\alpha_1 = \alpha_5$ Wechselwinkel an Parallelen	51°	spitzer Winkel
rot	$\alpha_2 = \alpha_4$ Scheitelwinkel $\alpha_2 = \alpha_9$ Stufenwinkel an Parallelen $\alpha_4 = \alpha_9$ Wechselwinkel an Parallelen	129°	stumpfer Winkel
grün	$\alpha_6 = \alpha_7$ Scheitelwinkel $\alpha_7 = \alpha_8$ Stufenwinkel an Parallelen $\alpha_6 = \alpha_8$ Wechselwinkel an Parallelen	117°	stumpfer Winkel

2 a) Scheitelwinkel sind gleich groß, also $\beta = 27°$. b) Nebenwinkel ergeben zusammen 180°, also $\beta = 15°$.
c) $(\beta + 15°) + \beta = 180° \Rightarrow \beta = 82{,}5°, \alpha = 97{,}5°$;
d) $2\beta + \beta = 180° \Rightarrow \beta = 60°, \alpha = 120°$

6.2 Dreiecke

3 länger, 180°, größere, gleichschenklig, drei gleich lange Seiten, gleichschenkliges, Basiswinkel, 60°

4 a) U = 15 cm; A = 6,65 cm^2;
b) U = 24,1 cm; A = 23,375 cm^2

5 a) A = 0,498 m^2;
b) V = 0,498 $m^2 \cdot 0{,}7$ m = 0,349 m^3.
Er benötigt etwa 0,349 m^3 Sand.

6 **a)** $\gamma = 124{,}8°$; **b)** $\gamma = 50{,}5° = 50°30'$

7 **a)** Er dreht sich um 120°. **b)** in 4 h

8 Mittelsenkrechten, die Eckpunkte, Winkelhalbierenden, berührt, Seiten

9

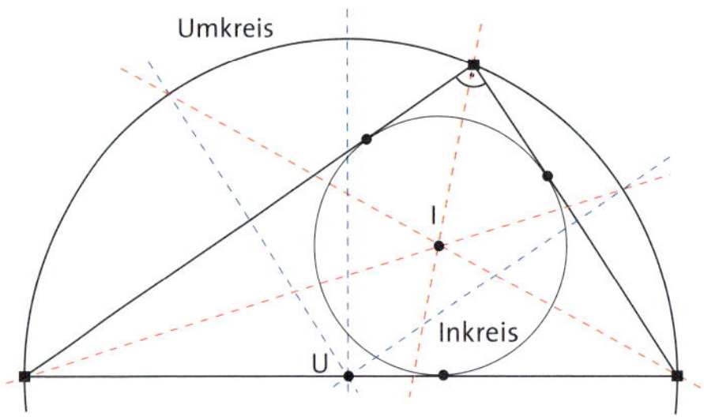

a) Der Umkreismittelpunkt liegt auf der Dreiecksseite, die dem rechten Winkel gegenüberliegt, da der Umkreis gleichzeitig auch ein Thaleskreis ist. **b)** Satz des Pythagoras: $c^2 = 3^2 + 4^2 \Rightarrow c = 5$ cm

6.3 Kongruenzsätze

10 Kongruenzabbildung, Achsenspiegelung, Punktspiegelung, Drehung, Verschiebung, „deckungsgleich“

11

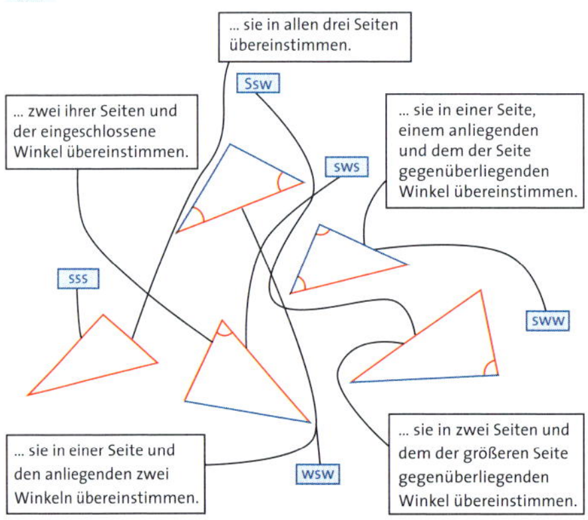

12 **a)** (4) und (9) sind nach sws kongruent, (2) und (11) nach Ssw. **b)** bei (5), (6) und (8); **c)** bei (3) und (10)

13

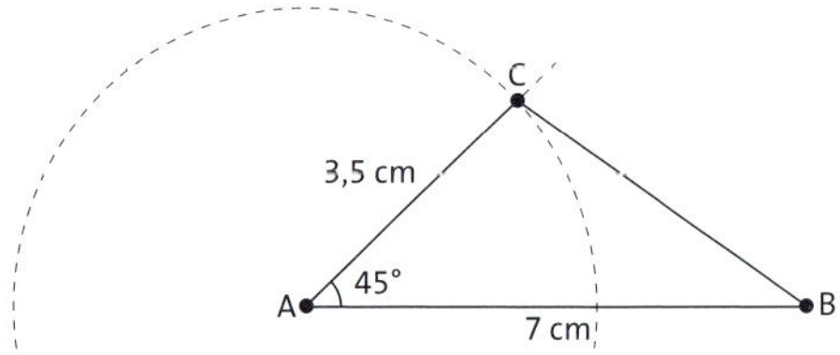

Die Konstruktion ist nach sws eindeutig.

14 Nein. Damit die Dreiecke auf jeden Fall kongruent sind, müsste die längere Seite dem Winkel gegenüberliegen, so dass Ssw gilt.

6.4 Vierecke

15

	Trapez	Drachen	Raute	Rechteck	Quadrat
Figur	4	3	5	1	2
mindestens 2 parallele Seiten	X		X	X	X
rechte Winkel				X	X
mindestens 2 Symmetrieachsen			X	X	X
Diagonalen halbieren sich gegenseitig			X	X	X
Diagonalen stehen senkrecht aufeinander		X			X
gleich lange Seiten			X		X
mindestens 2 gleich große Winkel		X	X	X	X
Flächeninhaltsformel	$\frac{a+c}{2} \cdot h$	$\frac{e \cdot f}{2}$	$\frac{e \cdot f}{2}$	$a \cdot b$	a^2

16 $A = 0{,}5 \cdot 95 \cdot (40{,}5 + 40{,}5 + 1)\ \text{cm}^2 = 3895\ \text{cm}^2$

17 a) $\delta = 96°$;
b) Es muss ein Parallelogramm sein, da bei ihm gegenüberliegende Winkel gleich groß sind.
c) Das ist keine weitere Information, da bei jedem Parallelogramm die benachbarten Seiten gleich lang sind.

18

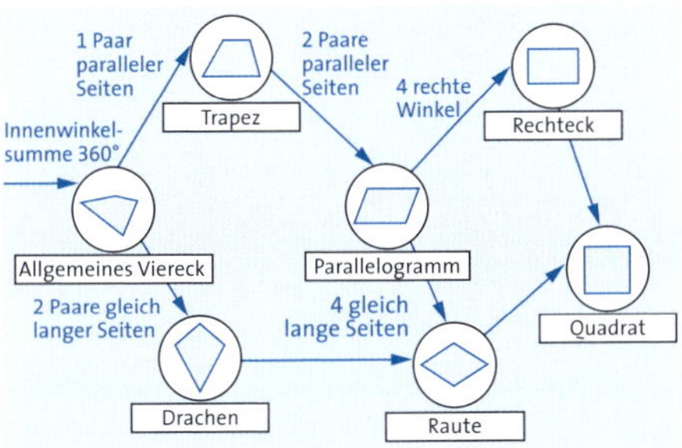

6.5 Strahlensätze

19 a) $\frac{a}{b} = \frac{c}{d}$; $\frac{a}{a+b} = \frac{c}{c+d} = \frac{e}{f}$;
$\frac{a}{e} = \frac{a+b}{f}$; $\frac{d}{c} = \frac{b}{a}$; $\frac{b}{a+b} = \frac{d}{c+d}$;
b) $\frac{u}{u+v} = \frac{p}{p+q}$; $\frac{x}{y} = \frac{u}{v} = \frac{p}{q}$; $\frac{u}{x} = \frac{v}{y}$;
$\frac{u}{p} = \frac{v}{q}$; $\frac{v}{u+v} = \frac{q}{p+q}$

20 a) $\frac{1{,}5\ \text{m}}{1{,}8\ \text{m}} = \frac{91{,}5\ \text{m}}{x} \Leftrightarrow x = 109{,}8\ \text{m}$

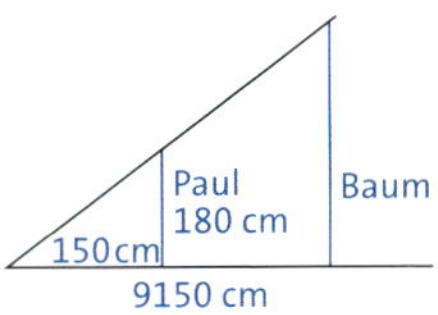

b) Ähnlich: Sie unterscheiden sich in der Größe.

21 $\frac{x}{8\ \text{cm}} = \frac{5\ \text{cm} + 3\ \text{cm}}{5\ \text{cm}} \Leftrightarrow x = 12{,}8\ \text{cm}$;
$\frac{y}{4\ \text{cm}} = \frac{5\ \text{cm}}{3\ \text{cm}} \Leftrightarrow y = \frac{20}{3}\ \text{cm} \approx 6{,}7\ \text{cm}$;
$\frac{z}{8\ \text{cm}} = \frac{7{,}5\ \text{cm}}{5\ \text{cm}} \Leftrightarrow z = 12\ \text{cm}$

22 $\frac{140\ \text{m}}{x} = \frac{0{,}5\ \text{m}}{0{,}18\ \text{m}} \Leftrightarrow x = 50{,}4\ \text{m}$;

Höhe des Turmes: 50,4 m + 1,6 m = 52 m

23 $\frac{60\ \text{cm}}{4\ \text{cm}} = \frac{60 + x\ \text{cm}}{500\ \text{cm}} \Leftrightarrow x = 7440\ \text{cm}$;
$\sqrt{=7500^2 - 155^2}\ \text{cm} \approx 7498{,}4\ \text{cm}$.
Die Entfernung Saras zum Laternenmast beträgt etwa 74,98 m.

24 $\frac{x}{4{,}5\ \text{m}} = \frac{3{,}2\ \text{m} - 2{,}3\ \text{m}}{3{,}2\ \text{m}} \Leftrightarrow x \approx 1{,}3\ \text{m}$.
Die Schräge der Dachnische ist ca. 1,3 m lang.

Thementest Dreiecke und Vierecke

1 a) wahr: Wechselwinkel an Parallelen;
b) falsch: g_1 und g_2 sind nicht parallel;
c) wahr: Stufenwinkel an Parallelen;
d) falsch: g_1 und g_2 sind nicht parallel;
e) wahr: Scheitelwinkel

2 a) $\gamma = 45{,}5°$; b) $\gamma = 71°33'$

3 (1) ≅ (3) wsw; (4) ≅ (7) sws; (6) ≅ (8) Ssw

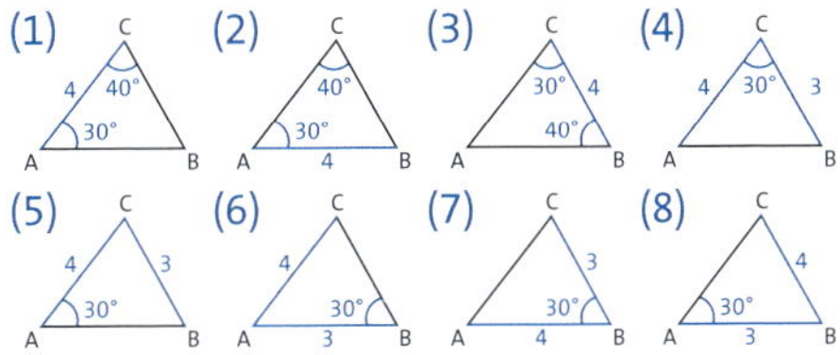

4 Thaleskreis um den Mittelpunkt M' der Strecke MP durch M und P; Schnittpunkte mit dem Kreis k sind die Berührpunkte der beiden möglichen Tangenten t und t'.

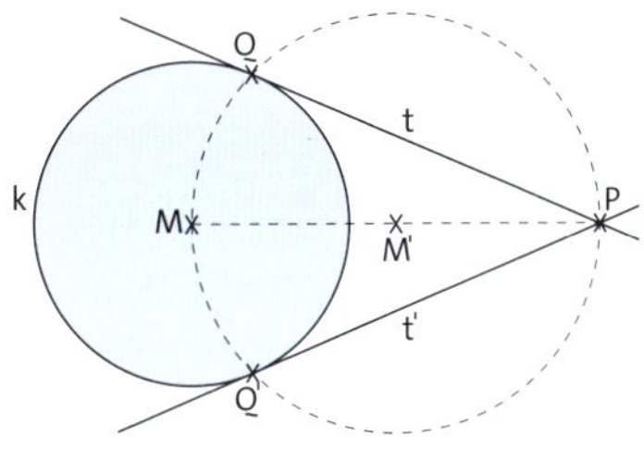

5 $\frac{b}{a} = \frac{h-d}{h} \Leftrightarrow b = 4{,}64\ \text{cm}$

7 Körper

7.1 Schrägbilder

1 Ein Kästchen entspricht 0,5 cm, eine Kästchendiagonale 1 cm.

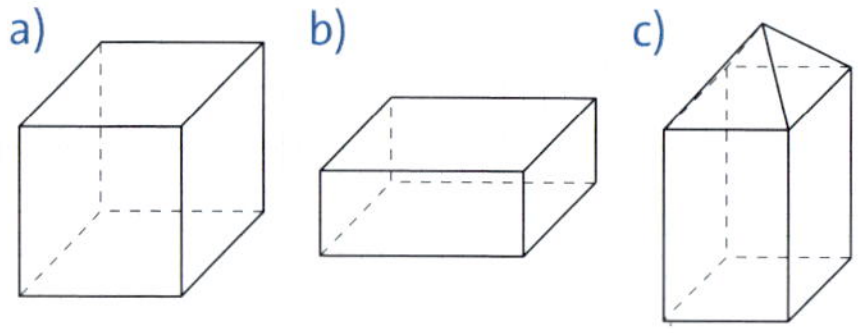

2

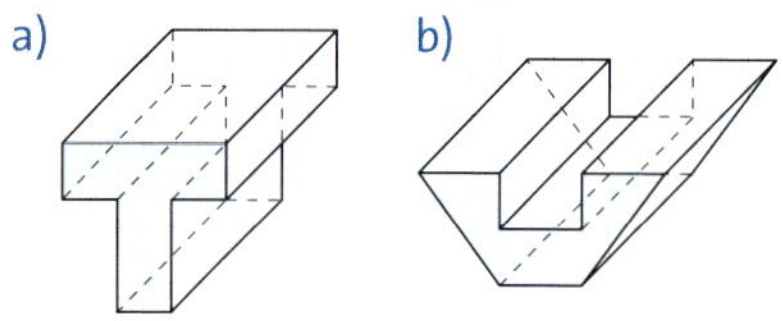

7.2 Oberflächen und Netze

3

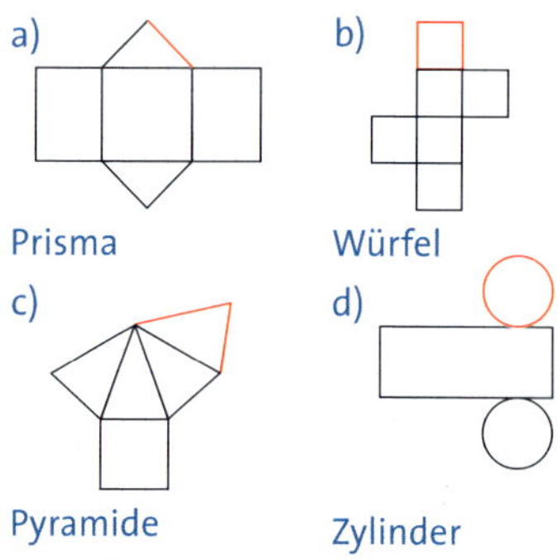

4 **a)** $O = 37{,}5\ cm^2$; **b)** $O = 123{,}86\ cm^2$; **c)** $O = 93{,}6\ dm^2$

5 **a)** $O = 150\ dm^2$; **b)** $O = 337{,}5\ km^2$; **c)** $O = 6x^2$

6

a	b	c	G	O
4,1 dm	5,8 dm	1,9 dm	23,78 dm^2	85,18 dm^2
25 mm	40 mm	40 mm	10 cm^2	72 cm^2

7 $O = \pi r^2 + 2\pi rh = 81\pi\ cm^2 \approx 254{,}5\ cm^2 \approx 2{,}545\ dm^2$; Farbe pro Dose: $2{,}545 \cdot 9 \approx 22{,}9$ ml; Farbe für 10 000 Dosen: ≈ 229 Liter

8 Zeltstoff pro Zelt: $O = 39\ m^2$;

7.3 Volumenberechnung

9 **a)** $V = 226{,}981\ dm^3$; **b)** $V = 59{,}319\ m^3$

10

a	b	c	O	V
2,3 m	4,1 m	6,2 m	98,22 m^2	58,466 m^3
5 cm	1,4 dm	0,21 m	938 cm^2	1470 cm^3
8 dm	2,3 dm	5 cm	47,1 dm^2	9200 cm^3
2 m	8 dm	5,8 dm	644,8 dm^2	928 dm^3

11 $V = G \cdot h$;
a) $V \approx 339{,}290\ cm^3$;
b) $V = 588\ cm^3$;
c) $V \approx 471{,}239\ cm^3$;
d) $V \approx 164{,}926\ cm^3$;
e) $V = 38{,}400\ cm^3$

12 **a)** Zylinder: $V = \pi \cdot r^2 \cdot h \approx 21{,}715\ cm^3$;
b) Quader: $V = a \cdot b \cdot c = 46{,}872\ m^3$;
c) Prisma (6-seitig): $V = \frac{3}{2} a^2\sqrt{3} \cdot h \approx 256{,}087\ cm^3$;
d) Prisma (3-seitig): $V = \frac{a \cdot b}{2} \cdot h \approx 36{,}300\ cm^3$

13 **a)** Innenhöhe $h \approx 8{,}00$ dm;
b) Wasserstand $h \approx 4{,}16$ dm;
c) Außenradius = 35,3 cm; Außenhöhe = 80,3 cm; Mantelfläche des Zylinders $\approx 17\,810{,}25\ cm^2 \approx 178{,}10\ dm^2$

14 $V = 1024\ cm^3$; $a \approx 4{,}96$ cm

15 **a)** $V = 841{,}667\ dm^3$; **b)** $h \approx 13{,}23$ dm

16 $V_{Prisma} \approx 14{,}549\ cm^3$;
$V_{Zylinder} \approx 2{,}155\ cm^3$;
$V_{Prisma} - V_{Zylinder} \approx 12{,}394\ cm^3$;
Gewicht ≈ 97,913 g

17 Ein Quader wiegt ≈ 7,667 kg.

18 **a)** $V \approx 4813{,}168\ cm^3$; **b)** 9,0 cm hoch

Thementest Körper

1 a) 8 Kanten; b) $G = 4\ cm^2$;
c)

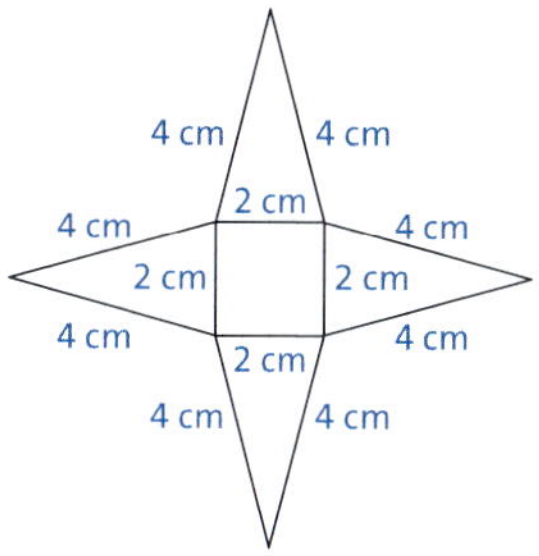

2 $V_{Innenraum} = 120\ m^3$

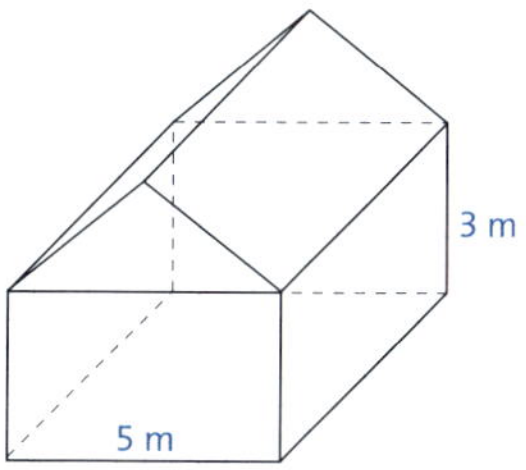

Eine Kästchendiagonale entspricht 1 m, ein Kästchen 0,5 m.

3 a) $V_{Kugel} \approx 4188{,}790\ mm^3$;
$V_{Kegel} \approx 11\,904{,}542\ mm^3$;
$V \approx 16\,093{,}332\ mm^3 \approx 16{,}093\ cm^3$.
b) Er wiegt 127,137 g.
c) 41,4 mm tief;
d) $V_{innen} \approx 4335{,}398\ mm^3$; 73,06 % des Volumens befinden sich außen.

4 Die Masse des Goldbarrens ergibt sich aus Volumen mal Dichte zu 12,83 kg. Ein echter Goldbarren wäre zu schwer.

5 2 E + 3 K = 28,50 €; 3 E + 1 K = 27 €
⇒ E = 7,50 €; K = 4,50 €;
Der Eintritt kostet 12 €.

6 a) $V_1 = 5654{,}9\ cm^3 \approx 5{,}7\ dm^3$.
Es passen etwa 5,7 l in 1 m der Rinne.
b) $V_2 = 8835{,}7\ cm^3 \approx 8{,}8\ dm^3$. Das Volumen erhöht sich um etwa 56 %.

7 (1) F; (2) D; (3) H; (4) J; (5) C; (6) B; (7) I; (8) A

8 Er erhält 9300 €.

9 a)

Schulart	Anzahl %	Anzahl Schüler
Grundschule	15 %	4500
Hauptschule	10 %	3000
Realschule	30 %	9000
Gymnasium	25 %	7500
Sonstige Schularten	20 %	6000

b)

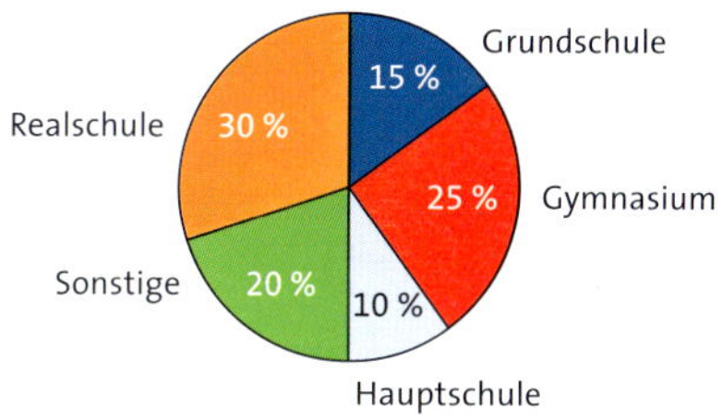

8 Abschlusstests

Test 1

1 Der Rechner im zweiten Geschäft kostet 764,15 €, ist also günstiger.

2 a) (1); b) (4); c) (5); d) (3); e) (6)

3 a) $L = \{-7\}$; b) $L = \left\{\frac{13}{36}\right\}$

10 $3x$; $300\,\% \cdot x$; $x \cdot 3$; $\frac{12}{4}x$

11 $\frac{1}{56}$

12 a) $4ab$; b) $\frac{xy}{3z}$; c) $\frac{8}{3}xy$

13 $L = \{2\}$

14 Gleichung (1), (3) und (4)

15 Gleichung (4) passt.

16 a)

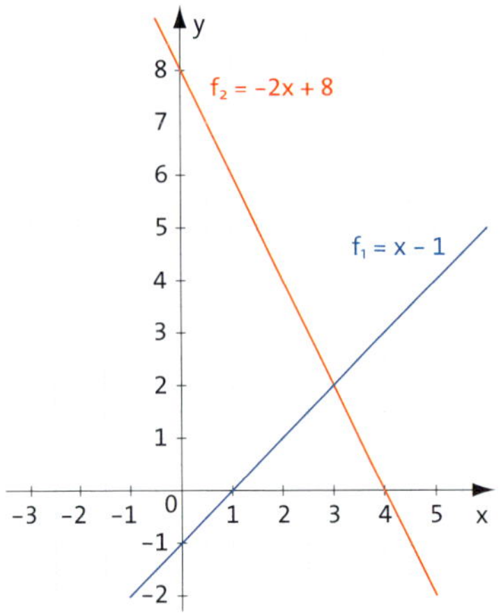

b) $f_1(x) = x - 1$; $f_2(x) = -2x + 8$;
c) $x_1 = 1$; $x_2 = 4$

17 a) Satz des Pythagoras:
$R^2 + s^2 = (R + h)^2 \Rightarrow s = \sqrt{(R + h)^2 - R^2}$;
b) $s_{Person} = 4{,}7$ km; $s_{Pilot} = 159{,}6$ km;
c) Er müsste 31,4 m hoch sein.

18 a) „Bhut Jolokia" ist 200-mal schärfer als Tabascosoße. b) „Red Savina" besitzt 57,7 % der Schärfe von „Bhut Jolokia".
c) Es sind 16,25 % „Dorset Naga" enthalten.
d) $x + y = 1$; $1\,000\,000x + 577\,000y = 700\,000$ $\Rightarrow x = 0{,}29$, $y = 0{,}71$. Er muss 29 g „Bhut Jolokia" und 71 g „Red Savina" mischen.

19 $\frac{h}{4{,}5\text{ m}} = \frac{5\text{ m}}{6{,}2\text{ m}} \Rightarrow h = 3{,}63$ m.
Die Leiter reicht 3,63 m hoch.

20 a) $l' = 12$ cm; $b' = 4{,}8$ cm; b) um 44 %;
c) Sie muss den Zoom-Faktor 83,33 % einstellen.

21
a)

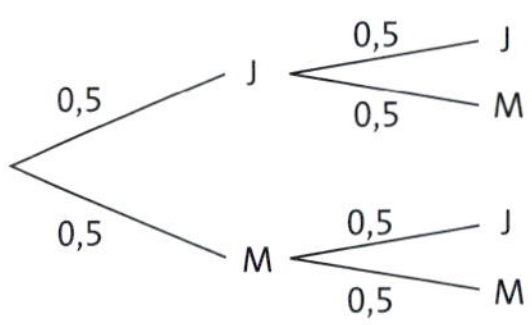

b) P(MM) = 0,25;
c) P(kein Mädchen) = P (JJ) = 0,25;
d) P(JM) + P(MJ) = 0,25 + 0,25 = 0,5;
e) Die Wahrscheinlichkeiten ergeben addiert 1, da sie zusammen alle möglichen Ergebnisse ausmachen.

22 $\alpha = 80°, \beta = 140° \Rightarrow \gamma = 180° - \frac{\alpha}{2} - \frac{\beta}{2} - \varepsilon = 30°$

Test 2

1 a) $x = 4$; b) $x = -\frac{2}{3}$; c) $x = 5$

2 $x - 4 = 0 \Leftrightarrow x = 4$

3 a) $0{,}09$; $\frac{9}{100}$; b) $3\sqrt{2} - 2$; $\sqrt{2} - 2 + 2\sqrt{2}$;
c) $\sqrt{\frac{2}{3}}$; $2\sqrt{\frac{2}{3}} - \sqrt{\frac{2}{3}}$

4 a) Dreieck ABC ist gleichseitig:
$\alpha = \beta = \gamma = 60°$. Nach sws sind die Dreiecke AED, BFE, CDF kongruent. b) Da die Teildreiecke AED, BFE, CDF kongruent sind, müssen die jeweils zum Innendreieck gehörenden Seiten auch gleich lang sein: $c = c' = c'' \Rightarrow$ Das Innendreieck DEF ist gleichseitig.

5 a)

Anzahl der Minuten	0	5	10	15	20	25
E-Minus (Geschäftszeit)	0	4,1	8,2	12,3	16,4	20,5
T Active (Geschäftszeit)	7,4	9,6	11,8	14	16,2	18,4

b) E-Minus: $y = 0{,}82x$; T Active: $y = 0{,}44x + 7{,}4$
c)

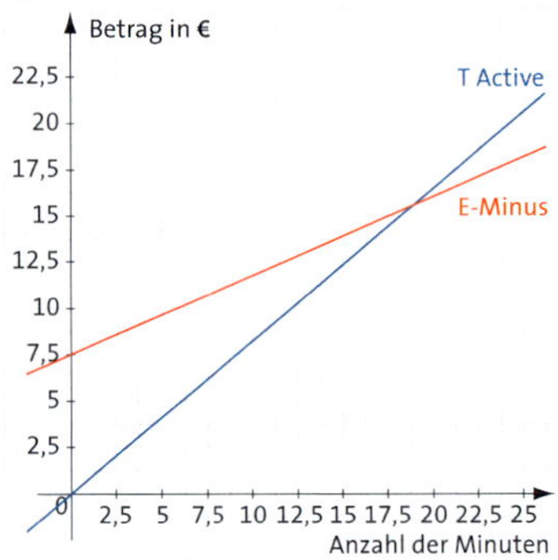

d) $0{,}82x = 0{,}44x + 7{,}4 \Leftrightarrow x \approx 19{,}5$ min. Nach ca. 19,5 min bezahlt man bei beiden Tarifen ungefähr 16,00 €.

e) Jemand, der in der Geschäftszeit nicht länger als 20 min telefoniert (und sich sonst nur anrufen lässt), ist mit dem E-Minus-Tarif besser beraten. „Vieltelefonierer" bezahlen weniger mit T Active.
f) $m \cdot 19{,}5 + 6{,}5 = 0{,}44 \cdot 19{,}5 + 7{,}4 \Leftrightarrow m = 0{,}49$. Eine Gesprächseinheit kostete dann 49 ct.

6 x: Anzahl der Läufe, y: Volumen des Fasses in Liter; (I) $2(x + 14) = y$; (II) $3x = y$; Gleichsetzungsverfahren: $3x = 2(x + 14)$ $\Leftrightarrow x = 28, y = 84$. Das Fass fasst 84 Liter.

7 **a)** Zur Geraden f gehören (3) und (4), zu g (1) und (3). **b)** $y = -\frac{1}{3}x - \frac{3}{2}$;
b) + c)

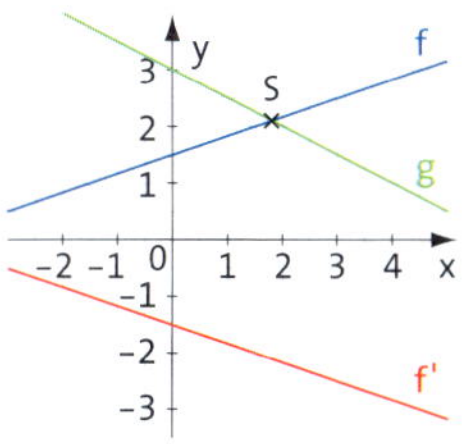

$-\frac{1}{2}x + 3 = \frac{1}{3}x + \frac{3}{2} \Leftrightarrow x = 1{,}8$; S (1,8|2,1)

8 **a)** $\frac{(x-5)^2}{(x-5)^2} = 1$; **b)** $2a^2 + ab + 2b^2$;
c) $3{,}3x^3y - 1{,}6xy^3$; **d)** $24p^8q^6$;
e) $\frac{3(x-6)(x+6)}{(x-6)(x+6)} = 3$; **f)** $\frac{1}{9y^3z^2}$;
g) $3x^2 - 1{,}8xy - y^2$; **h)** b^3

9 **a)** falsch, Korrektur: $\frac{x+1}{y}$;
b) richtig; **c)** falsch, Korrektur: 2;
d) richtig

10 Er hatte ca. 27,88 % Gewinn.

11 **a)** S (3|4); **b)** Schnittpunkte mit der x-Achse: N_1 (5|0), N_2(1|0); Schnittpunkt mit der y-Achse: P(0|–5);
c) $-x^2 + 6x - 5 = x + b \Leftrightarrow -x^2 + 5x - (5 + b) = 0$, Diskriminante: $25 - 4(5 + b) = 0 \Leftrightarrow b = \frac{5}{4}$

12 **a)** (1) 1675,07 €; (2) 1675,16 €. Das Angebot (1) ist besser. **b)** Man kann die Zinssätze nicht addieren, da die einzelnen Grundwerte jeweils verschieden sind und damit auch die Zinseszinsen und das Kapital pro Jahr nicht berücksichtigt werden.

13 Richtig ist (3): $x \cdot 0{,}36 = 12 \cdot 0{,}24$; $x + y = 12 \Rightarrow x = 8, y = 4$

14 **a)**
H = Hauptpreis T = Trostpreis N = Niete

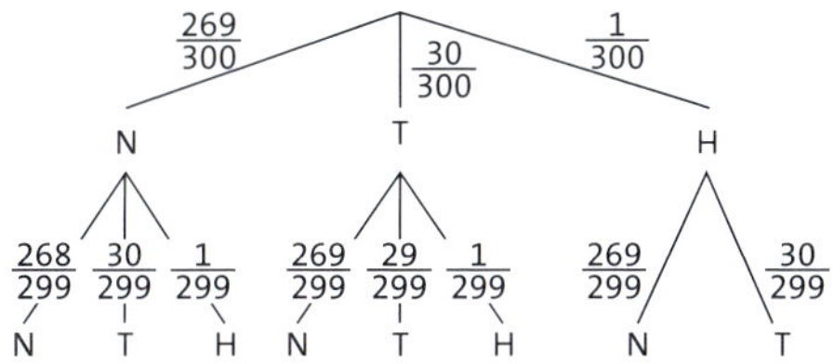

b) $P(TN, NT) = 2 \cdot \frac{30}{300} \cdot \frac{269}{299} \approx 0{,}18$;
c) $P(TN, NT, TT)$
$= 2 \cdot \frac{30}{300} \cdot \frac{269}{299} + \frac{30}{300} \cdot \frac{29}{299} \approx 0{,}19$;
d) $P(\text{nicht nur Nieten}) = 1 - P(NN)$
$= 1 - \frac{269}{300} \cdot \frac{268}{299} \approx 0{,}20$

15 **a)** $V_1 = 420\ dm^3$; **b)** $V_2 = 1890\ dm^3$;
c) $V = \pi r^2 h \Rightarrow h \approx 5{,}35\ dm$;
d) $M = 2\pi rh \approx 168{,}08\ dm^2$;
e) z. B.: l = 9 cm, b = 5 cm, h = 2 cm

16 **a)** Richtig wäre $\beta = 30°$, denn die Winkelsumme im Dreieck ist 180°. Zwei Winkel, α und β, im gleichschenkligen Dreieck sind gleich groß.
b) Es ist keine eindeutige Konstruktion möglich, es entstehen ähnliche Dreiecke.

Das 3-fach-Prinzip für bessere Noten

Die Lernhilfenreihe „Einfach klasse in“ für die 5. bis 10. Klasse überzeugt durch ihren besonderen Aufbau:

- Übersichtlich strukturiert in die drei Lernbausteine **Wissen – Üben – Testen**
- Alle wichtigen Lernbereiche einer Klassenstufe in einem Band zusammengefasst
- Mit persönlichem Klassenarbeitsplaner
- Nach den neuesten Bildungsplänen der Bundesländer entwickelt

Deutsch

Einfach klasse in
Deutsch 5. Klasse
ISBN 978-3-411-72151-1

Einfach klasse in
Deutsch 6. Klasse
ISBN 978-3-411-72161-0

Einfach klasse in
Deutsch 7. Klasse
ISBN 978-3-411-72251-8

Einfach klasse in
Deutsch 8. Klasse
ISBN 978-3-411-72261-7

Einfach klasse in
Deutsch 9. Klasse
ISBN 978-3-411-72411-6

Einfach klasse in
Deutsch 10. Klasse
ISBN 978-3-411-72421-5

Englisch

Einfach klasse in
Englisch 5. Klasse
ISBN 978-3-411-72131-3

Einfach klasse in
Englisch 6. Klasse
ISBN 978-3-411-72141-2

Einfach klasse in
Englisch 7. Klasse
ISBN 978-3-411-72271-6

Einfach klasse in
Englisch 8. Klasse
ISBN 978-3-411-72281-5

Einfach klasse in
Englisch 9. Klasse
ISBN 978-3-411-72591-5

Einfach klasse in
Englisch 10. Klasse
ISBN 978-3-411-72601-1

Mathematik

Einfach klasse in
Mathematik 5. Klasse
ISBN 978-3-411-72171-9

Einfach klasse in
Mathematik 6. Klasse
ISBN 978-3-411-72181-8

Einfach klasse in
Mathematik 7. Klasse
ISBN 978-3-411-72431-4

Einfach klasse in
Mathematik 8. Klasse
ISBN 978-3-411-72441-3

Einfach klasse in
Mathematik 9. Klasse
ISBN 978-3-411-72571-7

Einfach klasse in
Mathematik 10. Klasse
ISBN 978-3-411-72581-6

Französisch

Einfach klasse in
Französisch 1. Lernjahr
ISBN 978-3-411-72741-4

Einfach klasse in
Französisch 2. Lernjahr
ISBN 978-3-411-72751-3

Einfach klasse in
Französisch 3./4. Lernjahr
ISBN 978-3-411-72821-3

Latein

Einfach klasse in
Latein 1. Lernjahr
ISBN 978-3-411-72721-6

Einfach klasse in
Latein 2. Lernjahr
ISBN 978-3-411-72731-5

Einfach klasse in
Latein 3./4. Lernjahr
ISBN 978-3-411-72811-4

Jeder Band:
128 Seiten. Kartoniert,
mit Umschlagklappen

Wie gefällt dir dieses Buch? Sag uns deine Meinung unter: **www.schuelerlexikon.de/meinung**